W0253455

Abhängigkeitsgraph

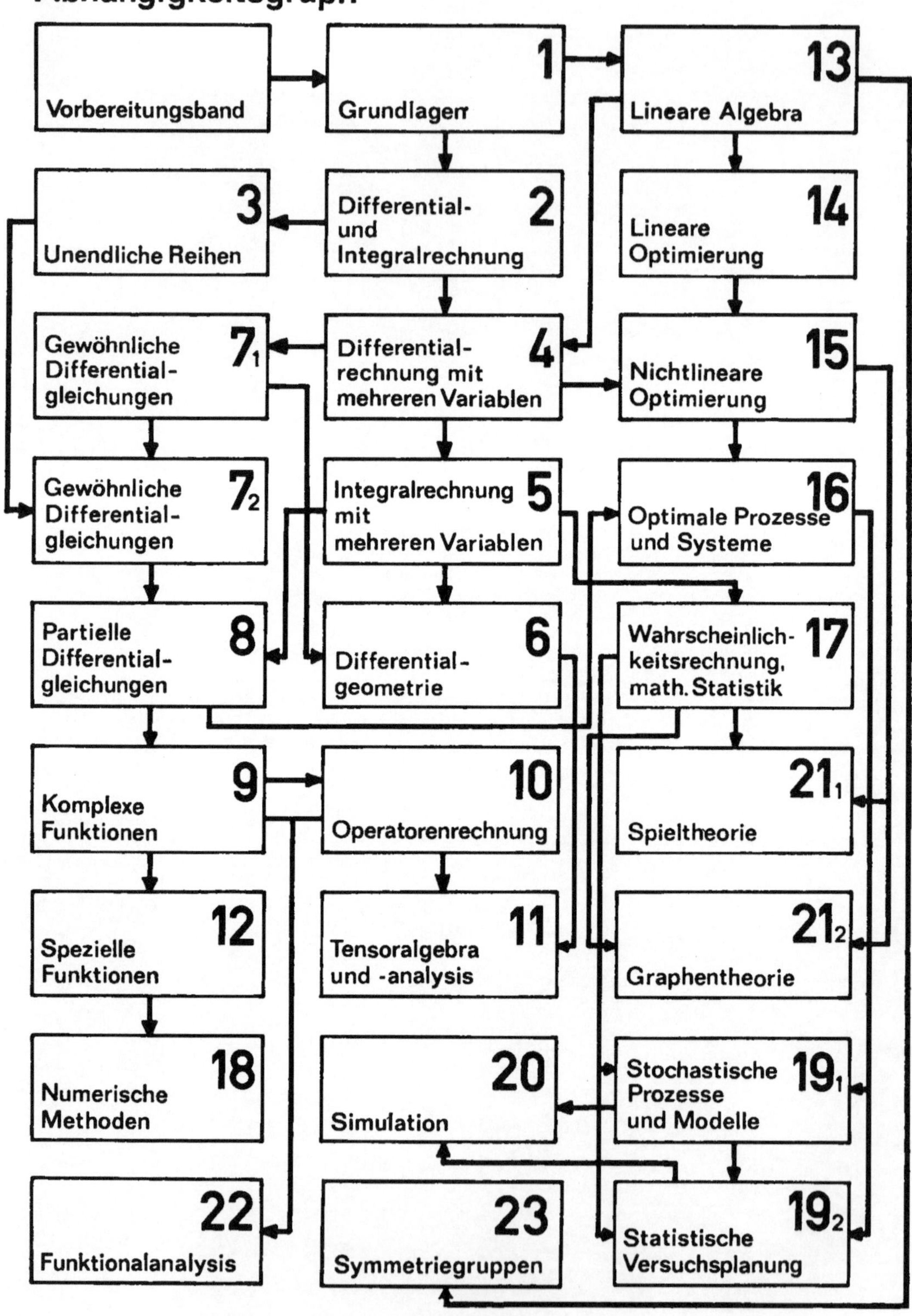

MATHEMATIK FÜR INGENIEURE, NATURWISSEN-SCHAFTLER, ÖKONOMEN UND LANDWIRTE · BAND 22

Herausgeber: Prof. Dr. O. Beyer, Magdeburg · Prof. Dr. H. Erfurth, Merseburg
Prof. Dr. O. Greuel † · Prof. Dr. C. Großmann, Dresden
Prof. Dr. H. Kadner, Dresden · Prof. Dr. K. Manteuffel, Magdeburg
Prof. Dr. M. Schneider, Chemnitz · Doz. Dr. G. Zeidler, Berlin

---

PROF. DR. A. GÖPFERT
PROF. DR. T. RIEDRICH

Funktionalanalysis

3., ÜBERARBEITETE AUFLAGE

SPRINGER FACHMEDIEN WIESBADEN GMBH

Das Lehrwerk wurde 1972 begründet und wird seither herausgegeben von:
Prof. Dr. Otfried Beyer, Prof. Dr. Horst Erfurth, Prof. Dr. Otto Greuel †, Prof. Dr. Horst Kadner, Prof. Dr. Karl Manteuffel, Doz. Dr. Günter Zeidler
Außerdem gehören dem Herausgeberkollektiv an:
Prof. Dr. Manfred Schneider (seit 1989), Prof. Dr. Christian Großmann (seit 1989)

Verantwortlicher Herausgeber dieses Bandes:
Dr. rer. nat. Günter Zeidler, Dozent an der Hochschule für Ökonomie „Bruno Leuschner", Berlin

Autoren:
Dr. rer. nat. habil. Alfred Göpfert, ordentlicher Professor an der Technischen Hochschule „Carl Schorlemmer", Leuna-Merseburg
Dr. rer. nat. habil. Thomas Riedrich, ordentlicher Professor an der Technischen Universität Dresden

CIP-Titelaufnahme der Deutschen Bibliothek

Göpfert, Alfred:
Funktionalanalysis / A. Göpfert ; T. Riedrich. – 3., überarb.
Aufl. – Stuttgart ; Leipzig : Teubner, 1991
(Mathematik für Ingenieure, Naturwissenschaftler, Ökonomen und Landwirte ; Bd. 22)
ISBN 978-3-8154-2022-5 ISBN 978-3-322-89439-7 (eBook)
DOI 10.1007/978-3-322-89439-7
NE: Riedrich, Thomas: ; GT

Math. Ing. Nat. wiss. Ökon. Landwirte, Bd. 22
ISSN 0138-1318

Ursprünglich erschienen bei B. G. Teubner Verlagsgesellschaft mbH, Stuttgart · Leipzig 1991

Aus dem Vorwort zur ersten Auflage

Mit der Formulierung und Präzisierung der Differential- und Integralrechnung (Analysis) im 17. bis zum 19. Jahrhundert war für die Naturwissenschaften, insbesondere für die Physik, ein äußerst tragfähiges mathematisches Fundament geschaffen worden. Die Erfolge, die mit der klassischen Differential- und Integralrechnung erzielt wurden, sind bis heute für den wissenschaftlich-technischen Fortschritt von großem Nutzen.

In der Anfangszeit der Analysis stand die Untersuchung der einzelnen Lösungen von Differentialgleichungen, von einzelnen Funktionen (wie etwa $\sin x$ oder $\ln x$) im Vordergrund.

Ende des 19. und Anfang des 20. Jahrhunderts entwickelte sich durch das Zusammenwirken solcher Disziplinen wie der Theorie der Differentialgleichungen, der Theorie der Integralgleichungen und der Variationsrechnung in zunehmendem Maße die Auffassung einer Funktion als ein Einzelobjekt oder Element einer ganzen Funktionenmenge bzw. eines Funktionenraumes. Ein solches Element kann damit wieder als eine „unabhängige Variable" betrachtet werden, die man ihrerseits in Funktionen (= *Abbildungen* oder *Operatoren*) einsetzt und das Verhalten solcher „Funktionen von Funktionen" untersucht. Es stellte sich heraus, daß in Funktionenräumen Begriffe der anschaulichen, altbekannten (analytischen) Geometrie, wie Länge, Abstand, Winkel usw., in natürlicher Weise eingeführt werden konnten. Damit war eine „Geometrisierung der Analysis" erreicht worden, die es ermöglichte, komplizierte analytische Sachverhalte in einer einfachen geometrischen Sprache auszudrücken.

In der Mitte der zwanziger Jahre unseres Jahrhunderts wurden (gemeinsam von Mathematikern und Physikern) die mathematischen Grundlagen der Quantentheorie geschaffen. Hier erkannte man die unabdingbare Notwendigkeit der funktionalanalytischen Begriffe für die Aufstellung einer adäquaten Mathematisierung. Etwa gleichzeitig etablierte sich die Funktionalanalysis als selbständige mathematische Disziplin. Sie stellte Querverbindungen scheinbar weit voneinander entfernter mathematischer Gebiete her.

Heute ist die Funktionalanalysis, die sich auf Grund ihrer klaren, umfassenden Begriffsbildungen und der vielfachen Anwendungsmöglichkeiten zu einer umfangreichen Theorie entfaltet hat, für die Weiterentwicklung der mathematischen Grundlagen solcher aktueller Gebiete, wie Technologie, Ökonomie und Energiewirtschaft, speziell auch der Netzwerktheorie und Mikroelektronik, unumgänglich.

Vorwort zur dritten Auflage

Bei der Vorbereitung der dritten Auflage wurden Abschnitte über Lösungsverzweigungen (3.3.3., 4.2.2.) und über das Ekelandsche Variationsprinzip (4.3.) aufgenommen und dafür die Störungsrechnung und die Variationsrechnung gestrichen. Der Abschnitt über Distributionen wurde erweitert.

Merseburg und Dresden, Mai 1990 — A. Göpfert — T. Riedrich

Inhalt

Abhängigkeitsgraph für die einzelnen Raumtypen

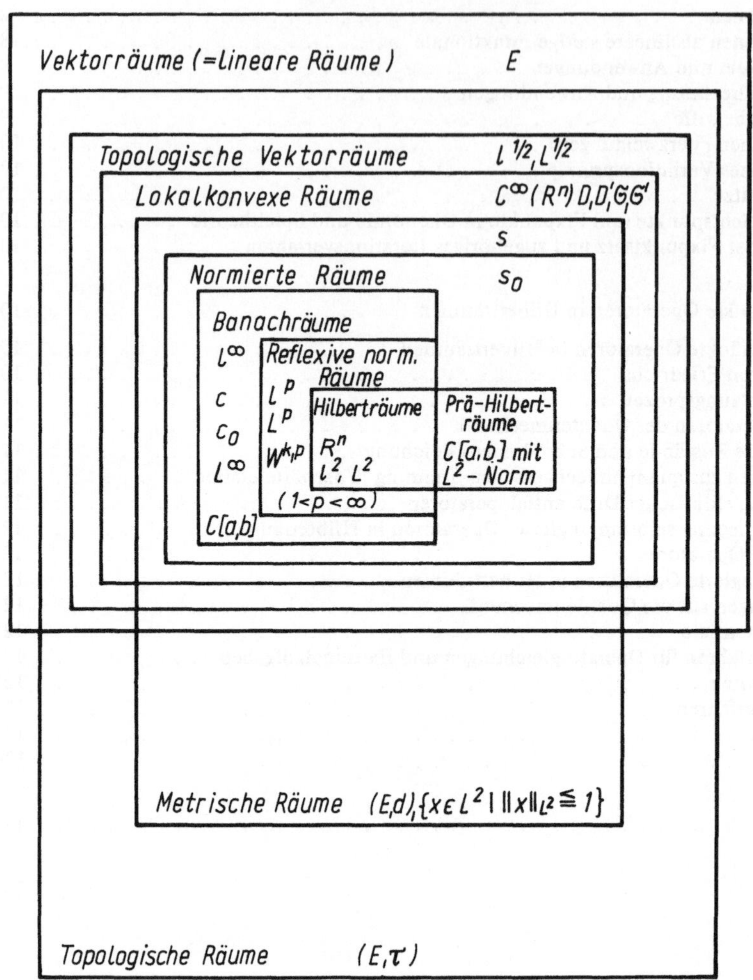

Liste der auftretenden Räume

Räume (Abschnitt)

R^n, K^n (2.1.2. (1.1.))

$C(K)$, $C^k(\Omega)$, $C^\infty(\Omega)$, $\mathring{C}^\infty(\Omega)$ (2.2.1.)

$L^p(\Omega)$, $L^p_{\text{loc}}(\Omega)$, $L^\infty(\Omega)$ (2.2.2.)

$W^{k,p}(\Omega)$, $\mathring{W}^{k,p}(\Omega)$ (2.2.3.)

l^p, l^∞, c, c_0, s, s_0 (2.2.4.)

D, D', $\mathfrak{S}$, $\mathfrak{S}'$ (4.1.1., 4.1.2. [1.1.2.])

L_0 (1.3.)

Spezielle Hilberträume

l^2, L^2, $W^{m,2}$, C^n (2.4.1.)

$L(E, F)$ (3.2.1.)

1. Einführendes zur Anwendung der Funktionalanalysis

1.1. Allgemeine Grundbegriffe

Vor einer systematischen, ausführlichen Darstellung der erforderlichen funktionalanalytischen Begriffe in Abschnitt 2. und 3. soll hier nur über einige Grundbegriffe der Funktionalanalysis so viel gesagt werden, daß der mathematische Inhalt der einführenden Beispiele verständlicher wird.

Ein **Raum** bezeichnet innerhalb einer funktionalanalytischen Beschreibung stets eine geeignet gewählte Menge von gleichartigen Elementen. Deren mathematische Natur und Herkunft kann jeweils vollkommen unterschiedlich sein. So gibt es Räume von Zahlen, Funktionen, Vektoren, Maßen, Matrizen, Operatoren, von Systemen von Funktionen, Vektoren, Matrizen usw. Für die Anwendung der Funktionalanalysis haben sich vor allem **lineare Räume** (s. Bd. 1) als nützlich erwiesen.

Jedoch reicht allein die Einführung eines linearen Raumes für die Anwendung, insbesondere für Näherungsverfahren auf funktionalanalytischer Grundlage, nicht aus, weil mit der Festlegung der Rechenoperationen noch nichts über die relative Lage der Elemente des Raumes zueinander ausgesagt wird, z. B. darüber, ob zwei Elemente „weit" voneinander entfernt sind oder „nahe" beieinander liegen. Die Beschreibung derartiger Beziehungen gelingt z. B. mittels des Abstandsbegriffs, d. h., durch die Einführung einer **Metrik** genannten Abstandsfunktion (s. Bd. 1).

Definition 1.1: *Unter einem* **metrischen Raum** *versteht man eine Menge X von Elementen x, y, z, ..., in welcher je zwei Elementen x, y eine nichtnegative Zahl $d(x, y)$, ihr* **Abstand**, *zugeordnet ist, wobei die folgenden Forderungen (Axiome, Postulate) erhoben werden:* D.1.1

(M 1) $d(x, y) = 0$ *genau dann, wenn* $x = y$ *gilt (Definitheit).*

(M 2) $d(x, y) = d(y, x)$ *für alle* $x, y \in X$ *(Symmetrie).*

(M 3) $d(x, y) \leqq d(x, z) + d(z, y)$ *für alle* $x, y, z \in X$ *(Dreiecksungleichung).*

Diese Forderungen sind einerseits allgemein genug, um die unterschiedlichsten Anwendungssituationen erfassen zu können, und sie sind andererseits speziell genug, um das Wesentliche eines Abstandsbegriffs zu enthalten. Stellen wir uns etwa $d(x, y)$ als die übliche Entfernung zweier Punkte x, y in der Ebene vor, so sind die Eigenschaften (M 1)–(M 3) unmittelbar ersichtlich.

Unter einem **linearen Raum** versteht man eine Menge E von Elementen, f, g, h, ..., für die die Rechenoperationen der Addition $f + g$ und der Multiplikation γf der Elemente f mit Zahlen γ (reell bzw. komplex) erklärt sind, welche die üblichen Rechenregeln der Addition von Vektoren bzw. der Multiplikation von Vektoren mit Zahlen erfüllen. Aus diesem Grund nennt man einen linearen Raum auch verallgemeinernd einen **Vektorraum** und seine Elemente Vektoren. Wird die Multiplikation der Elemente von E nur mit **reellen** Zahlen zugelassen, so sprechen wir von einem **reellen Vektorraum;** sind alle **komplexen** Zahlen als Faktoren möglich, so nennen wir E einen **komplexen Vektorraum.** Eine Teilmenge $F \subseteqq E$ heißt ein **linearer Teilraum** (linearer Unterraum) von E, wenn F bezüglich der in E erklärten Operationen „Addition" und „Multiplikation mit einem (skalaren) Faktor" selbst ein linearer Raum ist. In E gibt es genau ein **Nullelement („Nullvektor")** o; für dieses gelten die Gleichungen $f + o = f$ und $0 \cdot f = o$ für alle $f \in E$. Eine endliche Menge $f_1, \ldots, f_n$ von Elementen eines linearen Raumes heißt **linear abhängig,** wenn es Zahlen $\gamma_1, \ldots, \gamma_n$ gibt, die nicht alle gleich 0 sind, so daß

$$\sum_{k=1}^{n} \gamma_k f_k = o \tag{1.1}$$

gilt. Anderenfalls heißt die Menge $f_1, \ldots, f_n$ **linear unabhängig** (s. Bd. 13).

Führt man nun in einem linearen Raum E eine Metrik d ein, so muß man zusätzlich darauf achten, daß die Rechenoperationen in E mit der Metrik d *verträglich* sind. Man kann diese Verträglichkeitsforderungen in verschiedener Weise formulieren. Wir stellen sie in der Form der folgenden beiden Bedingungen dar:

(LM 1) $d(f+h, g+h) = d(f, g)$ *für alle* $f, g, h \in E$ *(Translationsinvarianz).*

(LM 2) *Ist* $\{\gamma_n\}$ *eine Zahlenfolge mit* $\lim_{n\to\infty} \gamma_n = 0$, *so gilt* $\lim_{n\to\infty} d(\gamma_n f, o) = 0$ *für alle* $f \in E$.

Die Forderung (LM 1) sagt aus, daß sich der Abstand zweier Elemente (Vektoren) f und g nicht ändert, wenn beide Elemente um das Element (Vektor) h parallel verschoben werden. Die Forderung (LM 2) drückt eine Stetigkeitseigenschaft aus.

Ist in einem linearen Raum eine Metrik gegeben, die außer den Forderungen (M 1)–(M 3) zusätzlich die Bedingungen (LM 1) und (LM 2) erfüllt, so heißt E ein **linearer metrischer Raum.**

Beispiel 1.1: Es sei $E = R^n$ die Menge aller Zahlen-n-tupel $x = (\xi_1, \ldots, \xi_n)$ reeller Zahlen ξ_j $(j = 1, \ldots, n)$ mit den üblichen Festlegungen der Rechenoperationen: Ist $x = (\xi_1, \ldots, \xi_n)$, $y = (\eta_1, \ldots, \eta_n)$, so sei $x + y = (\xi_1 + \eta_1, \ldots, \xi_n + \eta_n)$, und für $\gamma \in \mathbf{R}$ sei $\gamma x = (\gamma\xi_1, \ldots, \gamma\xi_n)$ ($\mathbf{R}$: Menge der reellen Zahlen). Wird der Abstand $d(x, y)$ zweier Elemente $x, y \in R^n$ (abweichend vom üblichen Entfernungsbegriff) festgelegt durch $d(x, y) = \sum_{k=1}^{n} |\xi_k - \eta_k|$, so sind die Eigenschaften (M 1), (M 2), (M 3), (LM 1), (LM 2) erfüllt.

S. Banach (einer der Begründer der polnischen funktionalanalytischen Schule) spezialisierte den Begriff des linearen metrischen Raumes in einer für viele Anwendungen geeigneten Weise durch die Einführung des Begriffs des normierten Raumes. Die Norm eines Elementes eines linearen Raumes verallgemeinert den Begriff der Länge eines Vektors.

D.1.2 **Definition 1.2:** *Es sei E ein linearer Raum. Jedem $x \in E$ sei eine nichtnegative Zahl $\|x\|$, die* **Norm** *von x, zugeordnet. Dabei sollen die folgenden Eigenschaften (Normaxiome)* (N 1)–(N 3) *erfüllt sein* ($\mathbf{K}$: *Menge der komplexen Zahlen*[1])):

(N 1) $\|x\| = 0$ *genau dann, wenn* $x = o$ (Definitheit).

(N 2) $\|\gamma x\| = |\gamma| \cdot \|x\|$ *für alle* $x \in E$ *und alle* $\gamma \in \mathbf{R}$ (bzw. $\gamma \in \mathbf{K}$) *(positive Homogenität).*

(N 3) $\|x + y\| \leqq \|x\| + \|y\|$ *für alle* $x, y \in E$ *(Dreiecksungleichung).*

Dann heißt E ein (reeller bzw. komplexer) **normierter Raum.**

Bemerkung 1.1: Im Hinblick darauf, daß auf demselben Vektorraum E verschiedene Normen eingeführt werden können (abhängig von der jeweiligen Anwendung), bezeichnet man genauer das Paar $(E, \|.\|)$ als den (gegebenen) normierten Raum (s. Bsp. 1.2).

Mittels der Gleichung

$$d(x, y) = \|x - y\| \quad (x, y \in E) \tag{1.2}$$

---

[1]) In der Literatur wird die Menge der komplexen Zahlen auch häufig mit $\mathbf{C}$ bezeichnet.

kann man in jedem normierten Raum eine Metrik einführen, die außer den Forderungen (M 1)–(M 3) auch die Forderungen (LM 1), (LM 2) erfüllt. (LM 2) folgt z.B. so: $d(\gamma_n f, o) = \|\gamma_n f - o\| = |\gamma_n| \cdot \|f\| \to 0$, da $\{\gamma_n\}$, also auch $\{|\gamma_n|\}$ eine Nullfolge ist. Jeder normierte Raum ist daher mit der Metrik (1.2) ein linearer metrischer Raum.

Beispiel 1.2: Der Raum $E = R^n$ wird mit der Festlegung $\|x\| = \sum_{j=1}^{n} |\xi_j|$ $(x = (\xi_1, \ldots, \xi_n) \in R^n)$ zu einem normierten Raum. $\sum |\xi_j|$ ist eine Norm $\|x\|$, denn $\sum |\xi_j| = 0 \Leftrightarrow |\xi_j| = 0$ $(j = 1, 2, \ldots, n) \Leftrightarrow x = (\xi_1, \ldots, \xi_n) = o$, also gilt (N 1); wegen $\|\gamma x\| = \sum |\gamma \xi_j| = |\gamma| \sum |\xi_j| = |\gamma| \cdot \|x\|$ gilt (N 2); wegen der Dreiecksungleichung $\sum |\xi_j + \eta_j| \leqq \sum (|\xi_j| + |\eta_j|)$ gilt (N 3): $\|x + y\| = \sum |\xi_j + \eta_j| \leqq \sum |\xi_j| + \sum |\eta_j| = \|x\| + \|y\|$. Wegen $\|x - y\| = \sum |\xi_j - \eta_j|$ ergibt sich über (1.2) die Metrik von Bsp. 1.1. Im R^n wird auch durch $\left(\sum_{j=1}^{n} \xi_j^2\right)^{1/2}$ eine Norm (euklidische Norm) und durch (1.2) dann die zugehörige „euklidische" Metrik erklärt.

Bemerkung 1.2: Es gibt für die Anwendungen wichtige metrische lineare Räume, deren Metrik nicht durch die Beziehung (1.2) aus einer passenden Norm hergeleitet werden kann. Man muß sogar noch allgemeinere Räume, die topologischen Vektorräume (s. [32] und Raum-Graph) einführen, um die allgemeinsten Zusammenhänge zwischen Vektorraumstruktur und Stetigkeitseigenschaften herstellen zu können. Die zugleich notwendigen und hinreichenden Bedingungen dafür, daß ein topologischer Vektorraum als ein normierter Raum aufgefaßt werden kann, wurden von dem sowjetischen Mathematiker A. N. Kolmogorow, der auch durch seine grundlegenden Arbeiten zur Wahrscheinlichkeitstheorie (s. Bd. 17) bekannt geworden ist, angegeben.

Die Erfolge der Funktionalanalysis liegen u.a. darin begründet, daß es ihr gelingt, komplizierte Fragen aus den **verschiedensten** Gebieten in einfacher, geometrisch faßbarer Form darzustellen und zu behandeln. Die Einführung des Raumbegriffs und des Abstandsbegriffs (Norm, Metrik) machen dies deutlich. Noch enger wird die Bindung an unsere gewohnten geometrischen Anschauungen, wenn auch Winkel zwischen Elementen (Vektoren), insbesondere die Beziehung des „Aufeinander senkrecht Stehens" verfügbar sind. Dies wird durch die Einführung eines Skalarprodukts (s. Bd. 13, 2.3.1.) erreicht.

Für eine komplexe Zahl λ bezeichne $\bar{\lambda}$ die zu λ konjugiert komplexe Zahl.

Definition 1.3: *Es sei E ein linearer (komplexer) Raum, in dem zu je zwei Elementen x, y eine komplexe Zahl* $\langle x, y\rangle$, *das* **Skalarprodukt** *von x und y, erklärt ist, wobei die folgenden Eigenschaften* (S 1)–(S 4) *gelten sollen* $(x, y, z \in E)$: **D.1.3**

(S 1) $\langle x + z, y\rangle = \langle x, y\rangle + \langle z, y\rangle$.

(S 2) $\langle x, y\rangle = \overline{\langle y, x\rangle}$

(S 3) $\langle x, \lambda y\rangle = \lambda \langle x, y\rangle \quad (\lambda \in \mathbf{K})$.

(S 4) $\langle x, x\rangle > 0$ *für alle* $x \neq o$.

Aus (S 2) *und* (S 3) folgt die Gleichheit $\langle \lambda x, y\rangle = \bar{\lambda}\langle x, y\rangle$.

Ist der lineare Raum E reell, so fordert man, daß $\langle x, y\rangle$ reellwertig ist für alle $x, y \in E$. Die Forderung (S 2) lautet dann

(S 2') $\langle x, y\rangle = \langle y, x\rangle$.

Einen linearen Raum E mit einem bestimmten Skalarprodukt $\langle ., .\rangle$ nennen wir einen **unitären Raum** oder auch **Prä-Hilbertraum.**

Beispiel 1.3: Es sei $E = R^n$ (s. Bsp. 1.1). Mit

$$\langle x, y\rangle = \sum_{k=1}^{n} \xi_k \eta_k \tag{1.3}$$

wird E zu einem (reellen) Prä-Hilbertraum (n-dimensionaler euklidischer Raum).

Beispiel 1.4: E bestehe aus allen (reellwertigen) stetigen Funktionen $f(t)$ $(a \leqq t \leqq b)$ der reellen Variablen $t \in [a, b]$. Mit den (üblichen) Festlegungen

$$\begin{aligned} (f+g)(t) &= f(t) + g(t) \quad (a \leqq t \leqq b), \\ (\gamma f)(t) &= \gamma f(t), \qquad \gamma \in \mathbf{R}, \end{aligned} \tag{1.4}$$

wird E zu einem linearen Raum, den wir mit $C_{\mathbf{R}}[a, b]$ (s. Def. 2.15) bezeichnen. Wir definieren

$$\langle f, g \rangle = \int_a^b f(t)\, g(t)\, \mathrm{d}t. \tag{1.5}$$

Dann sind die Forderungen (S 1)–(S 4) sämtlich erfüllt, und $C_{\mathbf{R}}[a, b]$ ist, versehen mit dem Skalarprodukt (1.5), ein reeller Prä-Hilbertraum.

Beispiel 1.5: E bestehe aus allen komplexwertigen stetigen Funktionen $f(t) = u(t) + \mathrm{i}v(t)$ $(a \leqq t \leqq b)$ der reellen Variablen $t \in [a, b]$. Mit den Festlegungen analog (1.4) mit γ komplex im Bsp. 1.4 wird E zu einem linearen Raum. Bezeichnung: $C[a, b]$. Mit

$$\langle f, g \rangle = \int_a^b \overline{f(t)}\, g(t)\, \mathrm{d}t \tag{1.6}$$

sind die Forderungen (S 1)–(S 4) von Def. 1.3 erfüllt, und E ist, versehen mit (1.6), ein komplexer Prä-Hilbertraum.

Beispiel 1.6: Es sei $E = K^n$ die Menge aller komplexen Vektoren $x = (\xi_1, \ldots, \xi_n)$ $(\xi_j = \alpha_j + \mathrm{i}\beta_j;\ \alpha_j, \beta_j$ reell, $j = 1, \ldots, n)$. K^n ist ein linearer Raum (Definition der Vektoroperationen wie im R^n). Es seien $p_1, p_2, \ldots, p_n$ positive reelle Zahlen. Dann wird durch die Vorschrift $(y = (\eta_1, \ldots, \eta_n))$

$$\langle x, y \rangle = \sum_{k=1}^{n} p_k \bar{\xi}_k \eta_k \tag{1.7}$$

ein Skalarprodukt auf K^n erklärt (Beweis als Aufgabe).

In einem Prä-Hilbertraum E läßt sich eine Norm dadurch gewinnen, daß man setzt

$$\|f\| = \sqrt{\langle f, f \rangle} \quad (f \in E). \tag{1.8}$$

Im R^n (Bsp. 1.3) liefert die Gl. (1.8) die Beziehung $\|x\| = \sqrt{\langle x, x \rangle} = \sqrt{\sum_{k=1}^{n} \xi_k^2}$, was mit der üblichen Definition der Länge eines Vektors übereinstimmt. In jedem Prä-Hilbertraum E läßt sich so mit (1.8) und (1.2) eine Metrik einführen:

$$d(f, g) = \sqrt{\langle f-g, f-g \rangle} \quad (f, g \in E). \tag{1.9}$$

Der Beweis dafür, daß mit einem Skalarprodukt durch (1.8) tatsächlich eine Norm geliefert wird, ergibt sich aus den Eigenschaften des Skalarprodukts (Def. 1.3) und aus der folgenden *Schwarzschen Ungleichung*.

S.1.1 **Satz 1.1 (Schwarz-Bunjakowskische Ungleichung):** *Es sei E ein Prä-Hilbertraum mit dem Skalarprodukt $\langle .,. \rangle$. Dann gilt im Sinne der Definitionsgleichung* (1.8) *die Ungleichung*

$$|\langle f, g \rangle| \leqq \|f\| \cdot \|g\|. \tag{1.10}$$

Das Gleichheitszeichen gilt in dieser Ungleichung genau dann, wenn f und g linear abhängig sind, d. h., wenn $f = \alpha g$ oder $g = \beta f$ gilt $(\alpha, \beta \in \mathbf{K})$.

Den Beweis findet man in [10], S. 28.

Der Nachweis der Normeigenschaften (N 1)–(N 3) für die durch (1.8) eingeführte Funktion $\sqrt{\langle f, f \rangle}$ läßt sich nun leicht führen: Die Eigenschaft (N 1) und (N 2) ergeben sich unmittelbar aus den Skalarprodukteigenschaften; die Dreiecksungleichung folgt so:

Für $f+g=o$ ist (N 3) trivialerweise erfüllt. Für $f+g\neq o$ erhalten wir mittels der Schwarzschen Ungleichung $\|f+g\|^2=\langle f+g, f+g\rangle=\langle f+g, f\rangle+\langle f+g, g\rangle \leqq \|f+g\|\,\|f\| + \|f+g\|\,\|g\| = \|f+g\|\,(\|f\|+\|g\|)$, woraus nach Division beider Seiten der erhaltenen Ungleichung durch $\|f+g\|$ sofort (N 3) folgt.

Nicht jeder normierte Raum ist ein Prä-Hilbertraum. Genau dann, wenn für je zwei Elemente f und g des gegebenen Raumes die **Parallelogrammgleichung**

$$\|f+g\|^2+\|f-g\|^2=2(\|f\|^2+\|g\|^2) \tag{1.11}$$

gilt, existiert ein Skalarprodukt $\langle .,. \rangle$ auf diesem Raum, so daß $\|f\|=\sqrt{\langle f, f\rangle}$ für alle f besteht. In einem Prä-Hilbertraum kann man (1.11) sofort bestätigen.

Nun können wir den Begriff zweier „aufeinander senkrecht stehender" Vektoren in beliebigen Prä-Hilberträumen einführen. Systeme paarweise aufeinander senkrecht stehender Vektoren werden für den Aufbau von Orthonormalsystemen in einem Prä-Hilbertraum (s. Def. 1.5) benötigt, die ihrerseits für die Lösung angewandter Probleme von Bedeutung sind.

Definition 1.4: *Es sei $(E, \langle .,. \rangle)$ ein Prä-Hilbertraum. Zwei Elemente f und g aus E heißen* **zueinander orthogonal** *(senkrecht), wenn die folgende Gleichung gilt:* **D.1.4**

$$\langle f, g\rangle=0. \tag{1.12}$$

Definition 1.5: *Es sei $(E, \langle .,. \rangle)$ ein Prä-Hilbertraum. Eine Folge $f_1, f_2, \ldots$ von Elementen von E heißt ein* **Orthogonalsystem** *in E, wenn die Gleichungen ($j=1, 2, \ldots; k=1, 2, \ldots$)* **D.1.5**

$$\langle f_j, f_k\rangle=0 \quad (j\neq k) \tag{1.13}$$

gelten. Eine Folge $e_1, e_2, \ldots$ von Elementen von E heißt ein **Orthonormalsystem (ONS),** *wenn die Gleichungen*

$$\langle e_j, e_k\rangle=\begin{Bmatrix} 0 \ (j\neq k) \\ 1 \ (j=k)\end{Bmatrix}=\delta_{jk}, \quad \begin{matrix} j=1, 2, \ldots, \\ k=1, 2, \ldots, \end{matrix} \tag{1.14}$$

gelten. (Jedes e_j hat daher wegen (1.8) *und* (1.9) *die Länge* 1.)

Bemerkung 1.3: Jedes ONS ist ein Orthogonalsystem. Der Begriff des ONS verallgemeinert den Begriff eines orthonormierten Systems von Vektoren im R^n (bzw. im K^n).

Beispiel 1.7: Es seien $E=R^n$ und $\langle .,. \rangle$ das übliche Skalarprodukt (s. Def. 1.3). Dann bilden die Vektoren $e_j=(0, \ldots, 0, 1, 0, \ldots, 0)$ (j-te Koordinate gleich 1, sonst 0) ein ONS im R^n.

Beispiel 1.8: Es sei E der Raum aller reellen stetigen Funktionen $f(t), g(t), \ldots$ auf dem Intervall $[0, 2\pi]$ mit Skalarprodukt $\langle f, g\rangle=\int_0^{2\pi} f(t)\, g(t)\, \mathrm{d}t$ (s. Bsp. 1.4).

Dann bilden die Funktionen ($k=1, 2, \ldots$)

$$\frac{1}{\sqrt{2\pi}}, \frac{\cos t}{\sqrt{\pi}}, \frac{\sin t}{\sqrt{\pi}}, \frac{\cos 2t}{\sqrt{\pi}}, \ldots, \frac{\cos kt}{\sqrt{\pi}}, \frac{\sin kt}{\sqrt{\pi}}, \ldots$$

ein ONS (Beweis durch partielle Integration, vgl. Bd. 3).

1.2. Einführende Anwendungsbeispiele der Funktionalanalysis

Es wird jetzt an verschiedenen Problemen die funktionalanalytische Arbeitsweise erläutert. Neu auftretende Begriffe werden später (Kap. 2., 3., 4.) systematisch behandelt. Wir gehen dabei in einer für die Funktionalanalysis typischen Weise vor:

A) Analytische Formulierung der gestellten Aufgabe (Mathematisches Modell).
B) Herstellung **einer abstrakt-funktionalanalytischen,** aber **geometrisch motivierten** Fassung des Problems unter A).
C) Lösung von A) auf der Grundlage der allgemeinen Methoden zur Lösung von B).

1.2.1. Ein Approximationsproblem

Eine typische Aufgabenstellung, die in den Anwendungen wiederholt auftritt, ist die Frage nach der näherungsweisen Ersetzung einer komplizierten, rechnerisch schwierig zu handhabenden Funktion durch eine möglichst einfache Funktion, deren Eigenschaften besser zu überblicken sind. Zur Veranschaulichung der Methoden der Funktionalanalysis behandeln wir das Problem der Approximation einer stetigen Funktion durch trigonometrische Polyome.

Wir führen nun für das gestellte Approximationsproblem die obengenannten Schritte näher aus.

A) Es sei $f(x)$ eine auf dem Intervall $[0, 2\pi]$ definierte stetige reellwertige Funktion. Wir betrachten für ein beliebiges, aber festes $n = 1, 2, \dots$ die Menge M aller trigonometrischen Polynome einer Ordnung, die höchstens gleich n ist:

$$T_n(x) = \frac{a_0}{2} + \sum_{k=1}^{n} (a_k \cos kx + b_k \sin kx) \quad (0 \leqq x \leqq 2\pi). \tag{1.15}$$

Unter allen $T_n(x)$ suchen wir solche, die die gegebene Funktion $f(x)$ möglichst gut approximieren. Damit diese Aufgabe sinnvoll ist, muß gesagt werden, was „approximieren" bzw. „annähern" im vorliegenden Fall heißen soll. Von den (unendlich) vielen Möglichkeiten wählen wir die folgende, die sich für praktische Aufgaben oft ausreichend gut bewährt hat: Gesucht seien diejenigen trigonometrischen Polyome $T_n(x)$, für die die **mittlere quadratische Abweichung**

$$Q = \left[\frac{1}{2\pi}\int_0^{2\pi} (f(x) - T_n(x))^2 \,\mathrm{d}x\right]^{1/2} \tag{1.16}$$

einen kleinstmöglichen Wert annimmt (s. auch Bd. 3, 5.9.). Damit ist die Aufgabe **analytisch** formuliert (Schritt A): Die Koeffizienten $a_0, a_1, \dots, a_n; b_1, \dots, b_n$ in (1.15) sind so zu wählen, daß der Wert Q in (1.16) einen minimalen Wert erhält.

B) Man kann von der speziellen Natur der Funktionen $T_n(x)$ und $f(x)$ abstrahieren und diese Funktionen als Elemente oder „Punkte" eines Funktionenraumes ansehen. Alle $T_n(x)$ bilden dann eine gewisse Teilmenge M dieses Raumes. Als linearen normierten Raum wählen wir zweckmäßig den Raum $C_{\mathbb{R}}[0, 2\pi]$ mit der Norm

$$\|f\| = \left[\int_0^{2\pi} (f(x))^2 \,\mathrm{d}x\right]^{1/2}. \tag{1.17}$$

Die zugehörige Metrik hat dann die Form [s. (1.2)]

$$d(f, g) = \|f - g\| = \left[\int_0^{2\pi} (f(x) - g(x))^2 \,\mathrm{d}x\right]^{1/2} \quad (f, g \in C_{\mathbb{R}}[0, 2\pi]). \tag{1.18}$$

Der Vergleich der Formeln (1.16) und (1.18) ergibt die Beziehung

$$Q = \frac{1}{\sqrt{2\pi}} \|f - T_n\|. \tag{1.19}$$

Für die Minimierung von Q ist der konstante Faktor $\frac{1}{\sqrt{2\pi}}$ offenbar unwesentlich, mit Q wird auch $\sqrt{2\pi}\,Q$ minimal. Daher können wir das unter A) gestellte Problem auch so formulieren: „Von allen Elementen T_n der Menge M suchen wir diejenigen, die von dem gegebenen Element f einen kleinstmöglichen Abstand besitzen." In dieser Fassung besitzt die gestellte Aufgabe geometrischen Charakter, wie man sich z.B. in Bild 1.1 veranschaulichen kann.

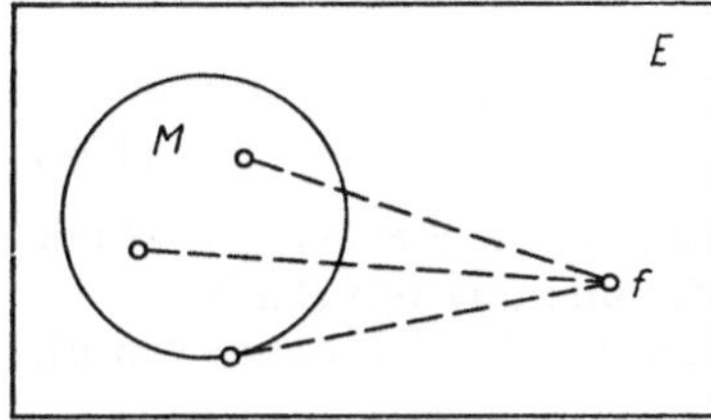

Bild 1.1

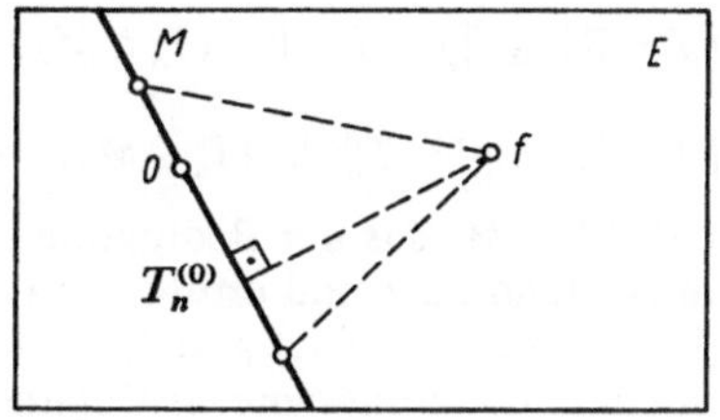

Bild 1.2

Berücksichtigt man die Tatsache, daß die Menge M selbst ein **linearer** Raum, ein Teilraum von $C_{\mathbb{R}}[0, 2\pi]$ ist (die Summe zweier trigonometrischer Polynome der Ordnung höchstens gleich n ist wieder ein solches Polynom, dasselbe gilt für die Multiplikation eines trigonometrischen Polynoms mit einer Zahl), so läßt sich die geometrische Veranschaulichung der gestellten Aufgabe noch präzisieren:

„Von allen Elementen des **linearen** Teilraums M von $C_{\mathbb{R}}[0, 2\pi]$ suchen wir diejenigen, die von dem gegebenen Element $f \in C_{\mathbb{R}}[0, 2\pi]$ einen kleinstmöglichen Abstand besitzen."

Veranschaulicht man sich die Menge M mittels einer Geraden durch den Nullpunkt o (einfachster Fall eines linearen Teilraums), so erhält unsere geometrische Fassung des Problems die in Bild 1.2 dargestellte Form. Hieraus ist es möglich, Hinweise für einen Lösungsansatz zu gewinnen. Da nämlich im Raum $E = C_{\mathbb{R}}[0, 2\pi]$ ein Skalarprodukt und damit der Begriff des „Senkrechtstehens" zur Verfügung steht, gelangt man (von Bild 1.2 ausgehend) zu der *Vermutung*, daß die gesuchten Elemente T_n aus M die Eigenschaft haben müssen, auf dem Verbindungsvektor zu f senkrecht zu stehen. Gesucht werden also zunächst alle Elemente $T_n \in M$ mit der Eigenschaft

$$\langle T_n, T_n - f\rangle = 0. \tag{1.20}$$

Es sei $T_n^{(0)}$ ein Element von M, das die obige Gl. (1.20) erfüllt (wobei zunächst die Frage offen bleibt, ob es ein solches Element tatsächlich gibt oder nicht). Wir vergleichen die Abstände zwischen f und einem beliebigen Element T_n von M und zwischen f und $T_n^{(0)}$. Es gilt nach den Rechenregeln für das Skalarprodukt, wegen (1.20) und wegen $\|T_n^{(0)} - T_n\|^2 \geqq 0$:

$$\begin{aligned}\|f - T_n\|^2 &= \langle f - T_n, f - T_n\rangle = \langle f - T_n^{(0)} + (T_n^{(0)} - T_n), f - T_n^{(0)} \\ &\quad + (T_n^{(0)} - T_n)\rangle \\ &= \|f - T_n^{(0)}\|^2 + 2\langle f - T_n^{(0)}, T_n^{(0)} - T_n\rangle + \|T_n^{(0)} - T_n\|^2 \\ &= \|f - T_n^{(0)}\|^2 - 2\langle f - T_n^{(0)}, T_n\rangle + \|T_n^{(0)} - T_n\|^2 \\ &\geqq \|f - T_n^{(0)}\|^2 - 2\langle f - T_n^{(0)}, T_n\rangle.\end{aligned} \tag{1.21}$$

Folglich werden wir die gewünschte Ungleichung

$$\|f - T_n\|^2 \geqq \|f - T_n^{(0)}\|^2$$

sicher dann erhalten, wenn $T_n^{(0)}$ so gewählt wird, daß über die Forderung (1.20) hinausgehend die Eigenschaft

$$\langle T_n, T_n^{(0)} - f \rangle = 0 \quad \textit{für } \textbf{alle} \quad T_n \in M \tag{1.22}$$

verlangt wird. Genügt $T_n^{(0)}$ der Bedingung (1.22), so folgt mittels derselben Rechnung wie in (1.21), daß die Gleichung

$$\|f - T_n\|^2 = \|f - T_n^{(0)}\|^2 + \|T_n^{(0)} - T_n\|^2 \tag{1.23}$$

für alle $T_n \in M$ gilt. Es folgt dann die Ungleichung

$$\|f - T_n\|^2 \geqq \|f - T_n^{(0)}\|^2 \quad (T_n \in M),$$

d. h.,

$$\|f - T_n\| \geqq \|f - T_n^{(0)}\| \quad (T_n \in M). \tag{1.24}$$

Ein Element $T_n^{(0)} \in M$, das der Bedingung (1.22) genügt, ist also ein Element aus M mit minimalem Abstand zu f und erfüllt die Forderung der Minimierung von (1.19).

C) Zur Lösung der unter A) gestellten Aufgabe verwenden wir die Ergebnisse von B), also insbesondere die gefundene Bedingung (1.22):

$$\langle T_n, T_n^{(0)} - f \rangle = 0 \quad (T_n \in M).$$

T_n besitze die Form (1.15), für $T_n^{(0)}$ gelte die Gleichheit

$$T_n^{(0)}(x) = \frac{\alpha_0}{2} + \sum_{k=1}^{n} (\alpha_k \cos kx + \beta_k \sin kx), \quad 0 \leqq x \leqq 2\pi. \tag{1.25}$$

Die Bedingung (1.22) lautet dann ausgeschrieben

$$\int_0^{2\pi} \left(\frac{a_0}{2} + \sum_{k=1}^{n} (a_k \cos kx + b_k \sin kx) \right) \times \left(\frac{\alpha_0}{2} + \sum_{j=1}^{n} (\alpha_j \cos jx + \beta_j \sin jx) - f(x) \right) \mathrm{d}x = 0 \tag{1.26}$$

für alle Werte a_0, a_k; b_k $(k = 1, \ldots, n)$. Beachtet man, daß die Funktionen 1, $\cos kx$, $\sin kx$, ... ein Orthogonalsystem bilden (s. Bsp. 1.8), so vereinfacht sich (1.26) wegen

$$\int_0^{2\pi} (\cos kx)^2 \, \mathrm{d}x = \pi, \qquad \int_0^{2\pi} (\sin kx)^2 \, \mathrm{d}x = \pi \quad (k = 1, 2, \ldots)$$

zur Gleichung

$$\pi \left(\frac{a_0 \alpha_0}{2} + \sum_k (a_k \alpha_k + b_k \beta_k) \right) - \frac{a_0}{2} \int_0^{2\pi} f(x) \, \mathrm{d}x - \sum_k \left(a_k \int_0^{2\pi} f(x) \cos kx \, \mathrm{d}x + b_k \int_0^{2\pi} f(x) \sin kx \, \mathrm{d}x \right) = 0. \tag{1.27}$$

In dieser Gleichung sind die Koeffizienten a_0; a_k, b_k $(k = 1, \ldots, n)$ beliebig wählbar! Wählen wir speziell z. B. $a_0 = 1$, $a_1 = a_2 = \ldots = a_n = 0$, $b_1 = b_2 = \ldots = b_n = 0$, so erhalten wir die Gleichung

$$\alpha_0 = \frac{1}{\pi} \int_0^{2\pi} f(x) \, \mathrm{d}x. \tag{1.28}$$

Setzen wir $a_k = 1$, $b_k = 0$ und alle übrigen $a_j = 0$, $b_j = 0$ $(j \neq k)$, so erhalten wir entsprechend

$$\alpha_k = \frac{1}{\pi} \int_0^{2\pi} f(x) \cos kx \, dx \quad (k = 1, \ldots, n) \tag{1.29}$$

und analog

$$\beta_k = \frac{1}{\pi} \int_0^{2\pi} f(x) \sin kx \, dx \quad (k = 1, \ldots, n); \tag{1.30}$$

also die bekannten Formeln für die **Fourierkoeffizienten** (s. Bd. 3 und 2.4.2.). Wenn wir α_0; α_k, β_k gemäß (1.28)–(1.30) wählen, so erkennt man durch Einsetzen in (1.27) sofort, daß (1.27) erfüllt ist. Damit ist $T_n^{(0)}$ nach (1.25) eine Lösung von (1.22) und nach B) eine **Lösung** der eingangs gestellten Aufgabe A).

Ist $T_n^{(1)}$ eine weitere Lösung, so muß auch (1.22) gelten. Wäre für ein T_n doch $\langle T_n, T_n^{(1)} - f \rangle = c \neq 0$, so folgt ein Widerspruch. Da $T_n^{(1)}$ Lösung ist, muß für *jedes* $\alpha \in R^1$, $\alpha \neq 0$ sein $\|f - (T_n^{(1)} + \alpha T_n)\|^2 \geqq \|f - T_n^{(1)}\|^2$. Hieraus folgt $\alpha^2 \|T_n\|^2 + 2c\alpha \geqq 0$. $\alpha = -c\|T_n\|^{-2}$ ergibt $-1 \geqq 0$.

$T_n^{(0)}$ ist eindeutig bestimmt. Wäre auch $T_n^{(1)} \neq T_n^{(0)}$ Lösung, so gilt neben $\langle T_n, T_n^{(0)} - f \rangle = 0$ auch $\langle T_n, T_n^{(1)} - f \rangle = 0$ für alle $T_n \in M$. Folglich ist $\langle T_n, T_n^{(0)} - T_n^{(1)} \rangle = 0$ für **alle** $T_n \in M$, insbesondere für $T_n = T_n^{(0)} - T_n^{(1)}$. Dies heißt aber, daß $\langle T_n^{(0)} - T_n^{(1)}, T_n^{(0)} - T_n^{(1)} \rangle = 0$ gilt, also muß wegen (S 4) in Def. 1.3 gelten $T_n^{(0)} - T_n^{(1)} = o$, d. h., es gibt keine andere Lösung als $T_n^{(0)}$.

1.2.2. Mathematische Beschreibung eines Stoßvorganges

Wir betrachten einen einfachen Schwingkreis mit konstanter Selbstinduktion L und Kapazität C sowie mit Anfangsladung 0. Diesen wollen wir zum Zeitpunkt $t = 0$ durch einen **zeitlich punkthaften Spannungsstoß** der Größe S anregen. Uns interessiert der Stromverlauf *nach* dem Stoß und die mathematische Beschreibung des Stoßes. Wir werden dabei auf den Begriff der verallgemeinerten Ableitung geführt, der von S. L. Sobolew erstmals in der Theorie der Differentialgleichungen konsequent genutzt wurde und samt dem Distributionenbegriff heute diese Theorie, die ein Teil der Funktionalanalysis ist, beherrscht.

Wir gehen von bekannten Tatsachen aus. Die Anregung des Schwingkreises erfolge durch Anlegung einer stetigen Spannung $E(t)$, die so verlaufe (S gegeben):

$$\begin{aligned} &E(t) = 0 \quad \text{für} \quad -\infty < t < 0, \\ &\int_0^T E(t) \, dt = S, \quad E(t) \geqq 0, \\ &E(t) = 0 \quad \text{für} \quad t \geqq T; \end{aligned} \tag{1.31}$$

dabei nehmen wir, um der „momentanen“ (= punkthaften) Anregung nahezukommen, T als klein an. Damit kennt man den sich für $t \geqq 0$ einstellenden Stromverlauf $I(t)$: er genügt der Gleichung

$$L\dot{I}(t) + \frac{1}{C} \int_0^t I(\tau) \, d\tau = E(t) \tag{1.32}$$

mit der Anfangsbedingung

$$I(t) = 0 \quad (t \leqq 0). \tag{1.33}$$

(1.32) ist genaugenommen eine Integro-Differentialgleichung. Wenn man aber die Stammfunktion von $I(t)$

$$J(t) = \int_0^t I(\tau)\,d\tau \tag{1.34}$$

einführt, so ist (1.32), (1.33) gleichwertig dem Cauchyschen Anfangswertproblem

$$D_2[J] = L\ddot{J} + \frac{1}{C}J = E(t), \qquad \dot{J}(0) = J(0) = 0. \tag{1.35}$$

(1): Da wir als erstes Ziel haben, den Stromverlauf nach einer punkthaften Anregung zu studieren, schreiben wir den Stromverlauf $I(t)$ bei der Anregung $E(t)$ von (1.31) auf [wir lösen also (1.32)/(1.33)]:

$$\begin{aligned} I(t) &= L^{-1}\int_0^t E(\tau)\cos((LC)^{-1/2}(t-\tau))\,d\tau \quad (t \geqq 0), \\ I(t) &= 0 \quad \text{für} \quad t<0 \end{aligned} \tag{1.36}$$

[s. Bd. 7 oder bei Verwendung der Laplace-Transformation zur Lösung von (1.32)/(1.33) Bd. 10], und betrachten (1.36) **nach** erfolgter Anregung, also für $t \geqq T$.

Für solche t ist $E(t) = 0$, also:

$$I(t) = L^{-1}\int_0^T E(\tau)\cos((LC)^{-1/2}(t-\tau))\,d\tau \quad (t \geqq T). \tag{1.37}$$

Nun hatten wir die Anregungszeit T klein angenommen, näherungsweise ist dann $\cos((LC)^{-1/2}(t-\tau))$ durch $\cos(LC)^{-1/2}\,t$ ersetzbar, weil in (1.37) nur über τ mit $0 \leqq \tau \leqq T$ integriert wird. Also gilt für $t \geqq T$ genähert

$$I(t) \approx L^{-1}\cos(LC)^{-1/2}\,t\int_0^T E(\tau)\,d\tau \tag{1.38}$$

und wegen (1.31)

$$I(t) \approx L^{-1}(\cos(LC)^{-1/2}\,t)\,S, \quad t \geqq T. \tag{1.39}$$

Zum Zeitpunkt T (Endzeitpunkt der Anregung) ist

$$I(T) \approx SL^{-1}\cos(LC)^{-1/2}\,T; \tag{1.40}$$

da T klein ist, ersetzen wir das cos-Glied durch 1:

$$I(T) \approx SL^{-1}. \tag{1.41}$$

Die Formel (1.41) sagt aus, daß $I(t)$ im (kleinen) Anregungszeitintervall $0 \leqq t \leqq T$ von $I(0) = 0$ auf $I(T) \approx SL^{-1}$ „springt". Die Herleitung (s. [18]) verrät, daß die Näherungen für $I(T)$ und $I(t)$ für $t \geqq T$

$$I(T) \approx SL^{-1}, \qquad I(t) \approx SL^{-1}\cos(LC)^{-1/2}\,t \quad (t \geqq T) \tag{1.42}$$

um so genauer werden, je kleiner T ist, wenn nur (1.31) erhalten bleibt (die Größe des Spannungsstoßes). $E(t)$ kommt gar nicht mehr vor! Diese Überlegungen legen es nahe, den Spannungsverlauf $E(t)$ und die Anregungsdauer T ganz außerhalb der Betrachtung zu lassen und ein mathematisches Äquivalent für einen punkthaften Stoß der Größe S zum Zeitpunkt $t = 0$ zu finden, so daß in dessen Gefolge der Strom von $I(0) = 0$ auf *genau* SL^{-1} springt (bei $t = 0$), und dann [entsprechend (1.42)] gilt

$$I(t) = SL^{-1}\cos(LC)^{-1/2}\,t \quad (t \geqq 0),$$
$$I(t) = 0 \quad (t < 0). \tag{1.43}$$

Mit Benutzung der **Heaviside-Funktion**

$$\Theta(t) = \begin{cases} 0 & (t < 0), \\ 1 & (t \geqq 0) \end{cases} \tag{1.44}$$

lautet der Stromverlauf bei punkthafter Anregung:

$$I(t) = SL^{-1}\,\Theta(t)\cos(LC)^{-1/2}\,t \quad (t \in \mathbf{R}). \tag{1.45}$$

$I(t)$ ist (an der Stelle 0) **nicht differenzierbar** (Bild 1.3), kann also [im Gegensatz zu $I(t)$ in (1.36)] nicht (für alle $t \in \mathbf{R}$) einer Differentialgleichung genügen. Dies ist der Ansatzpunkt für den Einsatz der Funktionalanalysis: Sie gestattet nämlich, daß auch in diesem Fall, also für $I(t)$ in (1.45), eine Differentialgleichung in einem verallgemeinerten Sinne „sehr ähnlich" zu (1.32) [bzw. (1.35)] aufgeschrieben werden kann. Ist dies geschehen, so schließen wir folgendermaßen: Da ersichtlich in (1.32) bzw. (1.35) auf der rechten Seite der Differentialgleichung „der von außen auf das System Schwingkreis wirkende Einfluß" steht, wie es nach den Kirchhoffschen Gesetzen sein muß, so müßte sich aus der angekündigten, über eine funktionalanalytische Methode gewonnenen „verallgemeinerten" Differentialgleichung für (1.45) bei geeigneter Schreibweise die gewünschte mathematische Beschreibung des äußeren Einflusses, also des punkthaften Spannungsstoßes, ablesen lassen.

(2): Wir beschreiben nun die funktionalanalytische Methode, der (bei $t = 0$) nicht differenzierbaren Funktion $I(t)$ von (1.45) eine „verallgemeinerte Ableitung" zuzuordnen und mit diesem Ableitungsbegriff dann eine zu (1.32) ganz ähnliche „verallgemeinerte" Differentialgleichung aufzuschreiben. Wir müssen dafür zunächst die Gesamtheit der Funktionen φ, die für alle $t \in \mathbf{R}$ erklärt sind, betrachten, die jede der folgenden Eigenschaften haben (Bild 1.4):

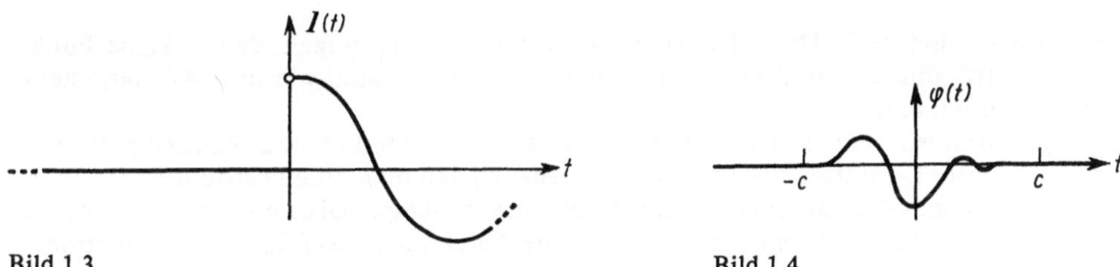

Bild 1.3

Bild 1.4

(a) $\varphi(t)$ beliebig oft differenzierbar.
(b) Es gibt (abhängig von φ) eine Zahl $c > 0$, so daß gilt
$\varphi(t) \equiv 0 \quad$ für $\quad |t| \geqq c$. (1.46)

Beispiel: $\varphi(t) = \begin{cases} 0 & \text{für} \quad |t| \geqq c, \\ \dfrac{1}{e^{t^2 - c^2}} & \text{für} \quad |t| \leqq c. \end{cases}$

Wenn noch festgelegt wird, wann eine Folge von solchen Funktionen konvergent heißt (s. 4.1.; wir machen aber hier in 1.2.2. keinen Gebrauch davon), so heißt die Gesamtheit der erwähnten Funktionen φ der **Grundraum** D (der Testfunktionen). Jede lineare (und stetige) Funktion (s. 2.3.), die für alle $\varphi \in D$ erklärt ist, heißt eine **Distribution.** Die Menge aller Distributionen sei mit D' bezeichnet. Der Begriff einer Distribution erscheint sehr abstrakt. Daher zwei klärende Beispiele.

Beispiel 1.9: Es sei f eine gewöhnliche, für alle $t \in \mathbf{R}$ erklärte stetig differenzierbare (oder wenigstens dem Betrage nach in jedem endlichen Intervall integrierbare [s. Def. 2.19, $L^1_{\text{loc}}(\mathbf{R})$]) Funktion. Wir betrachten für jedes $\varphi \in D$ das Integral

$$(f, \varphi) = \int_{-\infty}^{+\infty} f(t)\, \varphi(t)\, \mathrm{d}t. \tag{1.47}$$

Es konvergiert [wegen (b)] und ist natürlich in φ linear $((f, \alpha_1\varphi_1 + \alpha_2\varphi_2) = \alpha_1(f, \varphi_1) + \alpha_2(f, \varphi_2)$, $\alpha_1, \alpha_2 \in \mathbf{R}$, $\varphi_1, \varphi_2 \in D)$ und stetig. Also haben wir durch f eine Distribution erzeugt, denn durch (1.47) ist jedem $\varphi \in D$ in linearer (stetiger) Weise eine Zahl (eben das Integral) zugeordnet: Diese Distribution können wir durch $(f, .)$ bezeichnen.

Es gelten die Interpretationen: f als Funktion: $t \to f(t) \quad (t \in \mathbf{R})$,

$$f \text{ als Distribution: } \varphi \to (f, \varphi) = \int_{-\infty}^{+\infty} f(t)\, \varphi(t)\, \mathrm{d}t \quad (\varphi \in D). \tag{1.48}$$

Man kann zeigen, daß [für $f \in L^1_{\text{loc}}(\mathbf{R})$, s. Def. 2.19] die Zuordnung zwischen f und der zugehörigen Distribution $(f, .)$ eineindeutig ist. **Daher unterscheidet man oft nicht zwischen f und $(f, .)$** [68].

Beispiel 1.10. Jedem $\varphi \in D$ werde die Zahl $\varphi(0)$ zugeordnet. Damit ist eine Distribution δ_0 definiert, denn diese Definitionsvorschrift ist linear (und stetig). Wir schreiben in Anlehnung an die Schreibweise (1.47):

$$\delta_0 : (\delta_0, \varphi) = \varphi(0), \qquad \varphi \in D. \tag{1.49}$$

Diese Distribution heißt **Dirac-Distribution**, und man kann zeigen, daß es keine Funktion $f \in L^1_{\text{loc}}(\mathbf{R})$ gibt, so daß diese Distribution durch ein Integral wie in (1.47) dargestellt werden könnte [68, 69].

Damit wissen wir, daß es „mehr“ Distributionen als gewöhnliche Funktionen gibt. Was ist der Sinn ihrer Definition? Ein wichtiger Zweck ist, daß man eine Distribution stets differenzieren kann. Man definiert nämlich für eine beliebige Distribution $f \in D'$, deren Wert für ein $\varphi \in D$ durch (f, φ) bezeichnet sei, die Ableitung f' als folgende Distribution:

$$f' : (f', \varphi) = -(f, \varphi') \qquad (\varphi \in D). \tag{1.50}$$

In Worten: Unter f' verstehen wir die Distribution, deren Wert für jedes $\varphi \in D$ durch $-(f, \varphi')$ gegeben ist.

Auch hierfür geben wir zwei Beispiele an und kommen dann zur Distribution $(I, .)$, die wir unserem Stromverlauf (1.45) zuordnen.

Beispiel 1.11. Wir nehmen eine stetig differenzierbare Funktion f, die für alle $t \in \mathbf{R}$ erklärt ist, und bilden ihre Ableitung f' an jeder Stelle $t \in \mathbf{R}$ sowie die f' zugeordnete Distribution $\hat{f}$, deren Wert für jedes φ durch

$$(\hat{f}, \varphi) = \int_{-\infty}^{+\infty} f'(t)\varphi(t)\, \mathrm{d}t$$

gegeben ist. Partielle Integration liefert unter Beachtung von (1.46 (b))

$$(\hat{f}, \varphi) = -\int_{-\infty}^{+\infty} f(t)\varphi'(t)\, \mathrm{d}t = -(f, \varphi'), \tag{1.51}$$

also gerade (1.50). Daher ist die allgemeine Definition (1.50) motiviert.

Beispiel 1.12. Wir nehmen diesmal die Heaviside-Funktion Θ von (1.44). Sie ist (bei $t = 0$) unstetig! Wir fassen sie als Distribution auf. Dann können wir ihre Ableitung berechnen (es ist gerade die Dirac-Distribution δ_0):

$$(\Theta', \varphi) \overset{\text{def}}{=} -(\Theta, \varphi') = -\int_{-\infty}^{+\infty} \Theta(t)\varphi'(t)\,dt$$

$$= -\int_0^{\infty} \varphi'(t)\,dt \underset{(1,46)}{=} -\varphi(t)\,|_0^c = \varphi(0) = (\delta_0, \varphi) \tag{1.52}$$

Da dies für jedes $\varphi \in D$ gilt, ist im distributionellen Sinne $\Theta' = \delta_0$.

Nun kommen wir zu unserem Schwingkreis zurück und berechnen für I nach (1.45) den Ausdruck der linken Seite der Differentialgleichung (1.32) im distributionellen Sinne: Wir ersetzen also die Funktion [gemäß (1.48)] $\int_0^t I(\tau)\,dt$ durch ihre Distribution $\left(\int_0^t I(\tau)\,d\tau, .\right)$ und die Ableitung $\dot{I}$ durch die distributionelle Ableitung: $\dot{I} \rightarrow (\dot{I}, \varphi) = -(I, \dot{\varphi})$. Folglich ist

$$L(\dot{I}, \varphi) + \frac{1}{C}\left(\int_0^t I(\tau)\,dt, \varphi\right)$$

$$= -L(I, \dot{\varphi}) + \frac{1}{C}\int_{-\infty}^{+\infty} \varphi(t) \int_0^t \Theta(\tau)\, SL^{-1} \cos(LC)^{-1/2}\,\tau\,d\tau\,dt$$

$$= -L\int_{-\infty}^{+\infty} \Theta(t)\, SL^{-1} \cos(LC)^{-1/2}\, t\dot{\varphi}(t)\,dt + \frac{1}{C}\ldots$$

$$= -S\int_0^{\infty} \cos(LC)^{-1/2}\, t\dot{\varphi}(t)\,dt + S\int_0^{\infty} (LC)^{-1/2} \sin(LC)^{-1/2}\, t\varphi(t)\,dt$$

und durch partielle Integration im ersten Term sowie wegen (1.46) folgt

$$= -S\int_0^{\infty} (LC)^{-1/2} \sin(LC)^{-1/2}\, t\varphi(t)\,dt - S\cos(LC)^{-1/2}\, t\varphi(t)|_0^c + S\ldots$$

$$= S\varphi(0) = S(\delta_0, \varphi);$$

also erfüllt I von (1.45) im distributionellem Sinne die Gleichung [die zu (1.32) „ähnlich" ist]

$$L(\dot{I}, .) + \frac{1}{C}\left(\int_0^t I(\tau)\,d\tau, .\right) = S(\delta_0, .), \quad \varphi \in D, \tag{1.53}$$

d. h., da rechts die Dirac-Distribution δ_0, multipliziert mit S steht, **beschreibt $S\delta_0$ den Spannungsstoß der Größe S** (bei $t = 0$) mathematisch.

In der Schreibweise (1.35), D_2 aufgefaßt als distributionellen Differentialoperator, wobei die 2. distributionelle Ableitung analog (1.50) durch $f'': (f'', \varphi) = (f, \varphi'')$, $\varphi \in D$, definiert wird (s. 4.1.), lautet das Ergebnis dann

$$D_2[J] = S\delta_0, \tag{1.54}$$

und J ist als Distribution aufzufassen, die von $\int_0^t I(\tau)\,d\tau$ erzeugt wird.

Die gefundene mathematische Beschreibung eines Stoßvorganges war schon in Bd. 7 und Bd. 10 Untersuchungsgegenstand. In Bd. 7 wurde der punktförmige Stoß approximiert durch eine Folge kürzer werdender „Rechteckstöße“ ($T_n \to 0$, $T_n \geqq 0$, $n = 1, 2, \dots$):

$$E_n(t) = \begin{cases} 0 & (t < 0), \\ \dfrac{S}{T_n} & (0 \leqq t \leqq T_n), \\ 0 & (t > T_n), \end{cases}$$

dann ist stets $\int_0^{T_n} \frac{S}{T_n} \, \mathrm{d}t = S \; (n = 1, 2, \dots)$.

Der Stromverlauf I_n *nach* der Anregung E_n, also $\forall t \geqq T_n$, ergibt sich auch nach (1.37):

$$I_n(t) = L^{-1} \int_0^{T_n} \frac{S}{T_n} \cos (LC)^{-1/2} (t - \tau) \, \mathrm{d}\tau. \tag{1.55}$$

Nun interessiert natürlich der Grenzwert für $n \to \infty$ (also $T_n \to 0$). Die Regel von de l'Hospital ergibt wie in Bd. 7/1 unsere Lösung (1.43) für den Stromverlauf bei stoßförmiger Anregung: Man faßt in (1.55) T_n als Variable auf. Dann folgt:

$$\lim_{T_n \to 0} SL^{-1} \cos (LC)^{-1/2} (t - T_n) = SL^{-1} \cos (LC)^{-1/2} t, \quad t \geqq 0.$$

Diese Approximation ist auch für den Übergang von der Folge $\{E_n\}$ zur Dirac-Distribution anwendbar. Wir fassen dazu E_n als Distribution auf: $E_n \to (E_n, .)$. Dann ist jedes $\varphi \in D$ nach der de l'Hospitalschen Regel

$$\lim_{n \to \infty} \int_{-\infty}^{+\infty} E_n(t) \, \varphi(t) \, \mathrm{d}t = \lim_{n \to \infty} \frac{1}{T_n} S \int_0^{T_n} \varphi(t) \, \mathrm{d}t = S\varphi(0). \tag{1.56}$$

Also: Der *Grenzwert* der Folge der Distributionen $(E_n, .)$ ist $S\delta_0(\cdot)$. Der Konvergenzbegriff in (1.56) ist die **Konvergenz einer Distributionenfolge** $\{E_n\}$ gegen die δ_0-Distribution:

$$\{E_n\} \to S\delta_0. \tag{1.57}$$

Die δ_0-Distribution wurde schon in Bd. 10 eingeführt. Dort heißt es, daß für sie folgende Regel gilt:

$$\int_{-\infty}^{+\infty} \varphi(\tau) \, \delta_0(\tau) \, \mathrm{d}\tau = \varphi(0). \tag{1.58}$$

Dabei ist der Ausdruck links sowohl dort in Bd. 10 als auch hier bei uns als Vorschrift aufzufassen, jeder Funktion φ den Wert $\varphi(0)$ zuzuordnen. Wir hatten für φ dabei nur Elemente aus D zugelassen, die Zuordnungsvorschrift (wenn man nicht differenzieren will) ist aber auch für jedes nur stetige φ erklärt.

Wir wollen noch auf den Zusammenhang mit Greenschen Funktionen hinweisen (vgl. 4.1. und Bd. 7/2 und 8). Man gewinnt die Greensche Funktion $J(t, t_0)$ für unser Anfangswertproblem (1.35), indem man bei homogenen Anfangsbedingungen die Wirkung eines Einheitsstoßes zur Zeit $t_0 > 0$ studiert. Dieser wird durch die „verschobene“ δ-Distribution δ_{t_0} beschrieben, die jedem $\varphi \in D$ den Wert $\varphi(t_0)$ zuordnet. Also muß statt (1.54) jetzt

$$D_2[J] = \delta_{t_0} \quad (t_0 > 0) \tag{1.59}$$

erfüllt werden. Der wichtige Unterschied gegenüber (1.54) ist der Stoßzeitpunkt $t_0 > 0$. Also antwortet der (Zeitverschiebungen gegenüber invariante) Schwingkreis auch „um t_0 verschoben“ (s. 1.43):

$$I(t; t_0) = L^{-1} \Theta(t - t_0) \cos (LC)^{-1/2} (t - t_0), \tag{1.60}$$

und hieraus ergibt sich wieder [wie in (1.34)]

$$J(t; t_0) = \int_0^t I(\tau; t_0) \, \mathrm{d}\tau, \quad t \in \mathbf{R}, \quad t_0 > 0. \tag{1.61}$$

Dies ist die gesuchte Greensche Funktion. Sie erfüllt die Bedingungen von Bd. 7/2, die ihr zugeordnete Distribution J erfüllt (1.59). Insbesondere wird die Lösung von (1.35) durch

$$J(t) = \int_0^t J(t;\tau)\, E(\tau)\, \mathrm{d}\tau, \tag{1.62}$$

die Lösung von (1.32), (1.33) durch

$$I(t) = \int_0^t I(t;\tau)\, E(\tau)\, \mathrm{d}\tau \tag{1.63}$$

dargestellt; $I(t;\, t_0)$ bzw. $J(t;\, t_0)$ gestatten also die Darstellung von $I(t)$ bzw. $J(t)$ als gewichtete [mit $E(\tau)$] Aufsummierung (das Integral) der Wirkungen $I(t;\,\tau)$ bzw. $J(t;\,\tau)$der Stöße zu den Zeitpunkten $\tau \geqq 0$.

1.2.3. Hamilton-Funktion und Hermitesche Differentialgleichung beim quantenmechanischen harmonischen Oszillator

Wir benutzen den linearen ungedämpften Oszillator, um in die Anwendung der Funktionalanalysis in der Quantenmechanik einzuführen.

Unter einem linearen harmonischen Oszillator versteht man bekanntlich die (eindimensionale) Bewegung eines Teilchens der Masse m unter dem Einfluß eines Kraftfeldes $K(x)$:

$$K(x) = -kx, \tag{1.64}$$

wenn $x(t)$ die Ortskoordinate des Teilchens und $k > 0$ eine gegebene Konstante ist. Die Anfangsbedingungen seien

$$\begin{aligned} x_0 &= x(0) = C_1 \quad \text{(Anfangsort)}, \\ v_0 &= \dot{x}(0) = C_2 \quad \text{(Anfangsgeschwindigkeit)}. \end{aligned} \tag{1.65}$$

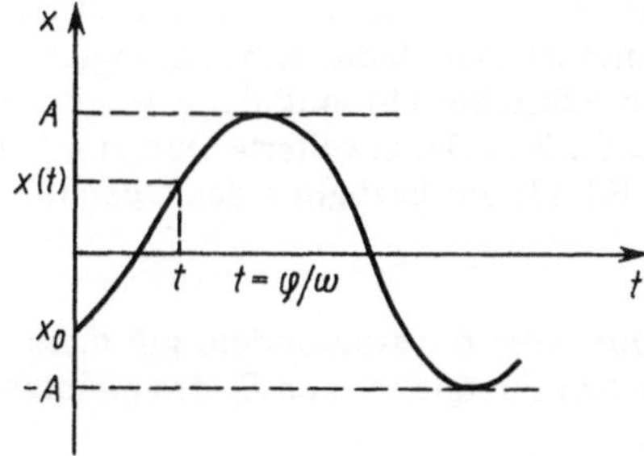

Bild 1.5

Die Kraft $K(x)$ bewirkt eine ungedämpfte Schwingung, deren mathematische Beschreibung durch das Newtonsche Kraftgesetz

$$m\ddot{x} = -kx \tag{1.66}$$

und die Anfangsbedingungen gegeben ist. Die Lösung dieses Anfangswertproblems (1.65), (1.66) ist (vgl. Bd. 3, 5.1. u. Bd. 7/1)

$$x(t) = A\cos(\omega t - \varphi), \tag{1.67}$$

wobei Amplitude A, Frequenz ω und Phase φ gegeben sind durch

$$\omega^2 = \frac{k}{m}, \qquad A = \sqrt{x_0^2 + \frac{v_0^2}{\omega^2}}, \qquad \sin\varphi = \frac{v_0}{A\omega}, \qquad \cos\varphi = \frac{x_0}{A}. \tag{1.68}$$

Nach dem Energiesatz für unser Problem ist

$$E = E_K + E_p = \frac{m}{2}\dot{x}^2 + \frac{k}{2}x^2 \tag{1.69}$$

eine Konstante für $t \geqq 0$. Folglich ist wegen (1.65) und (1.68)

$$E = \frac{m}{2}v_0^2 + \frac{k}{2}x_0^2 = \frac{m\omega^2}{2}A^2, \tag{1.70}$$

also ist die Amplitude A nur von der Gesamtenergie E abhängig. Da die Größe von φ nur eine Verschiebung der Kurve $x(t) = A\cos\omega t$ um φ/ω ausmacht, wollen wir sagen, die **Gesamtenergie** beschreibt den **Zustand** des Oszillators.

Wenn also zu festen k, m die Bedingungen (1.65) vorgegeben sind, berechnet man E nach (1.70), und nun schwingt das Teilchen ungedämpft mit der Amplitude A für diese Gesamtenergie. Dieser „Zustand" ist **stationär**, denn er ändert sich nicht mit wachsender Zeit. Quantenmechanisch sind aber – wie wir gleich sehen werden – stationäre Zustände nur für **gewisse** Gesamtenergien E_n, $n = 0, 1, \ldots,$ möglich.

Für stationäre Zustände quantenmechanischer Systeme (als ein solches wollen wir unseren Oszillator ansehen) liefert die Quantenmechanik folgendes Herangehen:

1. Man schreibe die klassische Hamilton-Funktion $H(p_k, x_k)$ des Systems auf. Dann ersetze man H durch einen **Operator** $\mathfrak{H}$, indem

a) die Ortskoordinaten x_k durch die Multiplikation mit x_k,

b) die Impulskoordinaten $p_k(= m\dot{x}_k)$ durch den Differentiationsoperator

$$\frac{\hbar}{\mathrm{i}}\frac{\partial}{\partial x_k} \tag{1.71}$$

ersetzt werden.

2. Man finde einen geeigneten Hilbertraum $\boldsymbol{H}$ (s. 2.4.), so daß der Definitionsbereich $D(\mathfrak{H})$ von $\mathfrak{H}$ eine Teilmenge dieses Hilbertraumes ist. $\mathfrak{H}$ muß ein selbstadjungierter Operator (vgl. 3.3.) sein. [Dies ergibt sich bei 1 a) von selbst, bei 1 b) muß der gewonnene Operator der Differentiation erst erweitert werden (s. 5.1.2.).] Der erweiterte Operator heißt $\bar{\mathfrak{H}}$.

3. Man schreibe das Eigenwertproblem (s. Bd. 13) auf bezüglich des Operators $\bar{\mathfrak{H}}$:

$$\bar{\mathfrak{H}}f = \lambda f, \quad \lambda \text{ reell}, \quad f \in D(\bar{\mathfrak{H}}), \tag{1.72}$$

und bestimme das **Spektrum** (s. 3.2.1.) des Operators $\bar{\mathfrak{H}}$. Insbesondere gilt dann

a) die **Eigenwerte** λ_n sind gerade die möglichen Energieniveaus E_n des quantenmechanischen Systems,

b) die zugehörigen linear unabhängigen *Eigenvektoren* f_n entsprechen (eineindeutig) den zugehörigen stationären quantenmechanischen Zuständen,

c) erfolgt ein Übergang des Systems von dem stationären Zustand der Energie E_n zum stationären Zustand mit der Energie E_{n-1}, so findet gleichzeitig eine elektromagnetische Strahlung der Frequenz

$$\nu = \frac{1}{h}(E_n - E_{n-1}) \tag{1.73}$$

oder eine äquivalente Erscheinung mit entsprechender Energie- und Impulsübertragung statt.

Wir wollen für unser Beispiel dieses Programm genauer ausführen. Als Hilbertraum $\boldsymbol{H}$ wählen wir

$$\boldsymbol{H} = L^2(\mathbf{R}) \tag{1.74}$$

(s. 2.4.1. und 1.3.).

1. Die Hamilton-Funktion lautet in unserem Beispiel

$$H(p, x) = \frac{1}{2m} p^2 + \frac{k}{2} x^2 \tag{1.75}$$

(sie ist für unser Beispiel einfach die Energie (1.69), wobei statt $\dot{x}$ der Impuls $p = m\dot{x}$ als Variable stehen muß). Anwendung der Ersetzungsregel 1 a), 1 b) ergibt dann den Operator

$$\mathfrak{H}. = \frac{1}{2m}\left(\frac{\hbar}{\mathrm{i}}\frac{\mathrm{d}}{\mathrm{d}x}\right)\left(\frac{\hbar}{\mathrm{i}}\frac{\mathrm{d}}{\mathrm{d}x}\right). + \frac{k}{2}x^2.\,, \tag{1.76}$$

wobei an Stelle des Punktes ein Element des Definitionsbereiches $D(\mathfrak{H})$ von $\mathfrak{H}$ zu stehen hat.

2. Als Definitionsbereich $D(\mathfrak{H})$ bietet sich an (s. 2.2.1.)

$$D(\mathfrak{H}) = \{f \mid f \in \mathring{C}^\infty(\mathbf{R})\}. \tag{1.77}$$

Es ist dann

$$\mathfrak{H}f = -\frac{\hbar^2}{2m}\frac{\mathrm{d}^2 f}{\mathrm{d}x^2} + \frac{k}{2}x^2 \cdot f \quad (f \in D(\mathfrak{H})). \tag{1.78}$$

Den **Differentialoperator** rechts können wir identifizieren: bis auf einige Konstanten ist es der aus Band 7/2 bekannte **Hermitesche Differentialoperator**

$$D_2[y] = -y''(x) + x^2 y(x), \quad -\infty < x < +\infty. \tag{1.79}$$

3. $\mathfrak{H}$ von (1.76) ist noch nicht selbstadjungiert [1, S. 137]. Wir müssen $\mathfrak{H}$ durch seine Erweiterung $\overline{\mathfrak{H}}$ (s. Kap. 3) ersetzen. $\mathfrak{H}$ selbst gestattet aber schon, viele Eigenschaften von $\overline{\mathfrak{H}}$ auszurechnen, so z. B. die Eigenwerte λ_n und zugehörige Eigenfunktionen f_n: Es müssen alle $f_n \neq o$ mit

$$\mathfrak{H}f_n = \lambda_n f_n, \quad n = 0, 1, 2, \ldots, \tag{1.80}$$

gesucht werden. Steht statt $\mathfrak{H}$ der Operator D_2 (aus 1.79), so kennen wir alle Eigenwerte $\tilde{\lambda}_n$ und Eigenfunktionen H_n [vgl. (2.69)]:

$$\tilde{\lambda}_n = 2n + 1, \quad n = 0, 1, 2, \ldots; \qquad H_n(x) = C_n \mathrm{e}^{\frac{x^2}{2}} \frac{\mathrm{d}^n}{\mathrm{d}x^n}(\mathrm{e}^{-x^2}). \tag{1.81}$$

Man bemerkt, daß der (ursprüngliche) Definitionsbereich für $\mathfrak{H}$ nach (1.77) zu eng ist. Aber bei (1.80) müßte auch $\overline{\mathfrak{H}}$ stehen, und es ist $D(\overline{\mathfrak{H}}) \supsetneqq D(\mathfrak{H})$.

Wählt man die C_n so, daß

$$\int_{-\infty}^{+\infty} |H_n(x)|^2 \,\mathrm{d}x = 1 \tag{1.82}$$

ist **(Normierung)**, so ist jedem Eigenwert $\tilde{\lambda}_n$ genau eine Eigenfunktion zugeordnet. Die $H_n(x)$ heißen normierte **Hermitesche Funktionen**. Wenn man den Operator $\mathfrak{H}$ nun auf

$$\psi_n(x) = D_n H_n(\alpha x), \quad n = 0, 1, 2, \ldots; \qquad D_n \text{ reell}, \quad \alpha = \sqrt[4]{mk\hbar^{-2}} \tag{1.83}$$

anwendet, so folgt

$$\mathfrak{H}\psi_n(x) = \hbar\omega(n + \tfrac{1}{2})\,\psi_n(x), \quad n = 0, 1, 2, \ldots, \tag{1.84}$$

d.h., die Funktionen in (1.83) sind gerade Eigenfunktionen des Eigenwertproblems (1.80) mit den aus (1.84) ablesbaren Eigenwerten

$$\lambda_n = \hbar\omega(n + \tfrac{1}{2}), \quad n = 0, 1, 2, \ldots \tag{1.85}$$

Entsprechend 3a)–3c) heißt dieses Resultat für die quantenmechanische Betrachtung des Oszillators:

Mögliche Energieniveaus E_n für stationäre Zustände sind

$$E_n (= \lambda_n) = \hbar\omega(n + \tfrac{1}{2}), \tag{1.86}$$

und wenn der Oszillator auf ein niedrigeres Niveau übergeht, $E_n \to E_{n-1}$, so erfolgt eine Energieabgabe $E_n - E_{n-1}$, die einer elektromagnetischen Strahlung der Frequenz

$$\nu = \frac{1}{h}(E_n - E_{n-1}) \tag{1.87}$$

entspricht. Das entspricht der berühmten **Quantenhypothese von Planck** für den harmonischen Oszillator. Und die diesen quantenmechanisch möglichen Energieniveaus E_n für stationäre Zustände eineindeutig (das gilt, wenn die ψ_n normiert sind: $\int_{-\infty}^{+\infty} |\psi_n(x)|^2\,dx = 1$) zugeordnete Eigenfunktion ψ_n aus (1.83) nimmt man als mathematisches Äquivalent für den quantenphysikalischen stationären Zustand „Oszillator mit Gesamtenergie E_n".

Schwingt das Teilchen mit der Energie E_n, so sagen wir, der harmonische Oszillator befinde sich – als quantenmechanisches System – im Zustand $\psi_n(x)$. Man kann auch sagen, daß die eindimensionalen Unterräume des $L^2_{\mathbf{R}}(\mathbf{R})$, die von den ψ_n erzeugt werden, die möglichen Zustände des quantenmechanischen Systems repräsentieren.

Wir wollen noch einen anderen Sachverhalt der Quantenmechanik am Oszillator funktionalanalytisch deuten. Die normierten Eigenfunktionen $\psi_n(x)$ von (1.83) bilden ein vollständiges ONS [s. (1.14) und 2.4.2.]

$$\int_{-\infty}^{+\infty} \psi_n(x)\,\psi_m(x)\,dx = \delta_{mn} = \begin{cases} 1, & \text{falls} \quad m = n, \\ 0, & \text{falls} \quad m \neq n. \end{cases} \tag{1.88}$$

Dann kann man (s. 2.4.2.) jedes Element $g \in L^2_{\mathbf{R}}(\mathbf{R})$ in eine Reihe

$$g(x) = \sum_{\nu=0}^{\infty} c_\nu \psi_\nu(x) \tag{1.89}$$

entwickeln, wobei (1.89) in folgendem Sinne gilt:

$$\lim_{n\to\infty} \int_{-\infty}^{+\infty} |g(x) - \sum_{\nu=0}^{n} c_\nu \psi_\nu(x)|^2\,dx = 0 \tag{1.90}$$

(die Reihe **konvergiert im quadratischen** Mittel).[1] Die Koeffizienten dieser Reihenentwicklung kann man leicht berechnen, wenn unter Benutzung des **Skalarprodukts** [s. (1.5)]

$$\int_{-\infty}^{+\infty} g(x)\,h(x)\,dx = \langle g, h\rangle \quad (h, g \in L^2_{\mathbf{R}}(\mathbf{R})) \tag{1.91}$$

wie folgt gerechnet wird: Man bildet (1.91) mit g von (1.89) und mit einem beliebigen ψ_k für h:

[1]) Das benutzte Integral ist das **Lebesgue-Integral** (s. 1.3.). Denn auch wenn g und die ψ_ν glatte Funktionen sind, muß (1.89) nur „bis auf eine Menge vom Maß 0" (s. 1.3.) erfüllt sein.

$$\begin{aligned}\langle g, \psi_k\rangle &= \left\langle \sum_{\nu=0}^{\infty} c_\nu \psi_\nu, \psi_k \right\rangle \\ &= \sum_{\nu=0}^{\infty} \langle c_\nu \psi_\nu, \psi_k\rangle \\ &= \sum_{\nu=0}^{\infty} c_\nu \langle \psi_\nu, \psi_k\rangle = c_k, \quad k = 0, 1, 2, \ldots\end{aligned} \tag{1.92}$$

Damit sind die Koeffizienten bekannt, da die Vertauschung in (1.92) erlaubt ist [s. (2.42): das L^2-Skalarprodukt ist (bezüglich jeder seiner beiden Variablen) stetig].

(1.89) besagt, daß **jedes** $g \in L^2_{\mathbf{R}}(\mathbf{R})$ als (Fourier-) Reihe dargestellt werden kann nach den $\psi_n(x)$, die die stationären Zustände des quantenmechanischen Systems darstellen. Um dies physikalisch auszunutzen, nehmen wir jetzt an, wir hätten die Erweiterung des Operators $\mathfrak{H}$ zu $\bar{\mathfrak{H}}$ schon konstruiert. Das bedeutet, wir kennen den Definitionsbereich $D(\bar{\mathfrak{H}})$ als Teilmenge des $L^2_{\mathbf{R}}(\mathbf{R})$; $D(\bar{\mathfrak{H}})$ umfaßt $D(\mathfrak{H})$ und liegt weiterhin **dicht** in $L^2_{\mathbf{R}}(\mathbf{R})$. Wir betrachten ein beliebiges $g \in D(\bar{\mathfrak{H}})$, welches normiert sei: $\langle g, g\rangle = 1$. Ein solches g wollen wir *auch* als **Zustand** des quantenmechanischen Systems ansehen. Da es erst recht die Darstellung

$$g = \sum_{n=0}^{\infty} c_n \psi_n \tag{1.93}$$

gestattet, wollen wir sagen, daß der quantenmechanische Zustand g beschrieben wird durch Linearkombination (Superposition) der Eigenzustände ψ_n. Dabei gestatten die c_n folgende Interpretation: c_n ist die Wahrscheinlichkeitsamplitude und $|c_n|^2$ die Wahrscheinlichkeit, mit der der Eigenzustand (stationärer Zustand) ψ_n in g enthalten ist. Bei einer Energiemessung findet man dann mit der Wahrscheinlichkeit $|c_n|^2$ die Energie E_n.

Wir berechnen $\sum |c_n|^2$. Da das Orthonormalsystem $\{\psi_n(x)\}$ vollständig ist, gilt die **Vollständigkeitsrelation** [s. (2.66)], und es ist

$$\sum |c_n|^2 = \|g\|^2 = 1\,. \tag{1.94}$$

Die Wahrscheinlichkeit, irgend eines der Energieniveaus E_n zu messen, ist also 1. Man erhält somit mit Wahrscheinlichkeit 1 bei einer Energiemessung einen der Eigenwerte des Operators $\bar{\mathfrak{H}}$. [Diese einfache Interpretation geht nur, da $\mathfrak{H}$ (und auch $\bar{\mathfrak{H}}$) ein reines Punktspektrum mit einfachen Eigenwerten hat.]

Die **mathematische Erwartung** (der quantenmechanische Mittelwert) bei der Energiemessung wäre dann (Bd. 17, Def. 2.28)

$$\sum_{n=0}^{\infty} \lambda_n |c_n|^2 \tag{1.95}$$

und ist endlich, da diese Reihe konvergent ist [66]. Es besteht ein enger Zusammenhang zur quadratischen Form $\langle \bar{\mathfrak{H}} g, g\rangle$ $(g \in \mathbf{D}(\bar{\mathfrak{H}}))$:

$$\langle \bar{\mathfrak{H}} g, g\rangle = \sum_{n=0}^{\infty} \lambda_n |c_n|^2\,. \tag{1.95'}$$

Die **quadratische Form** $\langle \bar{\mathfrak{H}} g, g\rangle$ erweist sich im Definitionsbereich von $\bar{\mathfrak{H}}$ gerade als der quantenmechanische Mittelwert bei der Energiemessung im Zustand g. Auf Beziehungen zur Streuung gehen wir unten in 5.1.3. ein.

1.2.4. Ein volkswirtschaftliches Verflechtungsmodell als Fixpunktproblem

Im einfachsten volkswirtschaftlichen Verflechtungsmodell werden in einem bestimmten Zeitraum N Produktionszweige betrachtet, die je eine Produktart produzieren. Der i-te Zweig produziere von seinem Produkt die Menge x_i, an den j-ten Zweig liefere er die Menge p_{ij} und an äußere Bedarfsträger die Menge a_i. Es sei p_{ij} der Gesamtproduktion des j-ten Zweiges proportional:

$$p_{ij} = m_{ij} x_j, \tag{1.96}$$

dann ergibt sich folgendes Gleichungssystem als Bilanz:

$$x_i = \sum_{j=1}^{N} m_{ij} x_j + a_i \quad (i = 1, \ldots, N). \tag{1.97}$$

Entsprechend A) in 1.2.1. lautet die Aufgabe: Gesucht ist ein Vektor $x = (x_1, \ldots, x_N) \in R^N$, so daß bei gegebener Verflechtungsmatrix $M = (m_{ij})$ und gegebenem output $a = (a_1, \ldots, a_N) \in R^N$ folgende Gleichung erfüllt ist:

$$x = Mx + a. \tag{1.98}$$

Wir formulieren jetzt diese Aufgabe funktionalanalytisch entsprechend B) in 1.2.1. In (1.98) kommt die gesuchte Größe x sowohl „rechts" vor als auch „isoliert" auf der linken Seite. Wir fassen die rechte Seite in (1.98) als **Abbildungsvorschrift** auf, einem Vektor $x \in R^N$ den Vektor $Mx + a$ als Bild zuzuordnen. Wir sehen, daß (1.98) gelöst ist, wenn wir einen solchen Vektor $x^* \in R^N$ haben, daß das Bild $Mx^* + a$ *von* x^* gerade wieder x^* ist, also $Mx^* + a = x^*$ gilt. Ein solcher Vektor $x^* \in R^N$ heißt ein **Fixpunkt** der beschriebenen Abbildung. Ist allgemein A eine Abbildung, die einem Vektor $x \in R^N$ den Vektor $y = A(x) \in R^N$ zuordnet (man sagt auch, daß A den R^N „in sich" abbildet), so heißt ein Vektor $x^* \in R^N$ ein Fixpunkt von A, wenn $A(x^*) = x^*$ ist.

Jetzt sind zwei Fragen zu beantworten: Welche Forderungen müssen an A gestellt werden, damit ein Fixpunkt existiert (die Abbildung A mit $A(x) = x + 1$ hat keinen Fixpunkt für $x \in \mathbf{R}$), und, wie kann ein existierender Fixpunkt berechnet werden? **Eine** Antwort gibt der sehr allgemeine Fixpunktsatz von Banach (s. 4.4.2.). In ihm ist A „kontrahierend". Eine Abbildung A von R^N in sich heißt kontrahierend, wenn es eine Konstante k gibt mit $0 < k < 1$, so daß für je zwei Elemente $x, y \in R^N$ gilt (d sei die Metrik in R^N):

$$d(A(x), A(y)) \leqq k d(x, y) \quad (x, y \in R^N). \tag{1.99}$$

(1.99) bedeutet, daß der Abstand der Bilder zweier Elemente aus R^N kleiner oder gleich ist dem mit einem festen Faktor k $(0 < k < 1)$ multiplizierten Abstand der Urbilder. Da in (1.99) nur die Metrik d von R^N gebraucht wird, kann eine kontrahierende Abbildung auch in allgemeinen metrischen Räumen E (oder Teilmengen E_0 von E) definiert werden [s. (4.83)]. In unserem Beispiel ist $E_0 = E = (R^N, d)$, $Ax = Mx + a$, $x \in R^N$. Unten geben wir vier Möglichkeiten an, einen Faktor k für $A \cdot = M \cdot + a$ zu berechnen. Ist dann $0 < k < 1$ erfüllt, so weiß man, daß genau ein Fixpunkt x^* existiert.

Wir realisieren C) von 1.2.1. und geben vier Möglichkeiten zur Bestimmung eines Kontraktionsfaktors k für (1.99) an. Dazu sei $\|.\|$ eine Norm in R^N. Folglich gilt mit der durch diese Norm festgelegten Metrik d:

$$d(A(x), A(y)) = \|A(x) - A(y)\| = \|(Mx + a) - (My + a)\| = \|M(x - y)\|. \tag{1.100}$$

Wir setzen $x - y = z \in R^N$, $z = (z_1, \ldots, z_n)$.

a) Wahl der euklidischen Norm im R^N (s. Bsp. 1.2):

$$\begin{aligned}\|Mz\|_1^2 &= \sum_i \Big(\sum_k m_{ik} z_k\Big)^2 \leqq \sum_i \Big(\sum_k m_{ik}^2\Big)\Big(\sum_k z_k^2\Big) \\ &= \|z\|_1^2 \Big(\sum_i \sum_k m_{ik}^2\Big) = k_1^2 \|z\|_1^2, \qquad k_1 = \Big(\sum_{i,k} m_{ik}^2\Big)^{1/2}.\end{aligned} \tag{1.101}$$

b) Wahl der Norm $\|z\|_2 = \operatorname{Max} |z_i|$ $(z \in R^N)$:

$$\|Mz\|_2 = \operatorname*{Max}_i \Big|\sum_k m_{ik} z_k\Big| \leqq \operatorname*{Max}_i \sum_k |m_{ik}|\,|z_k|$$

$$\leqq \operatorname{Max}_i \sum_k |m_{ik}| \operatorname{Max}_k |z_k| = \left(\operatorname{Max}_i \sum_k |m_{ik}|\right) \|z\|_2$$
$$= k_2 \|z\|_2 , \qquad k_2 = \operatorname{Max}_i \sum_k |m_{ik}| . \tag{1.102}$$

c) Wahl der Norm $\|z\|_3 = \sum_{i=1}^{N} |z_i|$:

$$\|Mz\|_3 = \sum_i \left| \sum_k m_{ik} z_k \right| \leqq \sum_i \sum_k |m_{ik}| \, |z_k|$$
$$= \sum_k |z_k| \sum_i |m_{ik}| \leqq \sum_k |z_k| \operatorname{Max}_k \sum_i |m_{ik}|$$
$$= \|z\|_3 \cdot k_3 , \qquad k_3 = \operatorname{Max}_k \sum_i |m_{ik}| . \tag{1.103}$$

d) Wahl der euklidischen Norm, aber andere Abschätzung der Matrix: Es gilt nämlich, wenn $\bar{\lambda}$ der größte Eigenwert der Matrix $M^{\mathrm{T}}M$ ist (es ist stets $\bar{\lambda} \geqq 0$)

$$\|Mz\|_1^2 \leqq \bar{\lambda} \|z\|_1^2 , \tag{1.104}$$

und damit ist auch $\sqrt{\bar{\lambda}}$ eine Konstante (k_4) gemäß (1.99).

Die für eine gegebene Matrix M berechenbaren Zahlen k_1, k_2, k_3, k_4 sind „Matrixnormen" und heißen „euklidische Norm" (k_1), „Zeilenbetragssummennorm" (k_2), „Spaltenbetragssummennorm" (k_3), „Spektralnorm" (k_4). Die letztere ist auch die Norm von M als Norm einer linearen beschränkten Abbildung im Sinne der Funktionalanalysis (s. Def. 3.6); [10].

Bemerkung 1.4: Die Zahlen $k_1, \ldots, k_4$ können bei einer gegebenen Matrix verschieden ausfallen.

Bemerkung 1.5: In Bd. 18, 2.3., Bsp. 2.5, wird ein lineares Gleichungssystem mit dem in 4.4.2. angegebenen Iterationsverfahren gelöst. Die dabei berechnete Kontraktionskonstante ist gerade k_3. Im allgemeinen wird die Fixpunktmethode auf *nichtlineare* Gleichungen angewandt, z. B. werden mit Satz 1.2 im Lehrbuch [23] der Existenzsatz für gewöhnliche Differentialgleichungssysteme (s. auch Bd. 7/1) und auch der große Auflösungssatz (s. Satz 4.4 und Bd. 4) bewiesen.

1.2.5. Zeitoptimale Steuerung einer erzwungenen gedämpften Schwingung

In der kybernetischen Betrachtungsweise von Systemen ist es üblich und zweckmäßig, sogenannte **Übertragungsglieder** zu betrachten, die ein **Eingangssignal** $x(t)$ ($t \geqq 0$: Zeitparameter) in ein **Ausgangssignal** $y(t)$ verwandeln. Eine Frage der Steuerung entsteht, wenn für das Ausgangssignal bestimmte Vorgaben durch geeignete Wahl des Eingangssignals erzielt werden sollen. Wird verlangt, daß das Ausgangssignal $y(t)$ in kürzester Zeit T_0 einen bestimmten Endwert $y_{\text{end}} = y(T_0)$ erreichen soll, so liegt eine Aufgabe der **zeitoptimalen Steuerung** (s. Bd. 16) vor. Optimalitätsforderungen können aber auch hinsichtlich anderer Kenngrößen gestellt werden, z. B. in bezug auf minimalen Energieaufwand für das Eingangssignal.

Faßt man die Eingangssignale $x(t)$ als Elemente eines linearen Raumes E, die Ausgangssignale als Elemente eines linearen Raumes F auf, so läßt sich die Wirkung eines Übertragungsgliedes mittels eines **Übertragungsoperators** $U: E \to F$, d. h.:

$$(Ux)(t) = y(t) \quad (0 \leqq t < \infty) \tag{1.105}$$

beschreiben. Für die Praxis interessant sind vor allem **lineare** und gleichzeitig **zeitinvariante** Übertragungsglieder. Sie sind durch folgende Eigenschaften gekennzeichnet:

1) $$U(c_1x_1 + c_2x_2) = c_1 Ux_1 + c_2 Ux_2 \qquad (1.106)$$

für beliebige x_1, $x_2 \in E$; c_1, c_2 bel. Konstanten (Linearität).

2) Ist $y(t) = (Ux)(t)$ und ist $\bar{x}(t) = x(t - \tau)$, so gilt

$$(U\bar{x})(t) = y(t - \tau) \quad \text{(Zeitinvarianz)}. \qquad (1.107)$$

Mit anderen Worten, ein **lineares** Übertragungsglied ist ein Umwandlungsmechanismus, für den das Superpositionsgesetz gilt. Die Zeitinvarianz bedeutet, daß das Übertragungsglied auf gleichartige, nur zeitlich gegeneinander verschobene Eingangssignale in gleicher Weise reagiert, abgesehen von einer (gleichgroßen) zeitlichen Verschiebung. Als Beispiel eines solchen Übertragungsgliedes kann das mathematische Modell eines Wassereinzugsgebietes dienen. Dabei bedeutet $x(t)$ die zur Zeit t durch Regen pro Zeiteinheit zugeführte Wassermenge und $y(t)$ die zur Zeit t an einem Abflußkanal pro Zeiteinheit abfließende Wassermenge. Von besonderer Aktualität sind Informationsübertragungssysteme (s. [19]), die sich ebenfalls hier einordnen lassen.

Lineare zeitinvariante Übertragungsglieder lassen sich unter geeigneten Voraussetzungen durch einen Übertragungsoperator der folgenden Gestalt beschreiben:

$$(Ux)(t) = y(t) = \int_0^t h(t - \tau)\, x(\tau)\, d\tau \quad (t \geqq 0). \qquad (1.108)$$

Dabei ist $h(t)$ die sog. **Impulsantwortfunktion**, die als Reaktion (= Ausgangssignal) auf einen **Nadelimpuls** $x(t) = \delta(t)$ (δ-Distribution, s. 1.2.2. oder 4.1.) auftritt. Ist die Impulsantwortfunktion $h(t)$ bekannt, so ergibt sich für stetige Eingangssignale $x(t)$ aus Linearität, Zeitinvarianz und Stetigkeit (in einem geeigneten Sinne) des Übertragungsoperators die Darstellung (1.108) [s. auch (1.62)].

Bemerkung 1.6: In der Kybernetik bezeichnet man die Impulsantwortfunktion auch als **Stoßantwort** bzw. (bei geeigneter Festlegung der Dimension) ihre Laplace-Transformierte als **Gewichtsfunktion** (s. [67, S. 857]).

1.3. Meßbare Funktionen, Lebesgue-Integral

An den verschiedensten Stellen dieses Bandes sind die Grundbegriffe der Theorie des Lebesgue-Integrals unumgänglich. Sie werden hier – ausschließlich auf der Grundlage der vorangehenden Bände – nur soweit entwickelt, wie es die weiteren Darlegungen erfordern. Der Leser, der sich über dieses notwendige Minimum hinaus weiter informieren möchte, sei auf die Darstellungen in [47], [61], [36], [23] verwiesen.

Im einzelnen gehen wir nur auf die Theorie im R^1 ein. Unsere Darstellung ist so gewählt, daß der Übergang zur Lebesgue-Integration im R^n unmittelbar möglich ist. Zum Teil ist der hier gewählte Zugang an [54] bzw. an [58] orientiert, unterscheidet sich aber hinsichtlich der gewählten Funktionenmenge, von der man ausgeht (stetige Funktionen anstelle von Treppenfunktionen).

D.1.6 **Definition 1.6:** *Es sei $[a, b]$ ein Intervall der Zahlengeraden, $(a < b)$. Eine Teilmenge $A \subseteqq [a, b]$ dieses Intervalls heißt eine Menge vom* **Maß Null**, *wenn es zu jedem $\varepsilon > 0$ eine Folge offener Intervalle J_n gibt $(J_n = (a_n, b_n))$, deren Gesamtlängensumme nicht größer ist als ε und deren Vereinigungsmenge die Menge A enthält:*

$$\sum_{n=1}^{\infty} (b_n - a_n) \leqq \varepsilon, \tag{1.109}$$

$$A \subseteqq \bigcup_{n=1}^{\infty} J_n. \tag{1.110}$$

Beispiel 1.13: Eine Menge $A \subseteqq [a, b]$, die aus endlich vielen Punkten $x_1, \ldots, x_n$ besteht, hat das Maß Null. Eine Menge $A = \{x_1, \ldots, x_n, \ldots\} \subseteqq [a, b]$, die sich als Folge schreiben läßt (eine sog. abzählbar unendliche Menge), hat das Maß Null. Zum Beweis wählt man (es genügt, den zweiten Fall zu betrachten) zum gegebenen $\varepsilon > 0$ die Intervalle $J_n = (a_n, b_n)$ in der Form

$$J_n = \left(x_n - \frac{\varepsilon}{2^{n+1}}, x_n + \frac{\varepsilon}{2^{n+1}}\right) \quad (n = 1, 2, \ldots).$$

Dann gilt $\sum_{n=1}^{\infty} (b_n - a_n) = \sum_{n=1}^{\infty} \frac{\varepsilon}{2^n} = \varepsilon \sum_{n=1}^{\infty} \frac{1}{2^n} = \varepsilon \frac{1}{1-\frac{1}{2}} \frac{1}{2} = \varepsilon$ sowie $A = \{x_1, \ldots, x_n, \ldots\} \subseteqq \bigcup_{n=1}^{\infty} J_n$. Also sind die Bedingungen (1.109) und (1.110) für jedes $\varepsilon > 0$ erfüllbar. Somit hat A das Maß Null. Analog zu Bsp. 1.13 kann man zeigen, daß die Vereinigungsmenge einer Folge von Mengen vom Maß Null wieder das Maß Null hat. Das Intervall $[a, b]$ $(a < 0)$ hat andererseits nicht das Maß Null.

Definition 1.7: *Es gelte eine gewisse Eigenschaft $P = P(x)$ für alle Punkte x des Intervalls $[a, b]$ mit Ausnahme der Punkte x, die zu einer Menge vom Maß Null gehören. Dann sagt man:* **Die Eigenschaft P gilt für fast alle $x \in [a, b]$** *oder:* **P gilt in $[a, b]$ fast überall.** D.1.7

Zum Beispiel kann man bei Verwendung dieser Definition sagen, daß es in der Integrationstheorie auf Mengen vom Maß Null nicht ankommt, sie sind „vernachlässigbar klein".

Definition 1.8: *Eine (reellwertige) Funktion $f(x)$, definiert auf dem Intervall $[a, b]$, heißt* **meßbare Funktion**, *wenn es eine Folge stetiger Funktionen $\{g_n(x)\}$ $(a \leqq x \leqq b)$ gibt, die fast überall in $[a, b]$ gegen $f(x)$ konvergiert; m. a. W., es gilt $f(x) = \lim_{n\to\infty} g_n(x)$ $(x \in [a, b] \setminus A)$, wobei A eine Menge vom Maß Null ist. (Die Menge A hängt von $f(x)$ ab.)* D.1.8

Man überzeugt sich leicht davon, daß die Summe zweier meßbarer Funktionen wieder eine meßbare Funktion ist und daß die Multiplikation mit einem (reellen) Zahlenfaktor nicht aus dem Bereich der meßbaren Funktionen herausführt, m. a. W., die meßbaren Funktionen bilden einen linearen Raum. Man bezeichnet ihn mit $S[a, b]$ oder mit $L_0[a, b]$.

Definition 1.9 *(Lebesgue-Integral für beschränkte meßbare Funktionen): Es sei $f(x)$ eine (reellwertige) beschränkte meßbare Funktion auf $[a, b]$; d. h., es gibt ein $M > 0$ mit $|f(x)| \leqq M$ für $a \leqq x \leqq b$. Ist $\{g_n(x)\}$ eine Folge stetiger Funktionen mit $|g_n(x)| \leqq M$ für $a \leqq x \leqq b$ und $n = 1, 2, \ldots$, die auf $[a, b]$ fast überall gegen $f(x)$ konvergiert* (Def. 1.7),[1]) *so setzen wir* D.1.9

$$\int_a^b f(x)\,dx = \lim_{n\to\infty} \left(\int_a^b g_n(x)\,dx \right). \tag{1.111}$$

Hierbei stehen rechts gewöhnliche Riemann-Integrale für stetige Funktionen (s. Bd. 2).

[1]) Gegebenenfalls wird die Funktionenfolge $\{g_n(x)\}$ ersetzt durch die Folge $\{g_n^*(x)\}$ mit

$$g_n^*(x) = \begin{cases} -M, & \text{falls } g_n(x) < -M \\ g_n(x), & \text{falls } -M \leqq g_n(x) \leqq M \\ M, & \text{falls } M < g_n(x) \end{cases} \quad a \leqq x \leqq b;\ n = 1, 2, \ldots$$

Bemerkung 1.7: Die obige Definition 1.9 ist korrekt, da gezeigt werden kann, daß der Grenzwert (1.111) *unabhängig* von der gewählten Folge $(g_n(x))$ ist.

D.1.10 **Definition 1.10** *(Nichtnegative summierbare Funktionen): Es sei $f(x)$ eine nichtnegative meßbare Funktion: $f(x) \geqq 0$ $(a \leqq x \leqq b)$. Wir bilden die Folge beschränkter meßbarer Funktionen*

$$f_n(x) = \begin{cases} f(x) & x \in [a, b] \ \textit{und} \ 0 \leqq f(x) \leqq n, \\ n & x \in [a, b] \ \textit{und} \ n < f(x). \end{cases} \quad (n = 1, 2, \ldots)$$

Die Funktion $f(x)$ heißt **(Lebesgue-) summierbar** *über $[a, b]$, wenn die Folge der Integrale $\left\{\int_a^b f_n(x)\,\mathrm{d}x\right\}$ nach oben beschränkt ist. Man setzt*

$$\int_a^b f(x)\,\mathrm{d}x = \lim_{n\to\infty} \int_a^b f_n(x)\,\mathrm{d}x \left(= \sup_n \int_a^b f_n(x)\,\mathrm{d}x\right) \tag{1.112}$$

und bezeichnet diesen Ausdruck als das **Lebesgue-Integral** *von $f(x)$* **über** $[a, b]$[2]).

D.1.11 **Definition 1.11** *(Summierbare Funktionen beliebigen Vorzeichens): Es sei $f(x)$ eine (reellwertige) meßbare Funktion auf $[a, b]$. Wenn es zwei nichtnegative summierbare Funktionen $f_1(x)$, $f_2(x)$ gibt, für die*

$$f(x) = f_1(x) - f_2(x) \quad (x \in [a, b]) \tag{1.113}$$

gilt, so heißt $f(x)$ **summierbar** ((L)-*summierbar)* **über** $[a, b]$. *Die Zahl*

$$\int_a^b f(x)\,\mathrm{d}x = \int_a^b f_1(x)\,\mathrm{d}x - \int_a^b f_2(x)\,\mathrm{d}x \tag{1.114}$$

wird das (L)-**Integral** *von $f(x)$ über $[a, b]$ genannt* ((L)- bedeutet Lebesgue-).

Bemerkung 1.8: 1) Der Leser zeige als Übung, daß der Wert (1.114) des Integrals einer summierbaren Funktion von der speziellen Darstellung (1.113) unabhängig ist. 2) Statt „summierbar" sagt man gelegentlich auch „integrierbar".

Bemerkung 1.9: Komplexwertige summierbare Funktionen $f(x)$ erhält man genau in der Form

$$f(x) = u(x) + \mathrm{i}\,v(x) \quad (a \leqq x \leqq b), \tag{1.115}$$

wobei $u(x)$, $v(x)$ reellwertige summierbare Funktionen sind.

Das Lebesgue-Integral hat analoge Eigenschaften wie das Riemann-Integral (s. Kap. 2.).[1]) Insbesondere bildet die Menge aller (reell- oder komplexwertigen) summierbaren Funktionen einen linearen Raum, und die Zuordnung

$$f \to \int_a^b f(x)\,\mathrm{d}x \tag{1.116}$$

ist linear.

---

[1]) Eine auf $[a, b]$ definierte meßbare beschränkte Funktion $f(x)$ ist genau dann Riemannintegrierbar, wenn $f(x)$ für fast alle $x \in [a, b]$ stetig ist. Ist dies der Fall, so stimmen die Zahlenwerte des Lebesgue- bzw. Riemann-Integrals überein.

[2]) Henri Lebesgue 1875–1941

Oben hatten wir Mengen mit dem Lebesgue-Maß Null betrachtet. Meßbare Mengen *beliebigen* Lebesgue-Maßes lassen sich über die Betrachtung ihrer Indikatorfunktion einführen. Ist $A \subseteqq [a, b]$, so heißt die durch die Vorschrift

$$\chi_A(x) = \begin{cases} 0 & \text{für} \quad x \notin A, \\ 1 & \text{für} \quad x \in A \end{cases} \quad (a \leqq x \leqq b)$$

definierte Funktion χ_A die **charakteristische Funktion (Indikatorfunktion)** von A.

Definition 1.12: *Eine Menge $A \subseteqq [a, b]$ heißt* **meßbar** *(Lebesgue-meßbar), wenn ihre Indikatorfunktion χ_A summierbar ist. Die Zahl* D.1.12

$$\int_a^b \chi_A(x)\, \mathrm{d}x \tag{1.117}$$

heißt das **Maß** *((L)-Maß) von A und wird mit mes A bezeichnet.*

Beispiel 1.14: Es sei $A = [c, d] \subseteqq [a, b]$. Dann gilt $\operatorname{mes} A = d - c$. Das Lebesgue-Maß ist also eine Verallgemeinerung des elementargeometrischen Längenbegriffs.

Satz 1.2: *Sind $A \subseteqq [a, b]$ und $B \subseteqq [a, b]$ zwei meßbare disjunkte Teilmengen von $[a, b]$, d. h. gilt $A \cap B = \emptyset$, so ist auch $A \cup B$ meßbar, und es gilt (Additivität des Maßes)* S.1.2

$$\operatorname{mes}(A \cup B) = \operatorname{mes} A + \operatorname{mes} B. \tag{1.118}$$

Im Rahmen der bisherigen Betrachtungen war das Intervall $[a, b]$ beliebig, aber fest. Man kann zeigen, daß alle obigen Definitionen, Sätze usw. von der Wahl eines solchen Intervalls unabhängig sind. Man erhält also allgemein beschränkte (L)-meßbare Mengen und summierbare Funktionen auf beschränkten Definitionsintervallen. Die Erweiterung der obigen Begriffe auf den Fall von Funktionen, die auf unbeschränkten Intervallen erklärt sind, wird wiederum mittels eines Grenzüberganges durchgeführt. Nichtnegative summierbare Funktionen erhält man durch die Forderungen:

$$f\colon (-\infty, +\infty) \to \mathbf{R}, \quad f(x) \geqq 0 \quad (x \in \mathbf{R}),$$

$$f \text{ summierbar über jedes Intervall } [-n, n] \quad (n = 1, 2, \ldots),$$

$$\lim_{n\to\infty} \int_{-n}^{n} f(x)\, \mathrm{d}x \quad \text{existiert.}$$

Letzterer Grenzwert wird mit $\int_{-\infty}^{+\infty} f(x)\, \mathrm{d}x$ bezeichnet.

Anschließend ist es möglich, wie in Def. 1.11 summierbare Funktionen beliebigen Vorzeichens auf $(-\infty, +\infty)$ einzuführen und unbeschränkte meßbare Mengen analog zu Def. 1.12 zu erklären. Die Betrachtungen im k-dimensionalen Raum R^k verlaufen analog. Es können auch beliebige meßbare Mengen als Definitionsbereiche summierbarer Funktionen verwendet werden.

Schließlich führen wir noch folgenden wichtigen Satz an:

Satz 1.3: *Ist $f(x)$ (komplex- oder reellwertig) summierbar über dem Intervall $[a, b]$ und gilt* S.1.3

$$\int_a^b |f(x)|\, \mathrm{d}x = 0,$$

so ist $f(x) = 0$ fast überall in $[a, b]$.

Der große Fortschritt, der mit der Einführung des Lebesgue-Integrals erreicht wurde, liegt vor allem in der Möglichkeit, Grenzübergänge unter sehr allgemeinen Voraussetzungen durchführen zu können. Wir nennen hier nur zwei wichtige Sätze vom Typ „Grenzübergang unter dem Integralzeichen“ ([23], [47]):

S.1.4 **Satz 1.4 (B. Levi):** *Es sei* $\{f_n(x)\}$ *eine nicht fallende Folge nichtnegativer summierbarer Funktionen auf dem Intervall* $[a, b]$, *und es existiere eine (von n unabhängige) reelle Zahl* $C > 0$ *mit* $\int_a^b f_n(x)\,\mathrm{d}x \leqq C$ $(n \leqq 1, 2, \ldots)$. *Dann ist die Funktion* $f(x) = \lim\limits_{n\to\infty} f_n(x)$ *über* [a, b] *summierbar, und es gilt*

$$\int_a^b f(x)\,\mathrm{d}x = \int_a^b \left(\lim_{n\to\infty} f_n(x)\right)\mathrm{d}x = \lim_{n\to\infty} \int_a^b f_n(x)\,\mathrm{d}x. \tag{1.119}$$

S.1.5 **Satz 1.5 (Lebesgue):** *Es sei* $\{f_n(x)\}$ *eine Folge summierbarer Funktionen auf* $[a, b]$, *die dort fast überall gegen eine (meßbare) Funktion* $f(x)$ *konvergiert:* $f(x) = \lim\limits_{n\to\infty} f_n(x)$ $(x \in [a, b]$ *mit evtl. Ausnahme einer Menge vom Maß Null). Es existiere eine über* $[a, b]$ *summierbare Funktion* $g(x) \geqq 0$ *mit* $|f_n(x)| \leqq g(x)$ $(x \in [a, b])$ *für* $n = 1, 2, \ldots$. *Dann gilt* (1.119).

Ein häufig auftretendes Problem der Integralrechnung ist die Frage nach der Vertauschbarkeit der Reihenfolge der Integrationen bei Mehrfachintegralen (s. Band 5).

Eine hinreichend umfassende Antwort gibt der folgende Satz.

S.1.6 **Satz 1.6:** *(G. Fubini). Es seien* $A_1 \subseteqq \mathbf{R}^k$; $A_2 \subseteqq \mathbf{R}^m$ *meßbare Mengen und* $A = A_1 \times A_2 \subseteqq \mathbf{R}^{k+m}$. *Die Funktion* $f: A \to \mathbf{R}$ *sei summierbar bezüglich des (L)-Maßes im* $\mathbf{R}^{k+m}$.
Dann gelten die folgenden Aussagen (1)–(3).

(1) *Das Integral* $\int_{A_2} f(x, y)\,\mathrm{d}y$ *existiert für fast alle* $x \in A_1$; *das Integral* $\int_{A_1} f(x, y)\,\mathrm{d}x$ *existiert für fast alle* $y \in A_2$.

(2) *Die Funktion* $f_1(x) = \int_{A_2} f(x, y)\,\mathrm{d}y$ $(x \in A_1)$ *ist meßbar und summierbar auf* A_1. *Die Funktion* $f_2(y) = \int_{A_1} f(x, y)\,\mathrm{d}x$ $(y \in A_2)$ *ist meßbar und summierbar auf* A_2.

(3) *Es gilt* $\int_{A_2} f_2(y)\,\mathrm{d}y = \int_{A_1} f_1(x)\,\mathrm{d}x = \int_A f(x, y)\,\mathrm{d}x\;\mathrm{d}y$; *d. h.,*

$$\int_{A_2} \left[\int_{A_1} f(x, y)\,\mathrm{d}x\right]\mathrm{d}y = \int_{A_1} \left[\int_{A_2} f(x, y)\,\mathrm{d}y\right]\mathrm{d}x = \int_A f(x, y)\,\mathrm{d}x\;\mathrm{d}y. \tag{1.120}$$

Anmerkung: Hinreichend für die Summierbarkeit von f über $A = A_1 \times A_2$ ist die Existenz eines der beiden „iterierten Integrale“

$$\int_{A_1} \left(\int_{A_2} |f(x, y)|\,\mathrm{d}y\right)\mathrm{d}x \quad \text{bzw.} \quad \int_{A_2} \left(\int_{A_1} |f(x, y)|\,\mathrm{d}x\right)\mathrm{d}y.$$

Diese läßt sich i. a. leichter feststellen als die Summierbarkeit von f über A.

Die Regel der partiellen Integration nimmt die folgende Gestalt an:

S.1.7 **Satz 1.7:** *Die Funktionen* $f(x)$; $g(x)$ *(reellwertig) seien auf dem Intervall* $[a, b]$ *gegeben und über* $[a, b]$ *summierbar. Ferner seien*

$$F(x) = \int_a^x f(t)\,\mathrm{d}t \quad \text{bzw.} \quad G(x) = \int_a^x g(t)\,\mathrm{d}t \quad (a \leqq x \leqq b)$$

ihre „unbestimmten" Integrale; diese sind absolut stetige Funktionen. Dann sind die Funktionen $F(x)\,g(x)$ bzw. $f(x)\,G(x)$ ebenfalls summierbar über $[a, b]$ und es gilt

$$\int_a^b F(x)\,g(x)\,\mathrm{d}x = F(x)\,G(x)\Big|_a^b - \int_a^b f(x)\,G(x)\,\mathrm{d}x \tag{1.121}$$

$$\left(F(x)\,G(x)\Big|_a^b = F(b)\,G(b) - F(a)\,G(a)\right).$$

Bemerkung 1.10: Eine Funktion $f(x)$ $(a \leqq x \leqq b)$ heißt **absolut stetig**, wenn es zu jedem $\varepsilon > 0$ ein $\delta = \delta(\varepsilon) > 0$ gibt, so daß für je endlich viele Punkte $x_0, x_1, \ldots, x_n \in [a, b]$ mit $\sum_{j=1}^{n} |x_j - x_{j-1}| \leqq \delta$ stets die Ungleichung $\sum_{j=1}^{n} |f(x_j) - f(x_{j-1})| \leqq \varepsilon$ gilt.

2. Räume

2.1. Vollständige metrische Räume, Banachräume

2.1.1. Konvergenz von Folgen in metrischen Räumen. Abgeschlossene und offene Mengen. Vollständigkeit und Kompaktheit

Da zahlreiche Probleme zur Berechnung praxiswichtiger Größen, die bei der mathematischen Behandlung angewandter Aufgaben vorkommen, erfahrungsgemäß näherungsweise gelöst werden müssen, ist es erforderlich, exakte Maßstäbe an den Begriff „näherungsweise" anzulegen. Dies geschieht erstens durch den in Kap. 1. eingeführten Begriff einer *Metrik*, die imstande ist, den Unterschied zwischen exakter Lösung und Näherungslösung zu erfassen, und zweitens mittels des Begriffs einer (bezüglich der gegebenen Metrik) *konvergenten Folge*. Die Existenz einer Folge von Näherungslösungen, die gegen die exakte Lösung konvergiert, sichert, daß die Näherungslösung *beliebig genau* gewählt werden kann.

D.2.1 **Definition 2.1:** *Es sei (X, d) ein metrischer Raum* (s. Def. 1.1). *Eine Folge $\{f_n\}$ von Elementen aus X heißt* **konvergent**, *wenn ein Element $f \in X$ existiert mit*

$$\lim_{n\to\infty} d(f_n, f) = 0, \tag{2.1}$$

d. h., wenn die (Zahlen-)folge der Abstände zwischen f und f_n eine Nullfolge bildet. Das Element f heißt der **Grenzwert** der Folge $\{f_n\}$, *in Zeichen*

$$f = \lim_{n\to\infty} f_n. \tag{2.2}$$

Bemerkung 2.1: Daß wir in obiger Definition von **dem** Grenzwert f einer Folge $\{f_n\}$ sprechen, ist dadurch begründet, daß eine konvergente Folge nur einen einzigen Grenzwert besitzt.

Gäbe es nämlich noch ein weiteres Element $g \in X$ mit $\lim_{n\to\infty} d(f_n, g) = 0$, so folgt mittels der Dreiecksungleichung (M 3) und mittels (M 2) (s. Def. 1.1) die Ungleichung

$$0 \leqq d(f, g) \leqq d(f_n, f) + d(f_n, g) \quad (n = 1, 2, \ldots). \tag{*}$$

Führen wir in (*) den Grenzübergang $n \to \infty$ durch, so folgt, da sich Ungleichungen der Form „$\leqq$" zwischen den Elementen konvergenter Zahlenfolgen auf deren Grenzwerte übertragen,

$$0 \leqq d(f, g) \leqq 0 + 0 = 0,$$

also ist $d(f, g) = 0$ und somit [nach (M 1)] $f = g$.

D.2.2 **Definition 2.2:** *Es sei $A \subseteqq X$ eine Teilmenge des metrischen Raumes (X, d). Die Menge A heißt* **abgeschlossen**, *wenn aus $f = \lim_{n\to\infty} f_n$ und $f_n \in A$ $(n = 1, 2, \ldots)$ folgt, daß auch $f \in A$ gilt. Mit anderen Worten, eine Menge A heißt abgeschlossen, wenn der Grenzwert jeder konvergenten Folge von Elementen aus A ebenfalls zu A gehört. Ist $A = \emptyset$ (leere Menge), so wird A definitionsgemäß als abgeschlossen bezeichnet.*

Beispiel 2.1: Es sei $X = \mathbf{R}$ und $d(x, y) = |x - y|$ $(x, y \in \mathbf{R})$. Es sei A_1 die Menge aller rationalen Zahlen, A_2 die Menge $A_2 = [0, 1] = \{x \in \mathbf{R} \mid 0 \leqq x \leqq 1\}$. Die Menge A_1 ist nicht abgeschlossen; die Menge A_2 ist abgeschlossen (Beweis als Aufgabe).

Definition 2.3: *Es sei $f \in X$ ein Element des metrischen Raumes (X, d) und r eine positive reelle Zahl. Weiter sei* (s. Bd. 1, 7.8.) D.2.3

$$B(f; r) = \{g \in X \mid d(f, g) < r\},$$
$$K(f; r) = \{g \in X \mid d(f, g) \leqq r\},$$
$$S(f; r) = \{g \in X \mid d(f, g) = r\},$$

dann heißt $B(f; r)$ die **offene Kugel**, *$K(f; r)$ die* **abgeschlossene Kugel** *mit dem* **Mittelpunkt** *f und dem* **Radius** *r sowie $S(f; r)$ die* **Kugeloberfläche** *(Sphäre) dieser Kugeln* (s. Bsp. 2.9).

Bemerkung 2.2: Die Mengen $S(f; r)$ *und* $K(f, r)$ sind abgeschlossene Mengen im Sinne der Def. 2.2. Dies rechtfertigt die Bezeichnung „abgeschlossene Kugel“ für die Menge $K(f; r)$.

Definition 2.4: *Es sei $G \subseteqq X$ eine Teilmenge des metrischen Raumes (X, d). Die Menge G heißt* **offen**, *wenn sie mit jedem ihrer Elemente f eine Kugel $B(f; r)$ enthält. Mit anderen Worten, G heißt offen, wenn es zu jedem $f \in G$ ein $r = r(f) > 0$ gibt mit $B(f; r) \subseteqq G$. Die leere Menge $\emptyset$ ist nach Definition eine offene Menge.* D.2.4

Beispiel 2.2: Ist $r_0 > 0$, so ist die Menge $B(f_0; r_0)$ für jedes $f_0 \in X$ eine offene Menge (dies rechtfertigt die Bezeichnung „offene Kugel“).

Beweis: Ist $f \in B(f_0; r_0)$ ein beliebiges Element von $B(f_0; r_0)$, so gilt $d(f, f_0) < r_0$. Wir setzen $r = r_0 - d(f, f_0)$. Es gilt $r > 0$. Ist $h \in B(f; r)$ beliebig, so ist $d(h, f) < r$. Nach der Dreiecksungleichung (M 3) folgt

$$d(h, f_0) \leqq d(f, f_0) + d(h, f) < d(f, f_0) + r = d(f, f_0) + r_0 - d(f, f_0) = r_0.$$

Also ist $d(h, f_0) < r_0$, und somit gilt $h \in B(f_0; r_0)$. Jedes Element von $B(f; r)$ gehört somit zu $B(f_0; r_0)$, somit ist $B(f; r) \subseteqq B(f_0; r_0)$. Es gibt also zu jedem Element f von $B(f_0; r_0)$ eine (offene) Kugel mit Mittelpunkt f, die ganz zu $B(f_0; r_0)$ gehört. Daher ist $B(f_0; r_0)$ eine offene Menge. ■

Beispiel 2.3: Es sei $X = \mathbf{R}$ und $d(x, y) = |x - y|$ $(x, y \in \mathbf{R})$. Die Menge $[0, 1]$ ist nicht offen, ebenso sind die Mengen $(0, 1] = \{x \in \mathbf{R} \mid 0 < x \leqq 1\}$ und $[0, 1) = \{x \in \mathbf{R} \mid 0 \leqq x < 1\}$ keine offenen Mengen (Beweis als Übungsaufgabe).

Der Zusammenhang zwischen den Begriffen „abgeschlossene Menge“ und „offene Menge“ wird durch den folgenden Satz geklärt:

Satz 2.1: *Eine Teilmenge F eines metrischen Raumes (X, d) ist genau dann abgeschlossen, wenn die Komplementärmenge $G = X \setminus F$ eine offene Menge ist.* S.2.1

(Beweis z. B. in [32].)

Die folgende Aussage über die Eigenschaften der Gesamtheit aller offenen bzw. abgeschlossenen Mengen eines metrischen Raumes gilt wie für Mengen des euklidischen R^n (s. Bsp. 1.3).

Satz 2.2: A) *Die Vereinigungsmenge beliebig vieler, der Durchschnitt je endlich vieler offener Mengen eines metrischen Raumes X sind stets (wieder) offene Mengen.* S.2.2

B) *Der Durchschnitt beliebig vieler, die Vereinigungsmenge je endlich vieler abgeschlossener Mengen eines metrischen Raumes X sind stets (wieder) abgeschlossene Mengen.*

C) *Die leere Menge $\emptyset$ und der ganze Raum X sind beide sowohl abgeschlossene als auch offene Mengen.*

Bemerkung 2.3: Die Eigenschaften A) und C) [bzw. B) und C)] sind der Ausgangspunkt der Theorie der topologischen Räume (s. [32]), die die Theorie der metrischen Räume als Spezialfall enthält.

Jede Teilmenge A eines metrischen Raumes X besitzt eine abgeschlossene Obermenge, z.B. X selbst. Der Durchschnitt aller die Menge A enthaltenden abgeschlossenen Mengen ist nach dem vorhergehenden Satz, Aussage B) selbst wieder abgeschlossen und ist (nach Definition des Durchschnitts) in jeder A enthaltenden abgeschlossenen Menge enthalten; also ist dieser Durchschnitt die kleinste abgeschlossene Menge, welche die gegebene Menge A enthält. Man bezeichnet diese Menge auch als *Abschließung von A*.

D.2.5 **Definition 2.5:** *Es sei (X, d) ein metrischer Raum und $A \subseteqq X$ eine Teilmenge von X. Die Menge $\bar{A} = \bigcap \{F \mid F$ abgeschlossen und $A \subseteqq F\}$ bezeichnet man als* **Abschließung (abgeschlossene Hülle)** *von A.*

S.2.3 **Satz 2.3:** *Es sei A eine Teilmenge des metrischen Raumes X. Ein Element f von X gehört genau dann zu $\bar{A}$, wenn es eine Folge $\{f_n\}$ aus A gibt mit $\lim\limits_{n \to \infty} f_n = f$.*

Die Abschließung einer Menge A stimmt also mit der Menge aller Grenzwerte konvergenter Folgen von Elementen aus A überein. Stets gilt die Enthaltenseinbeziehung

$$A \subseteqq \bar{A}. \tag{2.3}$$

Eine Menge A ist genau dann abgeschlossen, wenn gilt

$$A = \bar{A}. \tag{2.4}$$

Beispiel 2.4: Es sei $X = \mathbf{R}$ und $d(x, y) = |x - y|$. Die Menge $A = \{x \in \mathbf{R} \mid x = 1/n;\ n = 1, 2, \ldots\}$ ist nicht abgeschlossen, weil $\bar{A} = A \cup \{0\} \supsetneqq A$ gilt. (Der Beweis dafür, daß $\bar{A}$ die angegebene Form hat, ergibt sich mittels Satz 2.3; Aufg. für den Leser.)

Hinsichtlich ihrer Konvergenzeigenschaften können sich die Folgen in metrischen Räumen wesentlich unterscheiden. Es erweisen sich die Begriffe Cauchy-Folge, Kompaktheit, Vollständigkeit als sehr nützlich (s. auch Bd. 1):

D.2.6 **Definition 2.6:** *Eine Folge von Elementen $\{f_n\}$ eines metrischen Raumes (X, d) heißt eine* **Cauchy-Folge**, *wenn es zu jedem $\varepsilon > 0$ ein $n_0 = n_0(\varepsilon)$ gibt mit $d(f_n, f_m) \leqq \varepsilon$ für alle $n, m \geqq n_0(\varepsilon)$.*

S.2.4 **Satz 2.4:** *Jede konvergente Folge ist eine Cauchy-Folge.*

Beweis: Die Folge $\{f_n\}$ konvergiere, d. h., es existiert ein $f \in X$ mit: $\lim\limits_{n \to \infty} d(f_n, f) = 0$. Bei vorgegebenem $\varepsilon > 0$ gibt es daher ein n_0 mit $d(f_n, f) \leqq \varepsilon/2$ für alle $n \geqq n_0$. Aus der Dreiecksungleichung (M 3) erhalten wir für $n, m \geqq n_0$

$$d(f_n, f_m) \leqq d(f_n, f) + d(f, f_m) \leqq \frac{\varepsilon}{2} + \frac{\varepsilon}{2} = \varepsilon. \quad \blacksquare$$

Die Umkehrung dieses Satzes gilt jedoch nicht! Mit anderen Worten, es gibt metrische Räume, in denen nicht jede Cauchy-Folge konvergiert (s. Bsp. 2.8).

Bemerkung 2.4: Es sei $\{f_n\}$ eine Cauchy-Folge in einem metrischen Raum (X, d). Die Folge $\{f_n\}$ besitze eine konvergente Teilfolge $\{f_{n_j}\}$. Dann ist $\{f_n\}$ eine konvergente Folge, und es gilt $\lim\limits_{n \to \infty} f_n = \lim\limits_{j \to \infty} f_{n_j}$.

Beweis: Wir setzen $f = \lim\limits_{j \to \infty} f_{n_j}$ und geben ein $\varepsilon > 0$ beliebig vor. Da $\{f_n\}$ eine Cauchy-Folge ist, gibt es ein n_0 mit $d(f_n, f_m) \leqq \varepsilon/2$ für $n, m \geqq n_0$. Da die Teilfolge $\{f_{n_j}\}$ gegen f konvergiert, gibt es ein j_0 mit $d(f_{n_j}, f) \leqq \varepsilon/2$ für $j \geqq j_0$. Für $j \to \infty$ gilt aber $n_j \to \infty$, und es existiert ein $j_1 \geqq j_0$ mit $n_j \geqq n_0$ für $j \geqq j_1$. Für $n \geqq n_0$ gilt dann auf Grund der Dreiecksungleichung (M 3) (weil $n_{j_1} \geqq n_0$ und $j_1 \geqq j_0$ ist)

$$d(f_n, f) \leqq d(f_n, f_{n_{j_1}}) + d(f_{n_{j_1}}, f) \leqq \frac{\varepsilon}{2} + \frac{\varepsilon}{2} = \varepsilon,$$

d. h. die Folge $\{f_n\}$ konvergiert gegen f. ■

Definition 2.7: *Ein metrischer Raum (X, d) heißt* **kompakt**, *wenn jede Folge $\{f_n\}$ aus X eine konvergente Teilfolge besitzt. Eine Teilmenge eines metrischen Raumes heißt kompakt, wenn sie, als Teilraum aufgefaßt, ein kompakter metrischer Raum ist.* D.2.7

Eine Teilmenge des R^n (mit der euklidischen Metrik) ist genau dann kompakt, wenn sie abgeschlossen und beschränkt ist.

Definition 2.8: *Ein metrischer Raum (X, d) heißt* **vollständig**, *wenn jede Cauchy-Folge aus X eine konvergente Folge ist.* D.2.8

Den Zusammenhang zwischen beiden Begriffen liefert

Satz 2.5: *Jeder kompakte metrische Raum ist vollständig.* S.2.5

Beweis: Ist $\{f_n\}$ eine Cauchy-Folge des kompakten metrischen Raumes X, so besitzt diese (wegen der Kompaktheit) eine konvergente Teilfolge. Nach Bem. 2.4 ist $\{f_n\}$ daher selbst konvergent. ■

Die Umkehrung dieser Aussage gilt nicht! Dies zeigt

Beispiel 2.5: Der Raum $C[0,1]$ (s. Bsp. 1.5) ist mit der Metrik $d(f,g) = \max_{0 \leq t \leq 1} |f(t) - g(t)|$ vollständig (s. [17] und Bd. 3: gleichmäßige Konvergenz). Die Folge $\{f_n\}$ mit $f_n(t) = n$ $(0 \leqq t \leqq 1)$ besitzt aber keine gegen ein Element von $C[0,1]$ konvergierende Teilfolge (Beweis als Aufgabe).

Hinsichtlich des Verhaltens von Teilmengen (als Teilräume aufgefaßt) gelten die folgenden Aussagen:

Satz 2.6: *Es sei (X, d) ein vollständiger metrischer Raum. Eine Teilmenge $Y \subseteqq X$ von X ist (als Teilraum von X aufgefaßt) genau dann vollständig, wenn Y abgeschlossen ist.* S.2.6

Satz 2.7: *Es sei (X, d) ein kompakter metrischer Raum. Eine Teilmenge $Y \subseteqq X$ von X ist (als Teilraum von X aufgefaßt) genau dann kompakt, wenn Y abgeschlossen ist.* S.2.7

Das einfachste Beispiel eines vollständigen metrischen Raumes ist die Menge $\mathbf{R}$ der reellen Zahlen, versehen mit der Metrik $d(x, y) = |x - y|$. Die Eigenschaft der Vollständigkeit wird hier durch das bekannte Cauchysche Konvergenzkriterium geliefert. Betrachtet man den Teilraum $\mathbf{P} \subseteqq \mathbf{R}$ dieses Raumes, der aus allen rationalen Zahlen besteht, so ist dieser Teilraum nicht vollständig.

Der Übergang von den rationalen Zahlen zu den reellen Zahlen, also von einem nicht vollständigen Raum zu einem vollständigen Raum, der den ersteren als *dichte* Teilmenge enthält („jede irrationale Zahl ist Grenzwert einer Folge rationaler Zahlen"), ist ein spezielles Beispiel für einen allgemeinen Sachverhalt, den man „Vervollständigung" nennt.

Definition 2.9: *Es sei (X, d) ein metrischer Raum. Die Teilmenge $A \subseteqq X$ heißt* **dicht** *in X, wenn $\bar{A} = X$ gilt.* D.2.9

Beispiel 2.6: Die Menge $\mathbf{P}$ der rationalen Zahlen liegt dicht in der Menge $\mathbf{R}$ der reellen Zahlen (bezüglich der Metrik $d(x, y) = |x - y|$). Diese Tatsache ergibt sich daraus, daß jede reelle Zahl x als Grenzwert einer Folge rationaler Zahlen x_n (z. B. der nach der n-ten Stelle nach dem Komma abgebrochenen Dezimalbruchentwicklung x_n von x; $n = 1, 2, \ldots$) dargestellt werden kann.

Definition 2.10: *Es seien (X, d) und (Y, ϱ) metrische Räume. Der Raum (X, d) heißt (eine)* **Vervollständigung** *von (Y, ϱ), wenn folgende Bedingungen erfüllt sind:* D.2.10

I) (Y, ϱ) *ist ein Teilraum von* (X, d)*; d. h., Y ist eine Teilmenge von X und* $\varrho(f, g) = d(f, g)$ *für* $f, g \in Y$.
II) *Y ist eine dichte Teilmenge von X; d. h., die Abschließung (in X!) von Y ist gleich X.*
III) *Der Raum* (X, d) *ist vollständig.*

S.2.8 **Satz 2.8:** *Jeder metrische Raum besitzt eine Vervollständigung* [32].

Bemerkung 2.5: Immer dann, wenn ein gegebener (nicht vollständiger) metrischer Raum (X_1, d_1) Teilraum eines vollständigen Raumes (X, d) ist, läßt sich eine Vervollständigung von (X_1, d_1) in einfacher Weise angeben. Als eine solche kann man nämlich die Abschließung $\bar{X}_1 \subseteqq X$ von X_1 in X, versehen mit der auf $\bar{X}_1$ eingeschränkten Metrik d, nehmen.

D.2.11 **Definition 2.11:** *Zwei metrische Räume* (X_1, d_1) *und* (X_2, d_2) *heißen* **isometrisch**, *wenn es eine Abbildung* $\varphi: X_1 \to X_2$ *von* X_1 **auf** X_2 (d. h., $\varphi(X_1) = X_2$) *gibt mit*

$$d_2(\varphi(f), \varphi(g)) = d_1(f, g) \quad (f, g \in X_1). \tag{2.5}$$

Jede solche Abbildung φ *heißt eine* **Isometrie** *von* X_1 *auf* X_2.

Beispiel 2.7: Es sei $X_1 = X_2 = R^n$ (bzw. $= K^n$) mit der euklidischen Metrik

$$d(x, y) = \left(\sum_{j=1}^{n} (\xi_j - \eta_j) \overline{(\xi_j - \eta_j)} \right)^{1/2},$$

und es sei A eine **orthogonale** Matrix, d. h. $A^T A = A A^T = I$ (bzw. A sei eine **unitäre** Matrix $A^* A = A A^* = I$, wobei $A^* = \overline{A^T}$). Dann ist die durch A erklärte Abbildung eine Isometrie von X_1 auf X_2. Der Beweis dieser Aussage ergibt sich sofort aus der Invarianz des Skalarprodukts bei der Anwendung orthogonaler (bzw. unitärer) Matrizen:

$$d(Ax, Ay) = \langle Ax - Ay, Ax - Ay \rangle^{1/2} = \langle A(x-y), A(x-y) \rangle^{1/2}$$
$$= \langle A^T A(x-y), x-y \rangle^{1/2} = \langle x-y, x-y \rangle^{1/2} = d(x, y).$$

S.2.9 **Satz 2.9:** *Je zwei Vervollständigungen eines metrischen Raumes sind isometrisch.*

Identifiziert man also isometrische Räume untereinander, so kann man in diesem Sinne von „der" Vervollständigung eines metrischen Raumes sprechen. Die Vervollständigung eines metrischen Raumes (X, d) hängt in entscheidendem Maße davon ab, **welche Metrik** auf der Trägermenge X dieses Raumes verwendet wird. Das folgende Beispiel soll dies zeigen: Versehen wir die Menge $X = C_{\mathbb{R}}[-1, 1]$ mit der Metrik $d(f, g) = \max_{-1 \leq t \leq 1} |f(t) - g(t)|$, so erhalten wir einen vollständigen metrischen Raum (X, d). Verwenden wir aber in $X = C_{\mathbb{R}}[-1, 1]$ die Metrik

$$d_1(f, g) = \left\{ \int_{-1}^{1} (f(t) - g(t))^2 \, dt \right\}^{1/2} \quad (f, g \in X),$$

so ist der entstehende metrische Raum (X, d_1) nicht vollständig und besitzt daher eine von (X, d) verschiedene (nicht zu (X, d) isometrische) Vervollständigung. Der Beweis für die Tatsache, daß (X, d_1) nicht vollständig ist, ergibt sich daraus, daß es in (X, d_1) Cauchy-Folgen gibt, die nicht konvergieren:

Beispiel 2.8: Im Raum $(C_{\mathbb{R}}[-1, 1], d_1)$ definieren wir eine Folge $\{f_n\}$ durch

$$f_n(t) = \begin{cases} 1 & \text{für } -1 \leq t \leq 0, \\ 1 - nt & \text{für } 0 < t \leq \frac{1}{n}, \quad (n = 1, 2, \ldots) \\ 0 & \text{für } \frac{1}{n} < t \leq 1. \end{cases}$$

(Der Leser zeichne eine Skizze des Funktionsverlaufes von f_n.) Für $n \leqq m$ gilt (kurze Zwischenrechnung)

$$d_1(f_n, f_m) \leqq \frac{1}{\sqrt{3n}}\left(\frac{m-n}{m}\right) \leqq \frac{1}{\sqrt{3n}} \quad (n = 1, 2, \ldots; m \geqq n).$$

Da $\frac{1}{\sqrt{3n}}$ $(n = 1, 2, \ldots)$ eine Nullfolge ist, ist $\{f_n\}$ eine Cauchy-Folge bezüglich d_1. Es kann gezeigt werden, daß es kein Element $f \in C_{\mathbb{R}}[-1, 1]$ mit $\lim_{n\to\infty} d_1(f_n, f) = 0$ gibt. Die Cauchy-Folge $\{f_n\}$ ist somit nicht konvergent. Also ist der Raum $(C_{\mathbb{R}}[-1, 1], d_1)$ nicht vollständig. Seine Vervollständigung ist der Raum $L^2_{\mathbb{R}}[-1, 1]$, wobei sich in *diesem* Raum als Grenzwert der obigen Folge $\{f_n\}$ die unstetige Funktion

$$f(t) = \begin{cases} 1 & \text{für} \quad -1 \leqq t \leqq 0, \\ 0 & \text{für} \quad 0 < t \leqq 1 \end{cases}$$

ergibt (s. 2.2.2.).

2.1.2. Banachräume

Definition 2.12: *Einen normierten Raum $(E, \|.\|)$ nennt man einen* **Banach-Raum** *(auch:* **Banachraum** *bzw.* **(B)-Raum***), wenn er bezüglich der durch die Norm induzierten Metrik $d(f, g) = \|f - g\|$ $(f, g \in E)$ ein* **vollständiger** *metrischer Raum ist.* D.2.12

Bemerkung 2.6: Die Bezeichnung „Banach-Raum" wurde zu Ehren von **Stefan Banach (1892–1945)** gewählt, dessen Buch **„Theorie des operations linéaires" (1932)** den Grundstein für alle weiteren Entwicklungen der Funktionalanalysis in normierten Räumen legte.

Der einfachste Banachraum ist der Raum R^n der n-dimensionalen Vektoren $x = (\xi_1, \ldots, \xi_n)$ (bzw. $(\xi_1, \ldots, \xi_n)^T$) (ξ_j reell, $j = 1, \ldots, n$), versehen mit der **euklidischen Norm**

$$\|x\| = \left\{\sum_{j=1}^{n} \xi_j^2\right\}^{1/2} \tag{2.6}$$

bzw. der komplexe endlichdimensionale Raum K^n, dessen Elemente Vektoren $x = (\xi_1, \ldots, \xi_n)$ (bzw. $(\xi_1, \ldots, \xi_n)^T$) mit komplexen Koordinaten ξ_j $(j = 1, \ldots, n)$ sind, versehen mit der **euklidischen Norm**

$$\|x\| = \left\{\sum_{j=1}^{n} |\xi_j|^2\right\}^{1/2} = \left\{\sum_{j=1}^{n} \xi_j \bar{\xi}_j\right\}^{1/2}. \tag{2.7}$$

Weitere wichtige konkrete Banachräume werden im Abschnitt 2.2. behandelt. Hier werden nur einige grundsätzliche Konstruktionen in Banachräumen besprochen: äquivalente Normen, Produktraum, Quotientenraum.

Definition 2.13: *Es sei E ein linearer Raum (Vektorraum). Auf E seien zwei Normen $\|.\|_1$ und $\|.\|_2$ gegeben. Die Norm $\|.\|_2$ heißt* **äquivalent** *zur Norm $\|.\|_1$, wenn es Zahlen $m > 0$, $M > 0$ gibt, so daß die Ungleichungen* D.2.13

$$m\|x\|_1 \leqq \|x\|_2 \leqq M\|x\|_1$$

für alle $x \in E$ gelten.

Der Übergang zu einer äquivalenten Norm bringt oft gewisse Rechenvorteile. Beim Übergang von einer Norm $\|.\|_1$ zu einer äquivalenten Norm $\|.\|_2$ bleiben konvergente Folgen konvergent (genau darauf beruht Bemerkung 1.4, denn es erweist sich, daß in endlichdimensionalen Räumen alle Normen äquivalent sind). Dabei gilt: $(E, \|.\|_2)$ ist genau dann ein Banachraum, wenn $(E, \|.\|_1)$ ein Banachraum ist. Die Äquivalenz von Normen hat die üblichen (s. Bd. 1) Eigenschaften einer **Äquivalenzrelation:** Reflexivität, Symmetrie, Transitivität.

Eine lineare Abbildung S eines normierten Raumes E in den normierten Raum F (s. Def. 3.1) heißt ein *Normisomorphismus,* wenn S den Raum E **auf** F abbildet und $\|Sx\|_F = \|x\|_E$ für alle $x \in E$ gilt.

Beispiel 2.9: Im K^n sind folgende Normen (s. auch 1.2.4.) äquivalent:

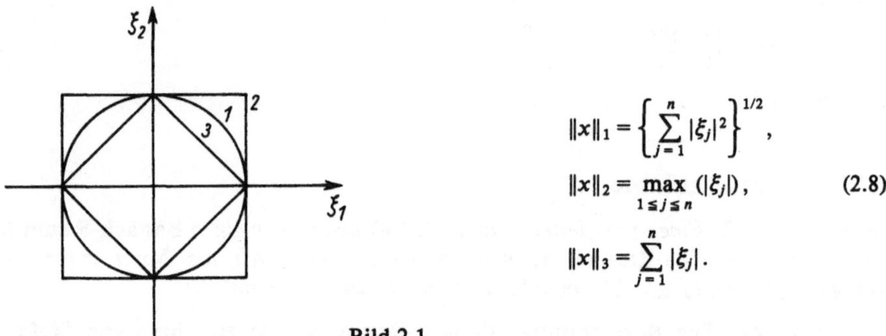

$$\|x\|_1 = \left\{\sum_{j=1}^{n} |\xi_j|^2\right\}^{1/2},$$
$$\|x\|_2 = \max_{1 \leq j \leq n} (|\xi_j|), \tag{2.8}$$
$$\|x\|_3 = \sum_{j=1}^{n} |\xi_j|.$$

Bild 2.1

Dieselben Normen sind auch im (reellen) Raum R^n äquivalent. Dies erkennt man auch an der Gestalt der Einheitskugeln (für $n = 2$ s. Bild 2.1), d. h. der Mengen $\{x \in R^n \mid \|x\|_j \leq 1\}$ $(j = 1, 2, 3)$.

D.2.14 **Definition 2.14:** *Es seien endlich viele normierte Räume* $(E_1, \|.\|_1)$, $(E_2, \|.\|_2)$, $\ldots$, $(E_n, \|.\|_n)$ *gegeben. Weiter sei* $E = E_1 \times E_2 \times \ldots \times E_n$ *das Produkt der Mengen* $E_1, \ldots, E_n$, *d. h. die Menge aller n-Tupel* $x = (\xi_1, \ldots, \xi_n)$ *mit* $\xi_j \in E_j$ $(j = 1, \ldots, n)$. *Bezüglich der Operationen* $(y = (\eta_1, \ldots, \eta_n) \in E)$

$$x + y = (\xi_1 + \eta_1, \ldots, \xi_n + \eta_n),$$
$$\lambda x = (\lambda\xi_1, \lambda\xi_2, \ldots, \lambda\xi_n), \qquad \lambda \in \mathbf{R} \quad \text{bzw.} \quad \lambda \in \mathbf{K},$$

wird E zu einem (reellen bzw. komplexen) Vektorraum. Versehen wir E mit der Norm

$$\|x\| = \sum_{j=1}^{n} \|\xi_j\|_j \quad (x \in E),$$

so nennen wir den Raum $(E, \|.\|)$ *den* **Produktraum** *der Räume* $(E_j; \|.\|_j)$ $(j = 1, \ldots, n)$.

Bezeichnung: $(E, \|.\|) = \prod_{j=1}^{n} (E_j; \|.\|_j)$.

Es seien $(E_j, \|.\|_j)$ $(j = 1, \ldots, n)$ *Banachräume. Dann ist auch der Produktraum* $(E, \|.\|) = \prod_{j=1}^{n} (E_j; \|.\|_j)$ *ein Banachraum.*

Beispiel 2.10: Da der Übergang zu einer äquivalenten Norm nichts an der Struktur eines Banachraumes ändert, können wir mittels der Aussage von Bsp. 2.9 sagen, daß der Raum K^n der (n-fache) Produktraum der Räume K (mit der euklidischen Norm) ist.

Eine weitere Operation, die aus einem gegebenen Banachraum weitere Banachräume zu bilden gestattet, ist die Konstruktion von **Quotientenräumen.** Hierzu betrachten wir zunächst einen beliebigen linearen Raum E sowie einen linearen Teilraum $E_0 \subsetneqq E$. Wir führen eine (zweistellige) Relation $\sim$ auf E durch die Gleichung

$$x \sim y \Leftrightarrow x - y \in E_0 \tag{2.9}$$

ein. Wie leicht zu sehen ist, erfüllt $\sim$ die Eigenschaften einer Äquivalenzrelation (Reflexivität, Symmetrie und Transitivität). Die Menge

$$[x] = \{y \in E | x - y \in E_0\} = \{y \in E | x \sim y\} \tag{2.10}$$

bezeichnen wir als die zu x gehörende *Äquivalenzklasse* (Restklasse). In der Menge aller dieser Äquivalenzklassen führen wir die Vektorraumoperationen Addition und Multiplikation mit einem Zahlenfaktor durch die Definitionsgleichungen

$$\left.\begin{aligned}[x] + [y] &= [x + y], \\ \lambda[x] &= [\lambda x]\end{aligned}\right. \quad (x, y \in E; \lambda \in \mathbf{R} \quad \text{bzw.} \quad \mathbf{K})$$

ein, die, wie man zeigen kann, eindeutig definierte Operationen in der Menge der Äquivalenzklassen liefern und den Axiomen für die Rechenoperationen eines Vektorraumes (s. 1.1.) genügen. Den auf diese Weise entstehenden Vektorraum nennt man den **Quotientenraum von E bezüglich E_0** (bzw. „nach E_0") und bezeichnet ihn mit dem Symbol

$$E/E_0. \tag{2.11}$$

Beispiel 2.11: Es sei $E = K^n$ und $E_0 = \{x \in E | \langle x, x_0 \rangle = 0\}$, wobei $x_0 \in K^n$ ein fest gegebener von o verschiedener Vektor aus K^n ist. E_0 ist ersichtlich ein linearer Teilraum von E (Beweis als Übung). Die Menge (Äquivalenzklasse) $[x]$ hat für beliebiges $x \in K^n$ folgendes Aussehen:

$$\begin{aligned}[x] &= \{y \in E | x - y \in E_0\} = \{y \in E | \langle x - y, x_0 \rangle = 0\} \\ &= \{y \in E | \langle x, x_0 \rangle = \langle y, x_0 \rangle\}.\end{aligned}$$

Ist $x \in K^n$ gegeben, so besteht $[x]$ also aus allen Elementen $y \in K^n$, für die das Skalarprodukt $\langle y, x_0 \rangle$ den konstanten Wert $c(x) = \langle x, x_0 \rangle$ hat. In anschaulicher Interpretation heißt dies, daß $[x]$ eine zu E_0 parallele (Hyper-) Ebene darstellt, deren Normalenvektor die Richtung von x_0 hat.

Ist $(E, \|.\|)$ ein normierter Raum und E_0 ein abgeschlossener Teilraum von E, so kann man auf den Quotientenraum E/E_0 durch die Gleichung

$$\|[x]\|_{E/E_0} = \inf \{\|y\| \,|\, y \in [x]\} \tag{2.12}$$

eine Norm einführen (s. [32], [45]), womit der Quotientenraum E/E_0 zu einem normierten Raum wird.

Satz 2.10: *Ist $(E, \|.\|)$ ein Banachraum, so ist $(E/E_0, \|.\|_{E/E_0})$ ebenso ein Banachraum* (Beweis s. [14]). **S.2.10**

2.2. Funktionenräume

Die für die Anwendungen wichtigsten normierten Räume sind **Funktionenräume,** d. h. lineare Räume, deren Elemente (Vektoren) Funktionen (mit reellen bzw. komplexen Werten) sind, die einen gemeinsamen Definitionsbereich besitzen. Ist X dieser gemeinsame Definitionsbereich, so sind die algebraischen Grundoperationen in einem Funktionenraum stets, wie üblich, durch die Gleichungen (punktweise)

$$\begin{aligned}(f + g)(x) &= f(x) + g(x) \quad (x \in X), \\ (\lambda f)(x) &= \lambda f(x) \qquad\quad (x \in X; \lambda \in \mathbf{R} \quad \text{bzw.} \quad \lambda \in \mathbf{K})\end{aligned}$$

erklärt. Hinzu kommen gewisse Eigenschaften, die die Funktionen des betrachteten Funktionenraumes auszeichnen, wie z. B. Stetigkeits-, Differenzierbarkeits- bzw. Integrierbarkeitseigenschaften. Einen gewissen Sonderfall stellen die **Folgenräume** dar, die als Funktionenräume, bestehend aus Funktionen mit dem gemeinsamen Definitionsbereich **N** (Menge der natürlichen Zahlen), aufgefaßt werden können (s. 2.2.4.).

2.2.1. Räume stetiger und stetig differenzierbarer Funktionen

D.2.15 **Definition 2.15:** *Es sei $K \subseteqq R^n$ eine nichtleere Teilmenge des R^n.* Die Menge aller komplexwertigen (bzw. nur reellwertigen) Funktionen, die auf K stetig sind (s. Bd. 4) *bezeichnet man mit $C(K)$ (bzw. mit $C_{\mathbf{R}}(K)$).*

S.2.11 **Satz 2.11:** *Es sei $K \subseteqq R^n$ nichtleer, abgeschlossen und beschränkt (K ist daher kompakt). Dann ist die Menge $C(K)$ (bzw. $C_{\mathbf{R}}(K)$) versehen mit der üblichen Vektorraumstruktur* (s. oben, Beginn von 2.2.) *bezüglich der Norm (Supremum-Norm, Maximum-Norm)*

$$\|f\|_{C(K)} = \max_{x \in K} |f(x)| \quad (f \in C(K)), \tag{2.13}$$

ein Banachraum.

(Beweis und weitere Einzelheiten in [66].)

Im folgenden sei Ω ein Gebiet des R^n, d. h. eine offene zusammenhängende[1]) Teilmenge des R^n (z. B. der R^n selbst). Mit $\partial\Omega = \bar{\Omega} \setminus \Omega$ bezeichnen wir den Rand des Gebietes Ω. Der Index **R** weise stets darauf hin, daß nur reellwertige Funktionen zugelassen sind.

Ein geordnetes n-Tupel $\alpha = (\alpha_1, \ldots, \alpha_n)$ von nichtnegativen ganzen Zahlen nennen wir einen **Multiindex.** Mit $|\alpha|$ bezeichnet man die zugehörige Summe $\sum_{j=1}^{n} \alpha_j$ der Komponenten des Multiindex α. Die Einführung eines Multiindex dient zur übersichtlichen Schreibweise partieller Ableitungen von Funktionen mehrerer Veränderlicher (s. 4.1.). Man setzt (s. Bd. 4) für eine Funktion f mit

$$f(x) = f(\xi_1, \ldots, \xi_n) \quad (x = (\xi_1, \ldots, \xi_n)):$$

$$\partial^\alpha f = \frac{\partial^{|\alpha|} f}{\partial \xi_1^{\alpha_1} \ldots \partial \xi_n^{\alpha_n}}, \qquad x^\alpha = \xi_1^{\alpha_1} \xi_2^{\alpha_2} \ldots \xi_n^{\alpha_n}. \tag{2.14}$$

D.2.16 **Definition 2.16:** *Es sei Ω ein beschränktes Gebiet im R^n* und $k = 0, 1, 2, \ldots$ *eine nichtnegative ganze Zahl. Die Menge aller komplexwertigen Funktionen, die auf der Abschließung $\bar{\Omega}$ $(= \Omega \cup \partial\Omega)$ stetig sind und in Ω stetige partielle Ableitungen bis zur Ordnung k einschließlich besitzen und die sämtlich auf ganz $\bar{\Omega}$ stetig fortgesetzt werden können, bezeichnen wir mit $C^k(\bar{\Omega})$.*

Bemerkung 2.7: Für $k = 0$ gilt die Gleichung $C^k(\bar{\Omega}) = C(\bar{\Omega})$ (s. Def. 2.15). Die Forderung der stetigen Fortsetzbarkeit der partiellen Ableitungen auf ganz $\bar{\Omega}$ ist nicht unwesentlich. Ist z. B. im R^2 die Funktion $f(x_1, x_2) = \sqrt{x_1} + \sqrt{x_2}$ auf dem Gebiet Ω: $0 < x_1 < 1$, $0 < x_2 < 1$ gegeben, so läßt sich zwar $f(x_1, x_2)$ auf $\bar{\Omega}$: $0 \leqq x_1 \leqq 1$, $0 \leqq x_2 \leqq 1$ stetig fortsetzen (mit derselben Zuordnungsvorschrift), jedoch läßt sich z. B. die erste partielle Ableitung von $f(x_1, x_2)$ nach der ersten Variablen, die in Ω erklärte Funktion

---

[1]) Eine Teilmenge des R^n (allgemeiner: eines metrischen Raumes) heißt zusammenhängend, wenn sie nicht die Vereinigungsmenge zweier disjunkter, nicht leerer, relativ abgeschlossener Mengen ist.

$$\frac{\partial f}{\partial x_1} = \frac{1}{2\sqrt{x_1}},$$

nicht stetig auf $\bar{\Omega}$ (als Funktion mit Werten aus $\mathbb{R}$) fortsetzen, da für $x_1 \to 0$ die Funktion $\frac{\partial f}{\partial x_1}$ keinen (endlichen) reellen Grenzwert besitzt (Skizze!).

Satz 2.12: *Die Menge $C^k(\bar{\Omega})$ ist bezüglich der Norm* S.2.12

$$\|f\|_{C^k(\bar{\Omega})} = \sum_{|\alpha| \leqq k} \left(\max_{x \in \bar{\Omega}} |\partial^\alpha f(x)| \right) \tag{2.15}$$

ein Banachraum (das Symbol $\sum_{|\alpha| \leqq k}$ bedeutet, daß über sämtliche Multiindizes α mit $|\alpha| \leqq k$ zu summieren ist).

Definition 2.17: *Mit $C^\infty(\Omega)$ bezeichnen wir die Menge aller im Gebiet $\Omega \subseteqq R^n$ beliebig oft diffe-* D.2.17
renzierbaren komplexwertigen Funktionen. Mit $C_0^\infty(\Omega)$ (oder auch mit $\overset{\circ}{C}{}^\infty(\Omega)$) bezeichnen wir die Menge aller Funktionen, die Elemente von $C^\infty(\Omega)$ sind und deren **Träger**, *d. h. die Menge* $\operatorname{supp} f = \overline{\{x \in \Omega \mid f(x) \neq 0\}}$, *beschränkt ist und ganz in Ω liegt. Mit $C^k(\Omega)$ bezeichnen wir die Menge aller im Gebiet $\Omega \subseteqq R^n$ insgesamt k-mal stetig differenzierbaren Funktionen.*

Die Untersuchung von Operatoren auf Funktionenräumen erfordert häufig die Kenntnis kompakter Mengen in diesen Räumen. Daher geben wir das folgende Kompaktheitskriterium (*Satz von Arzelà und Ascoli* [2], [32]) an:

Satz 2.13: *Es sei Ω ein beschränktes Gebiet des R^n (m. a. W., die Menge $\bar{\Omega}$ ist kompakt). Es sei* S.2.13
weiter $M \subseteqq C^k(\bar{\Omega})$ eine abgeschlossene Teilmenge des Raumes $(C^k(\bar{\Omega}), \|\cdot\|_{C^k(\bar{\Omega})})$ [s. (2.15)]. *Dafür, daß M eine kompakte Teilmenge von $C^k(\bar{\Omega})$ ist, ist notwendig und zugleich hinreichend, daß M beschränkt und gleichgradigstetig zur Ordnung k ist; m. a. W., M ist genau dann kompakt, wenn es eine feste Zahl $Q > 0$ gibt mit*

$$\|f\|_{C^k(\bar{\Omega})} \leqq Q \quad (f \in M)$$

und wenn es zu jedem $\varepsilon > 0$ ein $\delta = \delta(\varepsilon) > 0$ (welches **nicht** *von $f \in M$ abhängt) gibt, so daß aus der Beziehung*

$$\|x - x'\|_{R^n} \leqq \delta \quad (x, x' \in \Omega)$$

stets die Beziehung

$$|\partial^\alpha f(x) - \partial^\alpha f(x')| \leqq \varepsilon$$

für jeden Multiindex α mit $|\alpha| = k$ und für alle $f \in M$ folgt.

2.2.2. Räume integrierbarer Funktionen (Lebesgue-Räume)

Eine wichtige Klasse von Funktionenräumen stellen die sog. Lebesgue-Räume dar. Ihre Elemente sind Funktionen (genauer: Mengen [s. Bem. 2.10] von (L)-fast überall übereinstimmenden Funktionen), die auf einem Gebiet $\Omega \subseteqq R^n$ meßbar sind und zusätzlich Integrierbarkeitseigenschaften besitzen.

Definition 2.18: *Es sei p eine positive reelle Zahl. Der Raum $L^p(\Omega)$ ist die Menge aller auf dem* D.2.18
Gebiet Ω definierten meßbaren komplexwertigen Funktionen $f(x)$ (genauer: die Menge aller Klassen zueinander (L)*-äquivalenter Funktionen), für welche*

$$\int_{\Omega} |f(x)|^p \, dx < +\infty \tag{2.16}$$

gilt. Die Funktionen, die Elemente von $L^p(\Omega)$ sind, nennt man die **zur p-ten Potenz über Ω absolut integrierbaren Funktionen.** *Mit $L^\infty(\Omega)$ bezeichnet man die Menge aller auf dem Gebiet Ω definierten meßbaren komplexwertigen Funktionen $f(x)$, für welche eine (von der betrachteten Funktion abhängende) Konstante $a > 0$ existiert mit*

$$\text{mes}\,(\{x \in \Omega \,|\, |f(x)| \geqq a\}) = 0\,.$$

Jedes solche a heißt eine **„wesentliche Schranke"** *von $f(x)$, und $f(x)$ heißt dann* **im wesentlichen beschränkt.** Man nennt $L^\infty(\Omega)$ den Raum der auf Ω fast überall beschränkten Funktionen.

S.2.14 **Satz 2.14:** *Für $1 \leqq p < +\infty$ ist der Raum $L^p(\Omega)$ bezüglich der Norm*

$$\|f\|_p = \left(\int_{\Omega} |f(x)|^p \, dx \right)^{\frac{1}{p}} \tag{2.17}$$

ein Banachraum. Der Raum $L^\infty(\Omega)$ ist bezüglich der Norm

$$\begin{aligned} \|f\|_\infty &:= \operatorname*{vrai\,max}_{x \in \Omega} |f(x)| := \operatorname*{ess\,sup}_{x \in \Omega} |f(x)| \\ &:= \inf\{a > 0 \,|\, \text{mes}\,(\{x \in \Omega \,|\, |f(x)| \geqq a\}) = 0\} \end{aligned} \tag{2.18}$$

ein Banachraum.

Bemerkung 2.8: Ist $\Omega = (a, b) \subseteqq \mathbf{R}$ ein Intervall der reellen Zahlengeraden, so schreibt man für den Ausdruck $L^p(\Omega)$ auch $L^p(a, b)$. Betrachtet man Funktionen, die auf dem abgeschlossenen Intervall $[a, b]$ definiert und dort zur p-ten Potenz absolut integrierbar sind, so bezeichnet man den entstehenden Raum auch mit $L^p[a, b]$; dieser unterscheidet sich (im Sinne der Normisomorphie normierter Räume) nicht von $L^p(a, b)$. Entsprechendes gilt allgemein beim Übergang von $\Omega \subseteqq R^n$ zu $\bar{\Omega}$.

Bemerkung 2.9: Der Beweis dafür, daß durch den Ausdruck auf der rechten Seite von (2.17) eine Norm gegeben ist, ergibt sich aus den **Ungleichungen von Hölder bzw. Minkowski** (s. [32]):

Ist $p > 1$ und $p^{-1} + q^{-1} = 1$ und sind $f \in L^p(\Omega)$, $g \in L^q(\Omega)$, so ist $fg \in L^1(\Omega)$, und es gilt

$$\left| \int_{\Omega} f(x)\, g(x) \, dx \right| \leqq \|f\|_p \cdot \|g\|_q\,. \qquad \text{(Hölder)}$$

Ist $p \geqq 1$ und sind $f \in L^p(\Omega)$, $g \in L^p(\Omega)$, so ist

$$\|f + g\|_p \leqq \|f\|_p + \|g\|_p\,. \qquad \text{(Minkowski)}$$

Bemerkung 2.10: Aus Platzgründen können wir die exakte Definition der Räume $L^p(\Omega)$ als Räume von Klassen zueinander (L)-äquivalenter Funktionen nur beschreiben und nicht vollständig logisch durchkonstruieren. Zur Ergänzung seien aber die folgenden Bemerkungen angeführt. Mittels der Minkowskischen Ungleichung ergibt sich zunächst, daß die Menge aller Funktionen (komplexwertig, meßbar), die der Ungleichung (2.16) genügen, einen Vektorraum bilden; er werde mit $\mathscr{L}^p$ bezeichnet. Die Menge N_0 aller Funktionen, die auf Ω fast überall gleich null sind, bildet einen linearen Teilraum von $\mathscr{L}^p$. Der Raum $L^p(\Omega)$ ist dann der Quotientenraum $\mathscr{L}^p/N_0$ [s. (2.11)]. Diese Quotientenraumbildung wird ausschließlich durch den Umstand veranlaßt, daß der Ausdruck (2.17) auf $\mathscr{L}^p$ keine Norm liefert, da er für alle Elemente von N_0 gleich null ist (also auch für Funktionen, die nicht *überall* auf Ω gleich null sind). Das praktische Rechnen im Raum $L^p(\Omega)$ wird aber auf das Rechnen in $\mathscr{L}^p$ zurückgeführt (man rechnet mit Funktionen, nicht mit den Elementen des Quotientenraumes).

Definition 2.19: *Unter* $L^p_{\text{loc}}(\Omega)$ $(0 < p < \infty)$ *versteht man die Menge aller auf dem Gebiet* Ω *de-* D.2.19
finierten meßbaren komplexwertigen Funktionen (genauer: die Menge aller Klassen zueinander (L)*-äquivalenten Funktionen) mit*

$$\int_{\Omega'} |f(x)|^p \,dx < +\infty$$

für **jedes beschränkte** *Gebiet* $\Omega' \subseteqq \Omega$ (s. 1.2.2. und 4.1.).

Bemerkung 2.11: $L^p_{\text{loc}}(\Omega)$ ist ein Vektorraum (Funktionenraum). Ist Ω beschränkt, so gilt $L^p_{\text{loc}}(\Omega) = L^p(\Omega)$; sonst sind diese Räume verschieden. $L^1_{\text{loc}}(\Omega)$ wird auch als der **Raum der „lokal integrierbaren Funktionen** auf Ω" bezeichnet. Zum Beispiel liegt $f(x) = x^{-1}$ nicht in $L^1_{\text{loc}}(R^1)$, aber z. B. $g(x) = \log|x|$ (s. a. Bsp. 4.3).

Satz 2.15: *Für* $1 \leqq p \leqq \infty$ *gilt die Beziehung* ($\Omega \subseteqq R^n$, *beliebiges Gebiet*) S.2.15

$$L^p(\Omega) \subseteqq L^1_{\text{loc}}(\Omega). \tag{2.19}$$

Über die Struktur der kompakten Mengen im Raum $L^p(\Omega)$ gibt der folgende Satz Auskunft.

Satz 2.16: *Es sei* $M \subseteqq L^p(\Omega)$ *eine abgeschlossene Teilmenge des Raumes* $L^p(\Omega)$. *Dafür, daß* M S.2.16
kompakt ist, ist das gleichzeitige Bestehen der folgenden Bedingungen sowohl notwendig als auch hinreichend:
(1) *M ist beschränkt; d. h., es existiert ein* $K > 0$ *mit* $\|f\|_p \leqq K$ *für alle* $f \in M$;
(2) *Zu jedem* $\varepsilon > 0$ *gibt es ein* $\delta > 0$ *und eine abgeschlossene beschränkte Teilmenge* $G \subseteqq \Omega$ *mit*

(2.1) $\displaystyle\int_{\Omega \setminus G} |f(x)|^p \,dx \leqq \varepsilon \quad (f \in M)$ *und*

(2.2) $\displaystyle\int_{\Omega} |\hat{f}(x+h) - \hat{f}(x)|^p \,dx \leqq \varepsilon$

für alle $f \in M$ *und alle* $h \in R^n$ *mit* $\|h\|_{R^n} \leqq \delta$, *wobei* $\hat{f}(x)$ *die durch*

$$\hat{f}(x) = \begin{cases} f(x) & (x \in \Omega), \\ 0 & (x \in R^n \setminus \Omega) \end{cases}$$

erklärte Funktion bezeichnet.

Zum Verhältnis der Räume $C^k(\bar{\Omega})$ und $L^p(\Omega)$ ist zu sagen, daß für ein beschränktes Gebiet Ω die Beziehung

$$C^k(\bar{\Omega}) \subseteqq L^p(\Omega)$$

in dem Sinne gilt, daß die von den Elementen von $C^k(\bar{\Omega})$ erzeugten Klassen [(L)-fast überall übereinstimmender Funktionen] Elemente von $L^p(\Omega)$ sind. Im Sinne der Abschlußbildung im Raum $L^p(\Omega)$ gilt die Gleichung $\overline{C^k(\bar{\Omega})} = L^p(\Omega)$, d. h., der Raum $C^k(\bar{\Omega})$ liegt dicht in $L^p(\Omega)$ (Ω beschränkt).

Ist das Gebiet Ω nicht beschränkt, so gilt in entsprechendem Sinn:

Satz 2.17: *Die Menge* $\mathring{C}^\infty(\Omega)$ (s. Def. 2.17) *liegt dicht in* $L^p(\Omega)$ *für* $1 \leqq p < +\infty$. S.2.17

2.2.3. Sobolew-Räume

In diesem Abschnitt führen wir Sobolew-Räume (ganzzahliger Ordnung $k \geqq 0$) ein. S. L. Sobolew legte 1935 einen Grundstein [63] zur systematischen Anwendung verallgemeinerter Ableitungen bei der Behandlung und Lösung partieller Differentialgleichungen. Sobolew-Räume sind Räume von (Klassen (L)-fast überall übereinstimmender) Funktionen, die auf einem Gebiet $\Omega \subseteqq R^n$ definiert sind und gewisse Differenzierbarkeitseigenschaften besitzen; sie sind überdies Teilräume der Räume $L^p(\Omega)$ und haben sich insbesondere bei der theoretischen und numerischen Behandlung partieller Differentialgleichungen als nützlich erwiesen (s. auch 5.3.). Es gibt verschiedene Möglichkeiten, die Sobolew-Räume einzuführen:

a) als Vervollständigung des Raumes $C^k(\Omega)$ bezüglich einer speziellen Metrik (s. u.);
b) als Räume von Funktionen, deren verallgemeinerte Ableitungen (s. auch 4.1.) bis zur Ordnung k einschließlich existieren und zusätzlich Elemente des Raumes $L^p(\Omega)$ sind.

Es zeigt sich, daß diese verschiedenen Zugänge für $1 \leqq p < +\infty$ stets die gleichen Räume liefern. Im einzelnen definieren wir folgende Begriffe (s. [2], [43], [61]).

D.2.20 **Definition 2.20:** *Ist $f \in C^k(\Omega)$ und $1 \leqq p < \infty$, so setzen wir*

$$\|f\|_{k,p} = \left\{ \sum_{0 \leqq |\alpha| \leqq k} \|\partial^\alpha f\|_p^p \right\}^{\frac{1}{p}}, \quad k = 0, 1, 2, \ldots; \tag{2.20}$$

ferner sei

$$\|f\|_{k,\infty} = \max_{0 \leqq |\alpha| \leqq k} \|\partial^\alpha f\|_\infty, \quad k = 1, 2, \ldots, \tag{2.21}$$

wobei $\|.\|_p$ $(1 \leqq p \leqq \infty)$ die Norm im Raum $L^p(\Omega)$ bezeichnet [s. (2.17), (2.18)].

D.2.21 **Definition 2.21:** *Mit $H^{k,p}(\Omega)$ bezeichnet man die Vervollständigung der Menge $\{f \mid f \in C^k(\Omega), \|f\|_{k,p} < \infty\}$ bezüglich der durch $\|f\|_{k,p}$ erzeugten Metrik.*

Der Raum $H^{k,p}(\Omega)$ ist bereits ein Sobolew-Raum für $(1 \leqq p < \infty)$ (s. Satz 2.19). Seine Elemente sind aber nur sehr unkonkret erfaßbar. Die zweite Möglichkeit, Sobolew-Räume einzuführen, ist wesentlich anschaulicher. Allerdings kommt sie ohne Benutzung des Begriffs der verallgemeinerten Ableitung (= Distributionsableitung) nicht aus (s. auch 4.1.).

Vorbereitend sei dazu bemerkt, daß für jedes feste $f \in C^k(\bar{\Omega})$ und beliebiges $\varphi \in \mathring{C}^\infty(\Omega)$ nach den Regeln der partiellen Integration (Gaußscher Integralsatz!) immer gilt

$$\int_\Omega f(x)\, \partial^\alpha \varphi(x)\, dx = (-1)^{|\alpha|} \int_\Omega \varphi(x)\, \partial^\alpha f(x)\, dx, \quad |\alpha| \leqq k,$$

wobei $\partial^\alpha \varphi$, $\partial^\alpha f$ die Ableitungen im üblichen Sinne sind. Diese Eigenschaft der „klassischen" Ableitungen bildet die Grundlage für folgende Verallgemeinerung:

D.2.22 **Definition 2.22:** *Es sei $f \in L^1_{\text{loc}}(\Omega)$. Eine Funktion g, die zu $L^1_{\text{loc}}(\Omega)$ (s. Bem. 2.11) gehört, heißt* **schwache Ableitung oder verallgemeinerte Ableitung (Distributionsableitung)** *von f bezüglich des Multiindex α, wenn die Gleichung*

$$\int_\Omega f(x)\, \partial^\alpha \varphi(x)\, dx = (-1)^{|\alpha|} \int_\Omega g(x)\, \varphi(x)\, dx \tag{2.22}$$

für jede Funktion $\varphi(x)$ gilt, die zu $\mathring{C}^\infty(\Omega)$ gehört. Wir schreiben dann

$$g = D^\alpha f. \tag{2.23}$$

Wegen der vorbereitenden Bemerkung folgt, daß für jedes $f \in C^k(\bar{\Omega})$ die verallgemeinerte und die klassische Ableitung übereinstimmen (im Sinne der Gleichheit im Raum $L^p(\Omega)$). [Bezüglich der Motivation dieser Definition s. (1.51).]

Definition 2.23: *Mit $W^{k,p}(\Omega)$ bezeichnen wir den linearen Raum* D.2.23

$$W^{k,p}(\Omega) = \{f \in L^p(\Omega) | D^\alpha f \in L^p(\Omega) \quad \text{für} \quad 0 \leqq |\alpha| \leqq k\} \tag{2.24}$$

(*andere Bezeichnung:* $W_k^p(\Omega)$; $W_p^k(\Omega)$).

Zum Beispiel gehört die Funktion $f(x) = |x|^{-\alpha}$ ($x \in \Omega \subseteqq R^n$, Ω offen und beschränkt), wobei $|x| = \sqrt{\xi_1^2 + \ldots + \xi_n^2}$ ist, für $0 < \alpha < \left(\frac{n}{2} - 1\right)$ zu $W^{1,2}(\Omega)$, falls $n \geqq 3$ ist [9].

Satz 2.18: *Der Raum $W^{k,p}(\Omega)$ ist, versehen mit der Norm* S.2.18

$$\|f\|_{k,p} = \left\{ \sum_{0 \leqq |\alpha| \leqq k} \|D^\alpha f\|_p^p \right\}^{\frac{1}{p}}, \tag{2.25}$$

ein Banachraum.

Definition 2.24: *Mit $\mathring{W}^{k,p}(\Omega)$ (auch $W_0^{k,p}(\Omega)$) bezeichnet man die Abschließung der Menge $\mathring{C}^\infty(\Omega)$ im Raum $W^{k,p}(\Omega)$ [versehen mit der Norm (2.25)].* D.2.24

$\mathring{W}^{k,p}(\Omega)$ ist somit ein abgeschlossener linearer Teilraum von $W^{k,p}(\Omega)$.

Der folgende, wichtige Satz zeigt, daß beide geschilderten Möglichkeiten der Einführung von Sobolew-Räumen im wesentlichen äquivalent sind.

Satz 2.19 *(N. Meyers, J. Serrin, 1964): Für $1 \leqq p < \infty$ gilt die Gleichheit* ($k = 0, 1, 2, \ldots$) S.2.19

$$H^{k,p}(\Omega) = W^{k,p}(\Omega). \tag{2.26}$$

Bemerkung 2.12: Im Sinne der mengentheoretischen Enthaltenseinsrelation $\subseteqq$ gilt stets

$$\mathring{C}^\infty(\Omega) \subseteqq \mathring{W}^{k,p}(\Omega) \subseteqq W^{k,p}(\Omega) \subseteqq L^p(\Omega). \tag{2.27}$$

Für $k = 0$ ist dabei speziell

$$\mathring{W}^{0,p}(\Omega) = W^{0,p}(\Omega) = L^p(\Omega) \quad (1 \leqq p < \infty). \tag{2.28}$$

Für $p = \infty$ gilt die Gl. (2.26) nicht! (s. [42].)

Für andere Varianten der Definition der Räume $H^{k,p}$ bzw. $W^{k,p}$ vergleiche man die inhaltsreichen Bücher [41], [42] über Funktionenräume. Für die Beziehungen zwischen diesen Räumen ergeben sich dann vom Satz 2.19 abweichende Resultate.

2.2.4. Folgenräume

In vielen funktionalanalytischen Betrachtungen lassen sich zur Darstellung eines Sachverhalts einfache unendlichdimensionale Räume, nämlich Folgenräume benutzen. Ihre Elemente (Vektoren) sind Folgen komplexer (bzw. reeller) Zahlen bzw. allgemeiner Folgen von Elementen eines Banachraumes. Die folgende Definition führt einige wichtige Folgenräume ein.

Definition 2.25: *Im folgenden sei $x = \{\xi_n\}$ eine Folge komplexer Zahlen ξ_n ($n = 1, 2, \ldots$). Wir setzen* (s. [52]): D.2.25

$$l^\infty = \left\{x \,|\, \sup_n |\xi_n| < +\infty\right\}$$ *(Raum der beschränkten Folgen),*

$$c \;= \left\{x \,|\, \lim_{n\to\infty} \xi_n \textit{ existiert}\right\}$$ *(Raum der konvergenten Folgen),*

$$c_0 = \left\{x \,|\, \lim_{n\to\infty} \xi_n = 0\right\}$$ *(Raum der Nullfolgen),*

$$l^p = \left\{x \,|\, \sum_{n=1}^{\infty} |\xi_n|^p < +\infty\right\} \quad (1 \leqq p < \infty)$$ *(Raum der zur p-ten Potenz summierbaren Folgen),*

$$s \;= \left\{x \,|\, \lim_{n\to\infty} n^k \xi_n = 0 \textit{ für alle } k = 1, 2, \ldots\right\}$$ *(Raum der rasch fallenden Folgen),*

$$s_0 = \{x \,|\, \xi_n = 0 \textit{ für alle } n, \textit{ bis auf endlich viele}\}$$ *(Raum der finiten Folgen).*

Bemerkung 2.13: Es gelten die Enthaltenseinsbeziehungen

$$s_0 \subseteqq s \subseteqq l^p \subseteqq c_0 \subseteqq c \subseteqq l^\infty \tag{2.29}$$

(ebenso richtig für $s_{0\mathbf{R}}$, $s_{\mathbf{R}}$, $l_{\mathbf{R}}$, …, also Räume reeller Zahlenfolgen).

S.2.20 **Satz 2.20:** 1) *Mit der Norm* $\|x\|_\infty = \sup_n |\xi_n|$ *ist* l^∞ *ein Banachraum, ebenso c und* c_0 *mit der gleichen Norm.*

2) *Mit der Norm* $\|x\|_p = \left\{\sum_{n=1}^{\infty} |\xi_n|^p\right\}^{\frac{1}{p}}$ *ist* l^p *ein Banachraum.*

2.3. Lineare Funktionale, schwache Konvergenz, dualer Raum

2.3.1. Lineare Funktionale

Zu den einfachsten Funktionen, die man auf Vektorräumen betrachten kann, gehören die häufig auftretenden linearen Funktionen. Linearität ist hierbei eine Eigenschaft, die in den Anwendungen vor allem als „Superpositionsprinzip" zutage tritt. Lineare Funktionen mit Werten in **R** oder **K** heißen lineare Funktionale oder Linearformen. Die Elemente von (normierten) Vektorräumen werden im folgenden mit *x, y, z,* … bezeichnet.

D.2.26 **Definition 2.26:** *Es sei E ein Vektorraum. Eine Abbildung f: E* → **R** (*bzw.* **K**) *heißt* **lineares Funktional (Linearform),** *wenn die folgenden Bedingungen erfüllt sind* (s. Bd. 1, 8.4.):

$$f(x+y) = f(x) + f(y) \quad (x, y \in E), \tag{2.30a}$$

$$f(\lambda x) \;= \lambda f(x) \quad (x \in E;\ \lambda \in \mathbf{R} \text{ bzw. } \mathbf{K}). \tag{2.30b}$$

Beispiel 2.12: Es sei $E = R^n$ (bzw. K^n) mit den üblichen Vektoroperationen, und es seien $a_1, \ldots, a_n$ feste reelle (bzw. komplexe) Zahlen. Für $x = (\xi_1, \ldots, \xi_n) \in E$ setzen wir

$$f(x) = \sum_{j=1}^{n} a_j \xi_j. \tag{2.31}$$

$f(x)$ ist ein lineares Funktional auf *E*. Ist $e_1 = (1, 0, \ldots, 0)$; $e_2 = (0, 1, 0, \ldots, 0)$; …; $e_n = (0, 0, \ldots, 1)$ die ausgezeichnete Basis von *E*, so gilt ersichtlich die Gleichung

$$f(e_k) = a_k \quad (k = 1, \ldots, n). \tag{2.32}$$

Wegen (2.30) ist

$$f(x) = \sum_{j=1}^{n} a_j \xi_j = \sum_{j=1}^{n} f(e_j) \xi_j. \tag{2.33}$$

Sind umgekehrt die Werte $f(e_j) = a_j$ $(j = 1, \ldots, n)$ vorgegeben, so definiert (2.31) ein lineares Funktional auf E mit (2.32). Mit anderen Worten, jedes lineare Funktional auf E hat die Form (2.31), und durch die Vorgabe der Werte $f(e_j)$ $(j = 1, \ldots, n)$ ist das lineare Funktional $f(x)$ eindeutig bestimmt.

Beispiel 2.13: Es sei $E = C[a, b]$ (s. Def. 2.15). Die Elemente von $C[a, b]$ bezeichnen wir jetzt mit $x, y, \ldots$ bzw. $x(t), y(t), \ldots$ oder auch $x(.), y(.), \ldots$ Es sei

$$f(x) = \int_a^b x(t)\, dt \quad (x \in E). \tag{2.34}$$

Es gilt $(x, y \in E; \lambda \in \mathbf{R}; \mathbf{K})$:

$$f(x+y) = \int_a^b (x+y)(t)\, dt = \int_a^b (x(t) + y(t))\, dt = \int_a^b x(t)\, dt + \int_a^b y(t)\, dt$$
$$= f(x) + f(y);$$

$$f(\lambda x) = \int_a^b (\lambda x)(t)\, dt = \int_a^b \lambda x(t)\, dt = \lambda \int_a^b x(t)\, dt = \lambda f(x);$$

also ist f ein lineares Funktional auf E.

Beispiel 2.14: Es sei $E = C[a, b]$ und $c \in [a, b]$ ein Punkt aus dem Intervall $[a, b]$. Wir setzen

$$f(x) = x(c) \quad (x \in E). \tag{2.35}$$

Wie durch Einsetzen in (2.30a), (2.30b) sofort ersichtlich wird, ist f ein lineares Funktional auf $E = C[a, b]$; s. auch Bsp. 1.10 und (1.58).

Beispiel 2.15: Es sei $E = L^2[a, b]$ (Bezeichnung der Elemente wie in Bsp. 2.13). Wir setzen

$$f(x) = \int_a^b x(t)\, dt. \tag{2.36}$$

Zufolge der Enthaltenseinsbeziehung

$$L^2[a, b] \subseteqq L^1[a, b]$$

ist das Funktional f tatsächlich auf $L^2[a, b]$ definiert (der Leser überlege sich dies!) und (s. Bsp. 2.13) linear.

Definition 2.27: *Ein (lineares) Funktional f auf dem normierten Raum $(E, \|.\|)$ heißt* **stetig**, *wenn aus der Beziehung* D.2.27

$$\lim_{n \to \infty} x_n = x \quad (x_n, x \in E)$$

stets die Beziehung

$$\lim_{n \to \infty} f(x_n) = f(x) \tag{2.37}$$

folgt.

Bevor wir zu Beispielen stetiger linearer Funktionale kommen, soll die Stetigkeitseigenschaft noch eingehender diskutiert werden.

Hilfssatz 2.1: Ist $f\colon E \to \mathbf{R}(\mathbf{K})$ ein lineares Funktional auf dem normierten Raum $(E, \|.\|)$ mit der Eigenschaft $(x_n \in E)$:

$$\lim_{n \to \infty} x_n = o \Rightarrow \lim_{n \to \infty} f(x_n) = 0,$$

so ist $|f(x)|$ auf jeder Kugel $K(o; r) = \{x \in E \mid \|x\| \leqq r\}$ $(r > 0)$ beschränkt.

Beweis: Wir zeigen zuerst, daß $|f(x)|$ auf der Kugeloberfläche $S = S(o; r) = \{x \in E \mid \|x\| = r\}$ beschränkt ist. Angenommen, dies wäre nicht der Fall, dann gibt es zu jedem $n = 1, 2, \ldots$, ein $x_n \in S$ mit $|f(x_n)| \geqq n$. Mittels der Linearität von $f(x)$ folgt daraus $\left|f\left(\frac{1}{n} x_n\right)\right| \geqq 1$. Wegen $\left\|\frac{1}{n} x_n\right\| = \frac{1}{n} \|x_n\| = \frac{r}{n}$ $(n = 1, 2, \ldots)$ folgt durch Grenzübergang $\lim\limits_{n \to \infty} \left(\frac{1}{n} x_n\right) = o$; aber es gilt nicht $\lim\limits_{n \to \infty} f\left(\frac{1}{n} x_n\right) = 0$; Widerspruch! Es gibt also ein $M > 0$ mit $|f(x)| \leqq M (x \in S)$. Ist $x \in K(o; r)$, so gilt für $x \neq o$ die Relation $\left(\frac{1}{\|x\|} rx\right) \in S$ $\left(\text{weil} \left\|\frac{r}{\|x\|} x\right\| = \frac{r}{\|x\|} \|x\| = r \text{ gilt}\right)$. Also ist $\left|f\left(\frac{r}{\|x\|} x\right)\right| \leqq M$, und wir erhalten (Linearität von f) die Ungleichung $\left(\text{man beachte, daß } \frac{\|x\|}{r} \leqq 1 \text{ gilt}\right)$

$$|f(x)| \leqq \frac{\|x\|}{r} M \leqq M,$$

die auch für $x = o$ gilt. ■

Hilfssatz 2.2: Ist $f\colon E \to \mathbf{R}(\mathbf{K})$ ein lineares Funktional auf dem normierten Raum $(E, \|.\|)$, welches auf einer gewissen Kugel $K(o; r)$ $(r > 0)$ beschränkt ist, d. h., es existiere ein $M > 0$ mit $|f(x)| \leqq M$ $(x \in K(o; r))$, so gilt die Ungleichung $|f(x)| \leqq A\|x\|$ $(x \in E)$, $A = Mr^{-1}$ auf ganz E, und das Funktional $f(x)$ ist auf dem (ganzen) Raum E stetig.

Beweis: Für gegebenes $x \in E$ $(x \neq o)$ liegt das Element $\frac{r}{\|x\|} x$ in $K(o; r)$, daher gilt $\left|f\left(\frac{r}{\|x\|} x\right)\right| \leqq M$, woraus sofort die Ungleichung $|f(x)| \leqq \frac{M}{r} \|x\|$ folgt (die für $x = o$ trivialerweise wegen $f(o) = 0$ erfüllt ist). Ist weiter $\{x_n\}$ eine Folge aus E mit $\lim\limits_{n \to \infty} x_n = x$, so erhalten wir aus der Abschätzung (f ist linear) $|f(x_n) - f(x)| = |f(x_n - x)| \leqq \frac{M}{r} \|x_n - x\|$ $(n = 1, 2, \ldots)$ wegen $\lim\limits_{n \to \infty} \|x_n - x\| = 0$ die Beziehung $\lim\limits_{n \to \infty} f(x_n) = f(x)$. ■

Aus den beiden Hilfssätzen ergeben sich eine Reihe wichtiger Folgerungen, deren Beweis wir dem Leser überlassen.

S.2.21 **Satz 2.21:** *Ist* $f\colon E \to \mathbf{R}$ *(bzw.* $E \to \mathbf{K}$*) ein lineares Funktional auf dem normierten Raum* $(E, \|.\|)$*, so ist* $f(x)$ *genau dann stetig, wenn es an der Stelle* $x = o$ *stetig ist.*

D.2.28 **Definition 2.28:** *Ein lineares Funktional* $f\colon E \to \mathbf{R}(\mathbf{K})$ *auf dem normierten Raum* $(E, \|.\|)$ *heißt* **beschränkt,** *wenn es ein* $M > 0$ *gibt mit*

$$|f(x)| \leqq M\|x\| \quad (x \in E). \tag{2.38}$$

S.2.22 **Satz 2.22:** *Ein lineares Funktional* $f\colon E \to \mathbf{R}(\mathbf{K})$ *auf dem normierten Raum* $(E, \|.\|)$ *ist genau dann stetig, wenn es beschränkt ist.*

D.2.29 **Definition 2.29:** *Es sei* $f\colon E \to \mathbf{R}(\mathbf{K})$ *ein beschränktes lineares Funktional auf dem normierten Raum* $(E, \|.\|)$*. Die Zahl*

$$\|f\| = \sup_{\|x\| = 1} |f(x)| \tag{2.39}$$

heißt die **Norm** *von* f.

Satz 2.23: *Ist $f: E \to \mathbf{R}(\mathbf{K})$ ein beschränktes lineares Funktional auf dem normierten Raum $(E, \|.\|)$, so gilt die Ungleichung* S.2.23

$$|f(x)| \leqq \|f\| \|x\| \quad (x \in E). \tag{2.40}$$

Ist $M > 0$ eine Zahl, für die (2.38) gilt, so ist $\|f\| \leqq M$.

Mit anderen Worten, die Zahl $\|f\|$ ist die kleinste **Dehnungskonstante** von f.

Satz 2.24: *Ist $f: E \to \mathbf{R}$ (bzw. $\mathbf{K}$) ein beschränktes lineares Funktional auf dem normierten Raum $(E, \|.\|)$, so gilt* S.2.24

$$\|f\| = \sup_{\|x\| \leqq 1} |f(x)|.$$

Beispiel 2.16: Es sei $E = K^n$ der n-dimensionale komplexe Vektorraum mit der Norm $\|x\| = \left\{\sum_{j=1}^{n} |\xi_j|^2\right\}^{1/2}$ $(x = (\xi_1, \ldots, \xi_n))$. Mit gewissen komplexen Zahlen $a_1, \ldots, a_n$ bilden wir durch die Vorschrift $f(x) = \sum_{j=1}^{n} a_j \xi_j$ ein lineares Funktional $f(x)$ (Bsp. 2.12). Mittels der Schwarzschen Ungleichung folgt dessen Beschränktheit und damit Stetigkeit: für $x \in K^n$ ist

$$|f(x)| = \left|\sum_{k=1}^{n} a_k \xi_k\right| \leqq \left\{\sum_{k=1}^{n} |a_k|^2\right\}^{1/2} \left\{\sum_{k=1}^{n} |\xi_k|^2\right\}^{1/2} = M \|x\|$$

mit $M = \left\{\sum_{k=1}^{n} |a_k|^2\right\}^{1/2}$. Ist $M > 0$ und wählt man für x speziell den Vektor x' mit den Koordinaten $\xi'_k = \frac{\bar{a}_k}{M}$ $(k = 1, \ldots, n)$, so gilt $\|x'\| = 1$ und

$$|f(x')| = \left|\sum_{k=1}^{n} a_k \xi'_k\right| = \left|\sum_{k=1}^{n} \frac{a_k \bar{a}_k}{M}\right| = \frac{1}{M} \sum_{k=1}^{n} |a_k|^2 = \frac{M^2}{M} = M.$$

Also ist $\|f\| = \sup_{\|x\|=1} |f(x)| \geqq |f(x')| = M$. Aus der zuvor bewiesenen Ungleichung folgt für $\|x\| = 1$ die Abschätzung $|f(x)| \leqq M$ und somit $\|f\| = \sup_{\|x\|=1} |f(x)| \leqq M$. Insgesamt erhalten wir die Gleichheit

$$\|f\| = M = \left\{\sum_{k=1}^{n} |a_k|^2\right\}^{1/2}. \tag{2.41}$$

Beispiel 2.17: Es sei $E = C[a, b]$ mit der Maximum-Norm $\|x\| = \max_{a \leqq t \leqq b} |x(t)|$. Das lineare Funktional (s. Bsp. 2.13)

$$f(x) = \int_a^b x(t)\, \mathrm{d}t \quad (x \in C[a, b])$$

ist stetig, wir geben sogar seine Norm an:

$$|f(x)| = \left|\int_a^b x(t)\, \mathrm{d}t\right| \leqq \int_a^b |x(t)|\, \mathrm{d}t \leqq \int_a^b \sup_{a \leqq t \leqq b} |x(t)|\, \mathrm{d}t$$
$$= \int_a^b \|x\|\, \mathrm{d}t = \|x\| \int_a^b \mathrm{d}t = (b - a)\|x\| \quad (x \in E).$$

Wir erhalten die Ungleichung $\|f\| \leqq (b - a)$. Für die Funktion $x'(t) = 1$ $(a \leqq t \leqq b)$ wird $\|x'\| = 1$ und $|f(x')| = \left|\int_a^b 1\, \mathrm{d}t\right| = b - a$ und somit $\|f\| = \sup_{\|x\| \leqq 1} |f(x)| \geqq b - a \; (= |f(x')|)$. Insgesamt erhalten wir die Beziehung $\|f\| = b - a$.

Beispiel 2.18: Es sei $E = L^2[a, b]$ mit der Norm $\|x\| = \left\{ \int_a^b (x(t))^2 \, dt \right\}^{1/2}$ und $g(.) \in L^2[a, b]$. Das lineare Funktional

$$f(x) = \int_a^b x(t) \, g(t) \, dt \tag{2.42}$$

ist, wie man mittels der Schwarzschen Ungleichung erkennt, beschränkt und daher stetig. Analoge Betrachtungen wie in Bsp. 2.17 zeigen, daß die folgende Gleichung gilt:

$$\|f\| = \left\{ \int_a^b |g(t)|^2 \, dt \right\}^{1/2} = \|g\|_{L^2}. \tag{2.43}$$

Die letztgenannten Beispiele 2.17 und 2.18 sind Spezialfälle allgemeinerer grundlegender Aussagen über die Form stetiger linearer Funktionale im Raum $C[a, b]$ bzw. in einem Hilbertraum[1]).

S.2.25 **Satz 2.25** *(Stetige Linearform in $C_{\mathbb{R}}[a, b]$): Ist $E = C_{\mathbb{R}}[a, b]$, versehen mit der Maximum-Norm, so läßt sich jedes stetige lineare Funktional $f(x)$* auf $C_{\mathbb{R}}[a, b]$ *als Riemann-Stieltjes-Integral*

$$f(x) = \int_a^b x(t) \, dg(t) \quad (x \in C_{\mathbb{R}}[a, b]) \tag{2.44}$$

mit einer gewissen Belegungsfunktion $g(t)$ $(a \leqq t \leqq b)$ von beschränkter Variation darstellen (die bis auf eine additive Konstante und fast überall bestimmt ist).

Bemerkung 2.14: Bezüglich der Definition des Riemann-Stieltjes-Integrals s. [32, S. 176/77].

Der folgende wichtige Satz stammt (wie auch der vorangehende) von *F. Riesz.*

S.2.26 **Satz 2.26** *(Stetige Linearformen im Hilbertraum): Ist H ein Hilbertraum[1]) mit dem Skalarprodukt $\langle .,. \rangle$ und $f(x)$ ein stetiges lineares Funktional auf H, so gibt es genau ein Element $g \in H$, so daß die Gleichheit*

$$f(x) = \langle g, x \rangle$$

für alle $x \in H$ gilt. Zusätzlich gilt die Beziehung

$$\|f\| = \|g\|_H = \sqrt{\langle g, g \rangle}\,. \tag{2.45}$$

2.3.2. Dualer Raum

D.2.30 **Definition 2.30:** *Es sei E ein Vektorraum. Die Menge E^* aller linearen Funktionale auf E, die mittels der Operationen*

$$(f+g)(x) = f(x) + g(x) \quad (x \in E), \tag{2.46a}$$

$$(\lambda f)(x) = \lambda f(x) \quad (x \in E) \tag{2.46b}$$

($f, g \in E^*$, $\lambda \in$ **K** *bzw.* **R***) zu einem Vektorraum wird, nennt man den* **algebraisch dualen** *bzw.* **algebraisch konjugierten Raum** *von E.*

D.2.31 **Definition 2.31:** *Es sei $(E, \|.\|_E)$ ein normierter Raum. Denjenigen linearen Teilraum E' von E^*, der aus allen* **stetigen** *linearen Funktionalen auf E besteht, versehen mit der Norm*

[1]) (s. Def. 2.37 weiter unten).

$$\|f\|_{E'} = \sup_{\|x\|_E \leq 1} |f(x)|, \tag{2.47}$$

nennt man den **Dualraum** *von* $(E, \|.\|_E)$ *(bzw. den dualen oder konjugierten Raum von* $E, \|.\|_E$)).

Satz 2.27: *Der Dualraum* $(E', \|.\|_{E'})$ *eines normierten Raumes* $(E, \|.\|_E)$ *ist stets ein Banachraum.* S.2.27

Beispiel 2.19: Es sei $E = K^n$ mit der Norm $\|x\| = \left\{\sum_{j=1}^{n} |\xi_j|^2\right\}^{1/2}$ $(x = (\xi_1, \ldots, \xi_n) \in K^n)$. Jedes $f \in E^*$ hat die Form

$$f(x) = \sum_{j=1}^{n} a_j \xi_j \quad (x \in K^n) \tag{2.48}$$

mit eindeutig bestimmten a_j $(j = 1, \ldots, n)$ (s. Bsp. 2.12) und ist stetig. Das heißt, im vorliegenden Fall gilt die Beziehung $E^* = E'$. Weiter ist [s. (2.41)] die Gleichung

$$\|f\| = \left\{\sum_{j=1}^{n} |a_j|^2\right\}^{1/2} \tag{2.49}$$

erfüllt. Ordnet man jedem $f \in E'$ den zugehörigen Vektor $(a_1, \ldots, a_n) \in K^n$ zu, so erhält man eine eineindeutige lineare Abbildung T von E' auf K^n, die wegen (2.49) sogar ein Normisomorphismus ist. (Beweis der Linearität und der Surjektivität der Abbildung T als Übung.) Im Sinne der Gleichsetzung normisomorpher Räume gilt also die Beziehung

$$(K^n)' = K^n. \tag{2.50}$$

Es sei noch bemerkt, daß – wiederum im Sinne der Gleichsetzung normisomorpher Räume – die Beziehung $(L^p(\Omega))' = L^q(\Omega)$ gilt, wobei $1 < p < \infty$ und $\frac{1}{q} + \frac{1}{p} = 1$ ist (q heißt der zu p konjugierte Exponent) (s. [45], S. 125).

Beispiel 2.20: Es sei E ein (komplexer) Hilbertraum. Nach dem Satz von F. Riesz hat jedes $f \in E'$ die Form

$$f(x) = \langle g, x \rangle \quad (x \in E) \tag{2.51}$$

mit einem eindeutig bestimmten $g \in E$, für welche die Gleichung

$$\|f\| = \|g\| \tag{2.52}$$

gilt. Die Zuordnung $T: f \to g$ ist eine eineindeutige Abbildung von E' auf E, die aber nicht linear, sondern antilinear ist in folgendem Sinn (Beweis als Übung):

$$T(f_1 + f_2) = T(f_1) + T(f_2)$$
$$T(\lambda f) = \bar{\lambda} T f.$$

Wegen (2.52) ist T ein antilinearer Normisomorphismus von E' auf E. Ist E ein **reeller** Hilbertraum, so ist T linear, und es gilt (im Sinne der Identifizierung normisomorpher Räume) $E' = E$.

Definition 2.32: *Es sei* $(E, \|.\|)$ *ein Banachraum und* $(E', \|.\|_{E'})$ *sein Dualraum. Den Dualraum von* $(E', \|.\|_{E'})$ *bezeichnet man als* **Bidualraum** *(bidualen Raum)* $(E'', \|.\|_{E''})$ *von* $(E, \|.\|)$. D.2.32

Satz 2.28: *Der biduale Raum* $(E'', \|.\|_{E''})$ *enthält einen linearen Teilraum, der zu* $(E, \|.\|)$ *normisomorph ist. Es gilt also (im Sinne der Gleichsetzung normisomorpher Räume) die Relation* $E \subseteqq E''$. *Dabei wird jedem* $x \in E$ *dasjenige Element* $l_x \in E''$ *zugeordnet, das durch die Gleichung* S.2.28

$$l_x(f) = f(x) \quad (f \in E') \tag{2.53}$$

definiert ist (kanonische Einbettung).

Für einen Beweis dieses Satzes s. [32].

D.2.33 **Definition 2.33:** *Der normierte Raum* $(E, \|.\|)$ *heißt* **reflexiv,** *wenn die kanonische Einbettung* $x \to l_x$ $(x \in E)$ (s. Satz 2.28) *ein Normisomorphismus von E* **auf** *E'' ist.*

Zu den reflexiven Räumen gehören die Räume R^n, K^n sowie die Räume $L^p(\Omega)$ $(1 < p < \infty)$ und **alle** Hilberträume.

2.3.3. Fortsetzung stetiger linearer Funktionale. Satz von Hahn und Banach. Trennungssätze

Die Fortsetzung von Funktionen auf größere Definitionsbereiche spielt an vielen Stellen in der Funktionalanalysis eine Rolle. Die Forderung der Linearität und der Stetigkeit eines Funktionals ermöglichen unter geringen zusätzlichen Voraussetzungen weitreichende Aussagen über die Existenz von Fortsetzungen.

S.2.29 **Satz 2.29 (Hahn-Banach-Theorem).** *Es sei* $(E, \|.\|)$ *ein normierter Raum und* E_0 *ein linearer Teilraum von E. Auf* E_0 *sei ein stetiges lineares Funktional* f_0 *definiert. Dann gibt es (mindestens) ein stetiges lineares Funktional f auf E, welches auf* E_0 *mit* f_0 *übereinstimmt* ($f(x) = f_0(x)$ *für* $x \in E_0$) *und für das die Gleichung*

$$\|f\| = \|f_0\| \tag{2.54}$$

gilt.

(Beweis s. [32].)

Bemerkung 2.15: Im Hinblick auf die Gl. (2.54) heißt f eine **normerhaltende Fortsetzung** (Erweiterung) von f_0.

Eine wichtige Folgerung aus dem Hahn-Banach-Theorem ist der folgende Satz, der die Existenz nichttrivialer stetiger linearer Funktionale sichert.

S.2.30 **Satz 2.30:** *Es sei* $(E, \|.\|)$ *ein normierter Raum und* $x_0 \neq o$ *ein (beliebiges) Element von E. Dann existiert ein stetiges lineares Funktional f auf E mit* $\|f\| = 1$ *und* $f(x_0) = \|x_0\|$. *(In der Ungleichung* $|f(x)| \leqq \|f\|\,\|x\|$, *die generell für alle* $x \in E$ *gilt, steht also für* $x = x_0$ *das Gleichheitszeichen).*

Beweis (s. [32]): Mit E_0 bezeichnen wir die Menge $E_0 = \{x \in E \mid x = tx_0,\ t$ beliebig komplex$\}$. Dann ist E_0 ein linearer Teilraum von E. Durch die Vorschrift

$$f_0(x) = t\|x_0\| \quad (x = tx_0 \in E_0)$$

ist ein lineares Funktional auf E_0 gegeben. Es gilt

$$|f_0(x)| = |t|\,\|x_0\| = \|tx_0\| = \|x\| \quad (x \in E_0).$$

Hieraus ergibt sich die Gleichung $\|f_0\| = 1$, und aus Satz 2.29 folgt die Behauptung. ■

Für die Belange der Optimierungstheorie (s. [22]) ist eine geometrische Form (bzw. Folgerung) des Hahn-Banach-Theorems wesentlich, die zu den sog. „Trennungssätzen" gehört.

D.2.34 **Definition 2.34:** *Es sei E ein reeller linearer Raum und* $f \neq o$ *ein stetiges lineares Funktional auf E, sowie c eine (reelle) Konstante. Die Menge* $[f = c] := \{x \in E \mid f(x) = c\}$ *heißt die* **Hyperebene** *bezüglich f zum Niveau c.*

Beispiel 2.21: Es sei $E = R^3$ und $f(x) = \frac{\xi_1}{a} + \frac{\xi_2}{b} + \frac{\xi_3}{c}$, $x = (\xi_1, \xi_2, \xi_3)$, ($a$, b, c reell und $\neq 0$). Die Hyperebene $[f = 1]$ stimmt mit derjenigen Ebene im R^3 überein, die durch die Punkte $(a, 0, 0)$, $(0, b, 0)$, $(0, 0, c)$ geht.

Zwei konvexe Mengen des R^n kann man als „voneinander getrennt" ansehen, wenn sie auf verschiedenen Seiten einer (Hyper-) Ebene liegen. In Bd. 15 werden Trennungssätze für konvexe Teilmengen des R^n aufgeführt. Die folgende Definition verallgemeinert diesen Sachverhalt auf konvexe Mengen in beliebigen linearen normierten Räumen. Eine Teilmenge M eines Vektorraumes heißt **konvex,** wenn mit je zwei Punkten $x, y \in M$ auch alle Punkte der Verbindungsstrecke $[x, y] = \{z = \lambda x + (1 - \lambda)\ y \mid 0 \leqq \lambda \leqq 1\}$ von x und y zu M gehören (s. Bd. 4).

Definition 2.35: *Es seien $(E, \|.\|)$ ein reeller normierter Raum, $A \subseteqq E$ und $B \subseteqq E$ zwei konvexe Teilmengen von E. Man sagt, daß A und B* **trennbar** *sind, wenn es ein stetiges lineares Funktional f auf E und eine reelle Konstante c gibt mit* **D.2.35**

$$\begin{aligned} f(x) &\leqq c \quad \textit{für alle} \quad x \in A, \\ f(x) &\geqq c \quad \textit{für alle} \quad x \in B \quad \text{(s. Bild 2.2).} \end{aligned} \tag{2.55}$$

Falls sogar die Ungleichungen

$$\begin{aligned} f(x) &< c \quad \textit{für alle} \quad x \in A, \\ f(x) &> c \quad \textit{für alle} \quad x \in B \quad \text{(s. Bild 2.3)} \end{aligned} \tag{2.56}$$

gelten, so heißen die Mengen A und B **strikt trennbar.** *$[f = c]$ heißt dann die A und B trennende bzw. strikt trennende Hyperebene.*

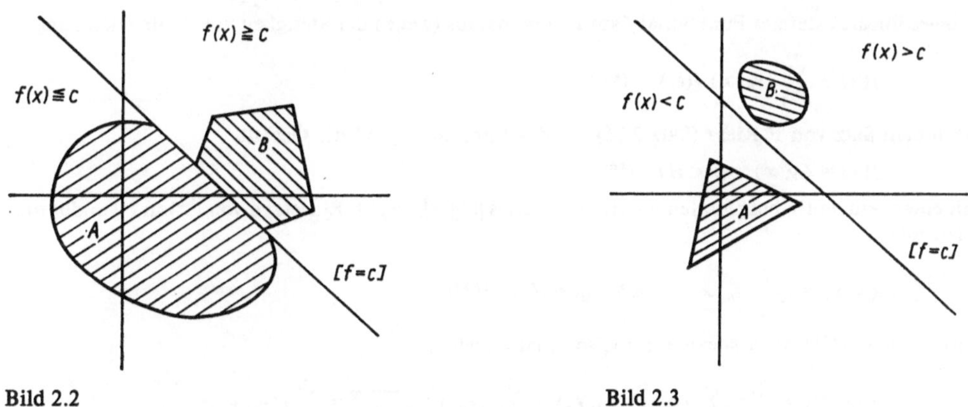

Bild 2.2 Bild 2.3

Ein für die Optimierung wichtiger Satz lautet dann:

Satz 2.31: *Es seien $(E, \|.\|)$ ein normierter Raum und $A \subseteqq E$ eine konvexe Menge, die innere Punkte besitzt, d. h., es gibt eine offene Kugel (s. Def. 2.3), die ganz in A liegt. Ist x beliebiges Element von E, das nicht zu A gehört oder höchstens Randpunkt (d. h., in jeder Umgebung von x liegen sowohl Punkte von A als auch solche nicht aus A) von A ist, so sind A und $\{x\}$ trennbar. Sind A und B nichtleere offene konvexe Mengen mit leerem Durchschnitt, so sind A und B strikt trennbar.* **S.2.31**

(Für einen Beweis auf der Grundlage des Hahn-Banach-Theorems s. [55, S. 108].)

2.3.4. Schwache Konvergenz

In vielen Untersuchungen reichen Grenzübergänge „bezüglich der Norm" in einem linearen Raum nicht aus [z. B. (1.57)]. Neben der Norm-Konvergenz betrachtet man auch die sog. schwache Konvergenz. In diesem Kapitel werden nur die Definition und einige wesentliche Eigenschaften der schwachen Konvergenz angegeben.

D.2.36 **Definition 2.36:** *Es sei $(E, \|.\|)$ ein normierter Raum und $\{x_n\}$ eine Folge von Elementen von E. Die Folge $\{x_n\}$ heißt* **schwach konvergent** *gegen das Element $\bar{x} \in E$, wenn für jedes stetige lineare Funktional f auf E die Gleichheit $\lim_{n\to\infty} f(x_n) = f(\bar{x})$ gilt; abgekürzt $x_n \rightharpoonup \bar{x} (n \to \infty)$.*

Aus dieser Definition folgt sofort, daß jede (norm)konvergente Folge $\{x_n\}$ auch schwach konvergent ist. Die Umkehrung gilt jedoch i. allg. nicht. Hierzu betrachten wir das folgende Beispiel:

Beispiel 2.22: Es sei $(H, \langle .,. \rangle)$ ein Hilbertraum (s. Def. 2.37) und (e_n) ein vollständiges ONS (s. Def. 2.41) in H. Dann gilt

$$e_n \rightharpoonup o \quad (n \to \infty),$$

obwohl alle e_n die Norm 1 haben ($\|e_n\| = 1$) und daher die Folge $\{e_n\}$ in H nicht gegen o konvergiert.

Zum Beweis betrachte man ein beliebiges Element $x \in H$. Dann gilt $x = \sum_{n=1}^{\infty} \langle e_n, x \rangle e_n$. Für ein beliebiges lineares stetiges Funktional f auf H folgt daraus (wegen der Stetigkeit von f) die Gleichung

$$f(x) = \sum_{n=1}^{\infty} \langle e_n, x \rangle f(e_n). \quad (*)$$

Nach dem Satz von F. Riesz (Satz 2.26) hat das Funktional $f(x)$ die Gestalt

$$f(x) = \langle y, x \rangle \quad (x \in H) \quad (**)$$

mit einem eindeutig bestimmten $y \in H$, für welches $\|f\| = \|y\|$ gilt. Einsetzen von (**) in (*) ergibt die Gleichheit

$$\langle y, x \rangle = \sum_{n=1}^{\infty} \langle e_n, x \rangle \langle y, e_n \rangle \quad (x \in H). \quad (***)$$

Setzen wir in (***) für x speziell $x = y$, so erhalten wir

$$\|y\|^2 = \langle y, y \rangle = \sum_{n=1}^{\infty} \langle e_n, y \rangle \langle y, e_n \rangle = \sum_{n=1}^{\infty} \langle e_n, y \rangle \overline{\langle e_n, y \rangle} = \sum_{n=1}^{\infty} |\langle e_n, y \rangle|^2.$$

Die rechtsstehende Reihe ist somit konvergent. Daher bilden (s. Bd. 3) ihre Glieder $|\langle e_n, y \rangle|^2$ eine Nullfolge. Daher ist aber auch die Zahlenfolge $f(e_n) = \langle y, e_n \rangle$ $(n = 1, 2, \ldots)$ eine gegen null konvergente Folge, womit alles gezeigt ist.

S.2.32 **Satz 2.32:** *Es sei $(E, \|.\|)$ ein normierter Raum und $\{x_n\}$ eine Folge aus E, die gegen das Element $\bar{x}$ schwach konvergiert. Dann gilt die Ungleichung*

$$\|\bar{x}\| \leqq \underline{\lim} \|x_n\|, \tag{2.57}$$

und es existiert eine Konstante $K > 0$ mit $\|x_n\| \leqq K$ $(n = 1, 2, \ldots)$ (m. a. W., jede schwach konvergente Folge ist beschränkt).

In speziellen Räumen läßt sich die schwache Konvergenz genauer kennzeichnen, wie der folgende Satz am Beispiel des Raumes $C[a, b]$ zeigt. Der Raum $C[a, b]$ sei hierbei wie üblich mit der Maximum-Norm versehen.

Satz 2.33 (s. [32, S. 226]): *Eine Folge $\{x_n(.)\}$ aus $C[a, b]$ konvergiert genau dann schwach gegen ein Element $\bar{x}(.)$ aus $C[a, b]$, wenn folgende Bedingungen beide (gleichzeitig) erfüllt sind* S.2.33

1) $|x_n(t)| \leqq M (t \in [a, b]; n = 1, 2, \ldots)$ für ein $M > 0$;
2) $\lim\limits_{n \to \infty} x_n(t) = \bar{x}(t)$ $(t \in [a, b])$ (punktweise Konvergenz).

Sehr wichtig ist der Satz über die Charakterisierung der reflexiven Banachräume durch die schwache (Folgen-) Kompaktheit ihrer (Norm-) Kugeln, der auf W. F. Eberlein, L. Alaoglu, W. Schmuljan zurückgeht:

Satz 2.34 (s. [40, S. 50]): *Ein Banachraum ist genau dann reflexiv, wenn seine abgeschlossene Einheitskugel $K = \{x \mid \|x\| \leqq 1\}$ schwach folgenkompakt ist, d. h., wenn jede Folge aus K eine schwach konvergente Teilfolge enthält.* S.2.34

Für eine Anwendung s. Bsp. 4.3.

Von besonderer Bedeutung für die Theorie der Näherungsverfahren ist das folgende „Prinzip der gleichmäßigen Beschränktheit".

Satz 2.35 (S. Banach – H. Steinhaus): *Es seien $(E, \|.\|_E)$ ein Banach-Raum und $\{f_n\}$ eine Folge stetiger linearer Funktionale auf E. Für jedes $x \in E$ sei die Folge der Beträge der Werte $f_n(x)$ eine beschränkte Folge, d. h., es gibt eine Konstante $K(x) > 0$ mit* S.2.35

$$|f_n(x)| \leqq K(x).$$

für alle $n = 1, 2, \ldots$ Dann ist die Folge der Funktionale f_n sogar normbeschränkt in E'; d. h., es gibt eine Zahl $M > 0$ mit

$$\|f_n\|_{E'} \leqq M$$

für alle $n = 1, 2, \ldots$ (s. [70]).

2.4. Hilberträume, Orthogonalentwicklungen

2.4.1. Grundbegriffe, Beispiele

Nach Def. 1.3 hatten wir den Begriff des Prä-Hilbertraumes H eingeführt. Dessen Skalarprodukt erzeugt eine Norm

$$\|x\| = \sqrt{\langle x, x\rangle} \quad (x \in H). \tag{2.58}$$

Definition 2.37: *Ein Prä-Hilbertraum heißt ein* **Hilbertraum**, *wenn er bezüglich der durch die Norm (2.58) erzeugten Metrik (s. 1.1.) ein vollständiger metrischer Raum ist. Allgemeine Hilberträume bezeichnen wir mit dem Buchstaben **H**.* D.2.37

(**D. Hilbert, 1862–1943,** schuf die Grundlagen der Theorie linearer Operatoren in speziellen Hilberträumen.)

Bemerkung 2.16: Jeder Hilbertraum ist ein Banachraum, aber nicht umgekehrt. Ein Banachraum $(E, \|.\|)$ ist genau dann ein Hilbertraum, wenn die Norm von E die sog. **Parallelogrammgleichung**

$$\|x - y\|^2 + \|x + y\|^2 = 2(\|x\|^2 + \|y\|^2) \quad (x, y \in E) \tag{2.59}$$

erfüllt. Ist die Gl. (2.59) erfüllt, so existiert auf E ein Skalarprodukt $\langle x, y\rangle$, für welches die

Gl. (2.58) gilt (wobei auf der linken Seite dieser Gleichung die gegebene Norm von E steht).

Die unten stehende Liste nennt Beispiele für Hilberträume mit dem jeweiligen Skalarprodukt. Alle aufgeführten Räume sind komplexe lineare Räume. Ist $z = a + ib$ eine komplexe Zahl, so bezeichnet $\bar{z} = a - ib$ die konjugierte komplexe Zahl.

Elemente des Raumes $x, y; f, g$	Bezeichnung des Raumes	Skalarprodukt $\langle x, y\rangle$ bzw. $\langle f, g\rangle$
n-tupel komplexer Zahlen ξ_j $(1 \leqq j \leqq n)$ $x = (\xi_1, \ldots, \xi_n)$, $y = (\eta_1, \ldots, \eta_n)$	C^n	$\sum_{j=1}^{n} \bar{\xi}_j \eta_j$
Folgen komplexer Zahlen ξ_j $(j = 1, 2, \ldots)$ mit $\sum_{j=1}^{\infty} \lvert\xi_j\rvert^2 < +\infty$, $x = (\xi_1, \xi_2, \ldots, \xi_n, \ldots)$, $y = (\eta_1, \eta_2, \ldots, \eta_n, \ldots)$	l^2	$\sum_{j=1}^{\infty} \bar{\xi}_j \eta_j$
(Klassen) komplexwertiger quadratisch absolut summierbarer Funktionen $f, g, \ldots$, die auf einem Gebiet $\Omega \subseteqq R^n$ definiert sind $\int_\Omega \lvert f(x)\rvert^2 \,\mathrm{d}x < +\infty$	$L^2(\Omega)$	$\int_\Omega \overline{f(x)}\, g(x)\,\mathrm{d}x$
(Klassen fast überall übereinstimmender) komplexwertiger quadratisch summierbarer Funktionen $f, g, \ldots$, die im Gebiet $\Omega \subseteqq R^n$ verallgemeinerte Ableitungen bis zur Ordnung m besitzen ($m = 1, 2, \ldots$; fest) und für die diese verallgemeinerten Ableitungen zu $L^2(\Omega)$ gehören.	$W^{m,2}(\Omega)$ H^m	$\sum_{0 \leqq \lvert\alpha\rvert \leqq m} \int_\Omega D^\alpha \overline{f(x)}\, D^\alpha g(x)\,\mathrm{d}x$
(Klassen fast überall übereinstimmender) komplexwertiger (bzw. reellwertiger) absolut quadratisch summierbarer Funktionen, die auf dem Intervall $[a, b]$ definiert sind	$L^2[a, b]$	$\int_a^b \overline{f(x)}\, g(x)\,\mathrm{d}x$

Das Skalarprodukt $\langle x, y\rangle$ ist eine stetige Funktion von x und y. Dies zeigt der folgende Satz.

S.2.36 **Satz 2.36:** *Es seien H ein Prä-Hilbertraum (speziell: ein Hilbertraum) und $\{x_n\}$ bzw. $\{y_n\}$ zwei Folgen aus H, die gegen bestimmte Elemente x bzw. y aus H konvergieren: $\lim_{n\to\infty} x_n = x$, $\lim_{n\to\infty} y_n = y$. Dann gilt*

$$\lim_{n\to\infty} \langle x_n, y_n\rangle = \langle x, y\rangle. \tag{2.60}$$

Beweis: Es gilt (Rechenregeln für $\langle x, y\rangle$, s. 1.1.)

$$0 \leqq \lvert\langle x, y\rangle - \langle x_n, y_n\rangle\rvert = \lvert\langle x - x_n, y\rangle + \langle x_n, y - y_n\rangle\rvert$$
$$\leqq \lvert\langle x - x_n, y\rangle\rvert + \lvert\langle x_n, y - y_n\rangle\rvert \leqq \lVert x - x_n\rVert\, \lVert y\rVert + \lVert x_n\rVert\, \lVert y_n - y\rVert = \alpha_n$$

($n = 1, 2, \ldots$) [Dreiecksungleichung für komplexe Zahlen und (1.10)]. Wegen $\|x - x_n\| \to 0$, $\|y_n - y\| \to 0$, $\|x_n\| \to \|x\|$ für $n \to \infty$ bilden die Zahlen α_n eine Nullfolge $\left(\lim\limits_{n\to\infty} \alpha_n = 0\right)$, und daher ist auch $|\langle x, y\rangle - \langle x_n, y_n\rangle|$ eine Nullfolge, woraus die Behauptung folgt. ■

2.4.2. Orthogonalentwicklungen

Definition 2.38: *Es sei H ein Prä-Hilbertraum. Die Elemente $x, y \in H$ heißen (zueinander)* **orthogonal,** *wenn $\langle x, y\rangle = 0$ gilt. Eine Teilmenge von H heißt ein* **Orthogonalsystem,** *wenn je zwei ihrer Elemente orthogonal sind. Ein Orthogonalsystem, welches nur Elemente x mit $\|x\| = 1$ enthält, heißt ein* **Orthonormalsystem** *kurz: ein ONS.* D.2.38

Satz 2.37 (Pythagoras): *Ist $G \subseteqq H$ ein Orthogonalsystem im Prä-Hilbertraum H und sind $z_1, \ldots, z_n$ Elemente von G, so gilt* S.2.37

$$\|z_1 + z_2 + \ldots + z_n\|^2 = \|z_1\|^2 + \|z_2\|^2 + \ldots + \|z_n\|^2. \tag{2.61}$$

Beweis: Es gilt

$$\left\|\sum_{j=1}^{n} z_j\right\|^2 = \left\langle \sum_{j=1}^{n} z_j, \sum_{r=1}^{n} z_r \right\rangle = \sum_{j=1}^{n}\sum_{r=1}^{n} \langle z_j, z_r\rangle$$
$$= \sum_{j=1}^{n} \langle z_j, z_j\rangle = \sum_{j=1}^{n} \|z_j\|^2. \quad ■$$

Satz 2.38 (Schmidtsches Orthogonalisierungsverfahren): *Ist $x_1, x_2, \ldots$ eine (endliche oder unendliche) Folge linear unabhängiger Vektoren eines Prä-Hilbertraumes H, so gibt es ein ONS $e_1, e_2, \ldots$, welches den gleichen linearen Teilraum von H erzeugt, d. h., die Menge aller endlichen Linearkombinationen $\sum\limits_{j=1}^{n} \alpha_j e_j$ stimmt mit der Menge aller endlichen Linearkombinationen $\sum\limits_{k=1}^{m} \beta_k x_k$ überein ($n, m = 1, 2, \ldots$; α_j, β_k beliebige komplexe Zahlen). Das ONS $e_1, e_2, \ldots$ kann auf die folgende Weise berechnet werden:* S.2.38

$$e_1 = \frac{1}{\|x_1\|} x_1,$$

$$e_n = \frac{x_n - \sum\limits_{k=1}^{n-1} \langle e_k, x_n\rangle e_k}{\left\| x_n - \sum\limits_{k=1}^{n-1} \langle e_k, x_n\rangle e_k \right\|} \quad \text{für } n = 2, 3, \ldots. \tag{2.62}$$

Wie man leicht nachrechnet, gilt $\langle e_n, e_m\rangle = 0$ für $n \neq m$ sowie $\|e_n\| = 1$ ($n = 1, 2, \ldots$). Mittels vollständiger Induktion ergeben sich die weiteren Aussagen des Satzes.

Wie wir bereits in den einführenden Beispielen gesehen haben, spielen die ONS bei der Darstellung von Elementen eines (Prä-) Hilbertraumes im Hinblick auf die Approximation allgemeiner Vektoren (= Funktionen, die Elemente eines Funktionenraumes sind) durch besonders übersichtliche und einfache Elemente eine wichtige Rolle (s. auch Bd. 12, Kap. 1.).

Im folgenden treten unendliche Reihen $\sum_{n=1}^{\infty} x_n$ auf, deren Glieder x_n Elemente eines Hilbertraumes sind. Die Konvergenz dieser Reihen wird analog zur Konvergenz von Zahlenreihen (Bd. 3) erklärt:

D.2.39 **Definition 2.39:** *Es sei $\{x_k\}$ eine Folge von Elementen eines Hilbertraumes **H**. Der Ausdruck $\sum_{k=1}^{\infty} x_k$ bezeichnet einerseits die Folge der zugehörigen Partialsummen $s_n = \sum_{k=1}^{n} x_k$ $(n = 1, 2, \ldots)$ und wird* **unendliche Reihe** *genannt. Die unendliche Reihe $\sum_{k=1}^{\infty} x_k$ heißt* **konvergent,** *wenn die Folge $\{s_n\}$ der Partialsummen konvergiert. In diesem Fall schreibt man $s = \lim_{n\to\infty} s_n = \sum_{k=1}^{\infty} x_k$ und nennt $s = \sum_{k=1}^{\infty} x_k$ andererseits auch den* **Wert** *der unendlichen Reihe $\sum_{k=1}^{\infty} x_k$. Eine unendliche Reihe, die nicht konvergent ist, heißt* **divergent.**

S.2.39 **Satz 2.39:** *Es sei **H** ein Hilbertraum, und die Folge $\{z_n\}$ sei ein Orthogonalsystem in **H**. Die unendliche Reihe $\sum_{n=1}^{\infty} z_n$ konvergiert genau dann, wenn $\sum_{n=1}^{\infty} \|z_n\|^2$ konvergiert. Gilt $\sum_{n=1}^{\infty} z_n = z$, so ist*

$$\|z\|^2 = \sum_{n=1}^{\infty} \|z_n\|^2. \tag{2.63}$$

Beweis: Für $n > m$ gilt mit $s_k = \sum_{j=1}^{k} z_j$ $(k = 1, 2, \ldots)$ die Gleichheit (Satz des Pythagoras)

$$\|s_n - s_m\|^2 = \left\| \sum_{j=m+1}^{n} z_j \right\|^2 = \sum_{j=m+1}^{n} \|z_j\|^2 = \sum_{j=1}^{n} \|z_j\|^2 - \sum_{j=1}^{m} \|z_j\|^2.$$

Daher ist die Folge $\left\{ \sum_{k=1}^{n} z_k \right\} = \{s_n\}$ genau dann eine Cauchy-Folge in H (s. Def. 2.6), wenn die Folge $\left\{ \sum_{k=1}^{n} \|z_k\|^2 \right\}$ eine Cauchy-Folge (in $\mathbb{R}$) ist. Wegen der Vollständigkeit von H ergibt sich die erste der obigen Behauptungen. Es gelte jetzt $\sum_{k=1}^{\infty} z_k = z$, d.h., die Folge $\{s_n\} = \left\{ \sum_{k=1}^{n} z_k \right\}$ konvergiert gegen z. Nach Pythagoras (Satz 2.37) gilt $\|s_n\|^2 = \sum_{k=1}^{n} \|z_k\|^2$. Wegen $\lim_{n\to\infty} \|s_n - z\| = 0$ gilt auch $\lim_{n\to\infty} \|s_n\| = \|z\|$ (Dreiecksungleichung, Stetigkeit der Norm). Also ist auch $\lim_{n\to\infty} \|s_n\|^2 = \|z\|^2$, woraus die zweite Behauptung sofort folgt. ■

D.2.40 **Definition 2.40:** *Es sei (e_n) ein ONS im Hilbertraum **H**. Ist x ein beliebiges Element von **H**, so heißt die Zahl*

$$\langle e_k, x \rangle \quad (k = 1, 2, \ldots) \tag{2.64}$$

der k-te **Fourierkoeffizient** **von** *x bezüglich des gegebenen ONS.*

Bei der Entwicklung nach Orthogonalfunktionen (s. Bd. 11) ist wesentlich, daß das vorliegende ONS umfangreich genug ist, um alle Elemente des betrachteten Raumes approximieren zu können. Zum Beispiel bildet das System $\{e_1, e_2\}$ mit $e_1 = (1, 0, 0)$, $e_2 = (0, 1, 0)$ zwar ein ONS im (reellen Hilbertraum) R^3. Der Vektor $x_0 = (1, 1, 1)$ hat jedoch von allen Linearkombinationen $\sum_{j=1}^{2} \alpha_j e_j = \alpha_1 e_1 + \alpha_2 e_2 = (\alpha_1, \alpha_2, 0)$ einen Abstand $\left\| x_0 - \sum_{j=1}^{2} \alpha_j e_j \right\| = \sqrt{(\alpha_1 - 1)^2 + (\alpha_2 - 1)^2 + 1} \geqq 1$, kann also durch dieses ONS nicht beliebig genau approximiert werden. Die entscheidende Eigenschaft eines ONS, die eine solche Approximierbarkeit gewährleistet, ist die sog. *Vollständigkeit* des ONS.

Definition 2.41: *Es sei (e_n) ein ONS im Hilbertraum **H**. Das ONS (e_n) heißt* **vollständig**, *wenn es keinen vom Nullvektor verschiedenen Vektor z gibt, der zu allen Vektoren e_n orthogonal ist.* D.2.41

Der entscheidende **Entwicklungssatz** lautet (s. [13, S. 130/132]):

Satz 2.40 *(von der* **Orthogonalentwicklung***): Es sei **H** ein Hilbertraum und (e_n) ein ONS in **H**. Dann sind die folgenden Aussagen gleichwertig:* S.2.40

(1) *Das ONS (e_n) ist vollständig.*

(2) *Für jedes $x \in \boldsymbol{H}$* gilt **(Fourierentwicklung von** *x***)**

$$x = \sum_{n=1}^{\infty} \langle e_n, x \rangle \, e_n . \tag{2.65}$$

(3) *Für jedes $x \in \boldsymbol{H}$ gilt* **(Parsévalsche Gleichung)**

$$\|x\|^2 = \sum_{n=1}^{\infty} |\langle e_n, x \rangle|^2 . \tag{2.66}$$

Beispiel 2.23: Es sei $\boldsymbol{H} = L^2[0, 2\pi]$. Dann ist das folgende Funktionensystem ein vollständiges ONS:

$$\frac{e^{-int}}{\sqrt{2\pi}} \quad (n = 0, \pm 1, \pm 2, \ldots). \tag{2.67}$$

Weitere Beispiele vollständiger ONS erhält man (Bd. 12, S. 14–19) durch Orthogonalisierung der Funktionenfolge $f_n(x) = x^n \sqrt{p(x)}$, wobei $p(x) \geqq 0$ eine sog. **Belegungsfunktion** (oder **Gewichtsfunktion**) bezeichnet. Auf diese Weise erhält man z. B. im Raum $L^2_{\mathbb{R}}[-1, 1]$ und für $p(x) = 1$ *die* **normierten Legendreschen Polynome**

$$P_n(x) = \sqrt{\frac{2n+1}{2}} \, \frac{1}{2^n n!} \, \frac{d^n}{dx^n} (x^2 - 1)^n \quad (n = 0, 1, 2, \ldots); \tag{2.68}$$

und im $L^2_{\mathbb{R}}(\mathbb{R})$ für $p(x) = e^{-x^2}$ die **normierten Hermiteschen Funktionen**

$$H_n(x) = \frac{(-1)^n}{\sqrt{2^n n!} \sqrt{\pi}} \, e^{\frac{x^2}{2}} \, \frac{d^n(e^{-x^2})}{dx^n} \quad (n = 0, 1, 2, \ldots) \tag{2.69}$$

als ONS [s. auch (1.81)].

2.4.3. Orthogonales Komplement, orthogonale direkte Summe

D.2.42 **Definition 2.42:** *Es sei H ein Prä-Hilbertraum und E eine Teilmenge von H. Die Menge aller Elemente $x \in H$, die auf allen Vektoren aus E senkrecht stehen, bezeichnet man mit $H \ominus E$; sie heißt das* **orthogonale Komplement von** E **bezüglich** H *(bzw. in H)*:

$$H \ominus E = \{x \in H \mid \langle x, y \rangle = 0 \quad \text{für alle} \quad y \in E\}. \tag{2.70}$$

S.2.41 **Satz 2.41:** *Unter den Voraussetzungen der obigen Definition ist $H \ominus E$ ein abgeschlossener linearer Teilraum von H.*

Beweis: Ist $x \in H \ominus E$, so gilt für beliebiges komplexes λ: $\langle \lambda x, y \rangle = \bar{\lambda} \langle x, y \rangle = 0$ für alle $y \in E$, also ist auch $\lambda x \in H \ominus E$. Sind x_1, $x_2 \in H \ominus E$, so auch $x_1 + x_2$, weil $\langle x_1 + x_2, y \rangle = \langle x_1, y \rangle + \langle x_2, y \rangle = 0$ für alle $y \in E$ gilt. Gilt schließlich $x_n \in H \ominus E$ und $x = \lim\limits_{n \to \infty} x_n$, so ist $\langle x, y \rangle = \lim\limits_{n \to \infty} \langle x_n, y \rangle = 0$ für alle $y \in E$. ■

Beispiel 2.24: Es sei $\boldsymbol{H}$ ein Hilbertraum und (e_n) ein vollständiges ONS in $\boldsymbol{H}$. Es sei $E = \{e_1, \ldots, e_m\}$ die Teilmenge dieses ONS, die aus den ersten m Elementen e_r besteht.

Dann besteht $\boldsymbol{H} \ominus E$ aus allen Elementen x der Form

$$x = \sum_{k=m+1}^{\infty} c_k e_k \quad \text{mit} \quad \sum_{k=m+1}^{\infty} |c_k|^2 < +\infty. \tag{2.71}$$

Denn $\langle x, e_r \rangle = \sum\limits_{k=m+1}^{\infty} \bar{c}_k \langle e_k, e_r \rangle = 0$ für $r = 1, \ldots, m$; also liegt jedes x der Gestalt (2.71) in $\boldsymbol{H} \ominus E$. Ist umgekehrt $x \in \boldsymbol{H} \ominus E$, so gilt nach dem Entwicklungssatz (Satz 2.40)

$$x = \sum_{k=1}^{\infty} \langle e_k, x \rangle \, e_k.$$

Weil $x \in \boldsymbol{H} \ominus E$ ist, muß $\langle e_k, x \rangle = 0$ für $k = 1, \ldots, m$ gelten. Also ist

$$x = \sum_{k=m+1}^{\infty} \langle e_k, x \rangle \, e_k = \sum_{k=m+1}^{\infty} c_k e_k \quad \text{mit} \quad c_k = \langle e_k, x \rangle$$

$(k = m+1, m+2, \ldots)$. Aus dem Entwicklungssatz folgt weiter, daß $+\infty > \|x\|^2 = \sum\limits_{k=m+1}^{\infty} |\langle e_k, x \rangle|^2 = \sum\limits_{k=m+1}^{\infty} |c_k|^2$ gilt, woraus die Konvergenz der rechtsstehenden Reihe folgt. Mit anderen Worten, das orthogonale Komplement einer Menge endlich vieler Elemente eines (vollständigen) ONS besteht aus allen (Fourier-) Reihen, in denen nur die restlichen Elemente des ONS auftreten.

D.2.43 **Definition 2.43:** *Es seien $\boldsymbol{H}$ ein Hilbertraum und $\boldsymbol{H}_1$ bzw. $\boldsymbol{H}_2$ abgeschlossene lineare Teilräume von $\boldsymbol{H}$. Ist $x_1 \in \boldsymbol{H}_1$ und $x_2 \in \boldsymbol{H}_2$, so gelte stets $\langle x_1, x_2 \rangle = 0$ (man sagt dann: die Teilräume $\boldsymbol{H}_1$ und $\boldsymbol{H}_2$ sind zueinander orthogonal). Die Menge*

$$\{x \in \boldsymbol{H} \mid x = x_1 + x_2,\ x_1 \in \boldsymbol{H}_1,\ x_2 \in \boldsymbol{H}_2\}$$

heißt die **orthogonale direkte Summe** *von $\boldsymbol{H}_1$ und $\boldsymbol{H}_2$ und wird bezeichnet mit*

$$\boldsymbol{H}_1 \oplus \boldsymbol{H}_2. \tag{2.72}$$

S.2.42 **Satz 2.42:** *Unter den in Def. 2.43 getroffenen Voraussetzungen ist die orthogonale direkte Summe von $\boldsymbol{H}_1$ und $\boldsymbol{H}_2$ stets ein abgeschlossener linearer Teilraum von $\boldsymbol{H}$.*

Es ist in Analogie zu Def. 2.43 klar, wie die orthogonale direkte Summe $\boldsymbol{H}_1 \oplus \boldsymbol{H}_2 \oplus \ldots \oplus \boldsymbol{H}_n$ endlich vieler, paarweise orthogonaler linearer Teilräume zu definieren ist.

Satz 2.43: *Es sei $\boldsymbol{H}_1$ ein abgeschlossener linearer Teilraum eines Hilbertraumes $\boldsymbol{H}$ und $\boldsymbol{H}_2 = \boldsymbol{H} \ominus \boldsymbol{H}_1$ das orthogonale Komplement von $\boldsymbol{H}_1$* in *$\boldsymbol{H}$. Dann ist $\boldsymbol{H}$ die orthogonale direkte Summe von $\boldsymbol{H}_1$ und $\boldsymbol{H}_2$: $\boldsymbol{H} = \boldsymbol{H}_1 \oplus \boldsymbol{H}_2$.* **S.2.43**

Dieser und der folgende Satz zeigen, daß die Bildung des orthogonalen Komplements und der orthogonalen direkten Summe zueinander invers (komplementär) sind.

Satz 2.44: *Es sei $\boldsymbol{H}$ ein Hilbertraum, und es gelte $\boldsymbol{H} = \boldsymbol{H}_1 \oplus \boldsymbol{H}_2$, wobei $\boldsymbol{H}_1$, $\boldsymbol{H}_2$ zwei abgeschlossene lineare Teilräume von $\boldsymbol{H}$ bezeichnen. Dann gelten die Gleichungen* **S.2.44**

$$\begin{aligned} &\boldsymbol{H}_1 \cap \boldsymbol{H}_2 = \{o\}, \\ &\boldsymbol{H}_1 = \boldsymbol{H} \ominus \boldsymbol{H}_2, \\ &\boldsymbol{H}_2 = \boldsymbol{H} \ominus \boldsymbol{H}_1. \end{aligned} \tag{2.73}$$

Außerdem läßt sich jedes $x \in \boldsymbol{H}$ auf genau eine Weise in der Form

$$x = x_1 + x_2 \quad (x_1 \in \boldsymbol{H}_1,\, x_2 \in \boldsymbol{H}_2) \tag{2.74}$$

darstellen.

Beweis: Wir zeigen nur die erste der Gln. (2.73) sowie die Gl. (2.74). Da $\boldsymbol{H}_1$ und $\boldsymbol{H}_2$ lineare Teilräume von $\boldsymbol{H}$ sind, gilt $o \in \boldsymbol{H}_1 \cap \boldsymbol{H}_2$. Ist andererseits $x \in \boldsymbol{H}_1 \cap \boldsymbol{H}_2$, so gilt nach Def. 2.43 der orthogonalen direkten Summe, daß $\langle x, x \rangle = 0$ sein muß; d. h. aber $x = o$. Somit ist $\boldsymbol{H}_1 \cap \boldsymbol{H}_2 = \{o\}$. Wegen $\boldsymbol{H} = \boldsymbol{H}_1 \oplus \boldsymbol{H}_2$ gibt es für jedes $x \in \boldsymbol{H}$ stets mindestens eine Darstellung der Form

$$x = x_1 + x_2, \qquad x_1 \in \boldsymbol{H}_1,\, x_2 \in \boldsymbol{H}_2.$$

Gilt zusätzlich

$$x = x_1' + x_2', \qquad x_1' \in \boldsymbol{H}_1,\, x_2' \in \boldsymbol{H}_2,$$

so wird wegen

$$x_1 + x_2 = x_1' + x_2' \quad \text{auch} \quad x_1 - x_1' = x_2' - x_2.$$

$x_1 - x_1'$ ist ein Element von $\boldsymbol{H}_1$, $x_2' - x_2$ gehört zu $\boldsymbol{H}_2$. Da diese beiden Elemente gleich sind, gehören sie sowohl zu $\boldsymbol{H}_1$ als auch zu $\boldsymbol{H}_2$, also zu $\boldsymbol{H}_1 \cap \boldsymbol{H}_2$, und daher gilt nach dem zuvor bewiesenen, daß $x_1 - x_1' = x_2' - x_2 = o$ sein muß, woraus schließlich $x_1 = x_1'$, $x_2 = x_2'$ folgt. Es gibt also nur eine Zerlegung von x in der Form (2.74). ■

Satz 2.45: *Es sei $\boldsymbol{H}_1$ ein abgeschlossener linearer Teilraum des Hilbertraumes $\boldsymbol{H}$. Zu jedem $x \in \boldsymbol{H}$ gibt es genau ein Element $x_1 \in \boldsymbol{H}_1$, welches von x einen minimalen Abstand (bezüglich $\boldsymbol{H}_1$) besitzt (die* **Projektion** *von x auf $\boldsymbol{H}_1$):* **S.2.45**

$$\|x - x_1\| = \inf_{y \in \boldsymbol{H}_1} \|x - y\|. \tag{2.75}$$

Der Vektor $x - x_1 = x_2$ gehört dann zum orthogonalen Komplement $\boldsymbol{H} \ominus \boldsymbol{H}_1$.
(Zum Beweis s. [32].)

Zur Veranschaulichung des Satzes 2.45 betrachten wir im reellen Hilbertraum $\boldsymbol{H} = L^2_{\mathbb{R}}[a, b]$ $(a = 0,\, b = 2\pi)$ das vollständige ONS

$$\frac{1}{\sqrt{2\pi}}, \frac{1}{\sqrt{\pi}}\cos t, \frac{1}{\sqrt{\pi}}\sin t, \ldots, \frac{1}{\sqrt{\pi}}\cos nt, \frac{1}{\sqrt{\pi}}\sin nt, \ldots \quad (0 \leqq t \leqq 2\pi).$$

$\boldsymbol{H}_1$ bestehe aus allen trigonometrischen Polynomen der Ordnung $\leqq n$:

$$y(t) = \frac{\alpha_0'}{2} + \sum_{k=1}^{n} (\alpha_k' \cos kt + \beta_k' \sin kt) \quad (0 \leqq t \leqq 2\pi). \tag{2.76}$$

Ist $x \in \boldsymbol{H}$ beliebig, so läßt sich x (s. den Entwicklungssatz 2.40) in der Form

$$x(t) = \frac{a_0}{\sqrt{2\pi}} + \sum_{k=1}^{\infty} \left(a_k \frac{\cos kt}{\sqrt{\pi}} + b_k \frac{\sin kt}{\sqrt{\pi}} \right)$$
$$= \frac{\alpha_0}{2} + \sum_{k=1}^{\infty} (\alpha_k \cos kt + \beta_k \sin kt) \quad (0 \leqq t \leqq 2\pi) \tag{2.77}$$

darstellen, wobei diese Reihe im Sinne des Raumes $L^2[0, 2\pi]$ *gegen* x konvergiert (die Folge der Partialsummen $s_n(t)$ konvergiert im quadratischen Mittel gegen $x(t)$, d. h.,

$$\lim_{n \to \infty} \int_0^{2\pi} (s_n(t) - x(t))^2 \, \mathrm{d}t = 0).$$

Es gelten die Beziehungen

$$\alpha_0 = a_0 \sqrt{\frac{2}{\pi}}, \qquad \alpha_k = \frac{a_k}{\sqrt{\pi}}, \qquad \beta_k = \frac{b_k}{\sqrt{\pi}} \; (k = 1, 2, \ldots)$$

und

$$a_0 = \frac{1}{\sqrt{2\pi}} \int_0^{2\pi} x(t) \, \mathrm{d}t, \qquad a_k = \frac{1}{\sqrt{\pi}} \int_0^{2\pi} x(t) \cos kt \, \mathrm{d}t,$$

$$b_k = \frac{1}{\sqrt{\pi}} \int_0^{2\pi} x(t) \sin kt \, \mathrm{d}t \quad (k = 1, 2, \ldots).$$

Das Element $x_1 \in \boldsymbol{H}_1$, welches gemäß Satz 2.45 den kürzesten Abstand zwischen $\boldsymbol{H}_1$ und x realisiert, ist dann genau die n-te Partialsumme der Reihe (2.77):

$$x_1 = x_1(t) = \frac{\alpha_0}{2} + \sum_{k=1}^{n} (\alpha_k \cos kt + \beta_k \sin kt) \quad (0 \leqq t \leqq 2\pi).$$

Das Element $x_2 = x - x_1$ hat die Form

$$x_2 = x_2(t) = \sum_{k=n+1}^{\infty} (\alpha_k \cos kt + \beta_k \sin kt) \quad (0 \leqq t \leqq 2\pi)$$

und gehört (offensichtlich) zum orthogonalen Komplement von $\boldsymbol{H}_1$.

Zur Ergänzung der Ausführungen über Hilberträume erwähnen wir noch folgenden Satz von F. Riesz und E. Fischer.

S.2.46 **Satz 2.46:** *Es sei* $\boldsymbol{H}$ *ein Hilbertraum und* $\{e_n\}$ *ein vollständiges ONS in* $\boldsymbol{H}$. *Konvergiert für eine Zahlenfolge* $\{a_k\}$ *die Reihe* $\sum_{k=1}^{\infty} |a_k|^2$, *dann gibt es genau ein Element* $x \in \boldsymbol{H}$, *dessen Fourierkoeffizienten bezüglich* $\{e_n\}$ *gerade mit den gegebenen Werten* a_k *übereinstimmen;* $a_k = \langle e_k, x \rangle$ $(k = 1, 2, \ldots)$.

Aus diesem Satz (zum Beweis s. [32]) folgt die Normisomorphie aller (separablen) Hilberträume.

3. Lineare Operatoren

Im Zusammenhang mit der Lösung sog. „linearer Probleme", d.h. von Problemen, in denen die wesentlichen Zusammenhänge ein lineares Verhalten zeigen, untersucht die Funktionalanalysis lineare Operatoren und Gleichungen, in denen lineare Operatoren auftreten. Die einfachste Grundaufgabe dieser Art ist die Frage nach den Lösbarkeitseigenschaften eines linearen Gleichungssystems mit endlich vielen Unbekannten $\xi_1, \ldots, \xi_n$

$$\sum_{k=1}^{n} a_{jk}\xi_k = b_j \quad (j = 1, \ldots, m), \tag{3.1}$$

wobei die Koeffizienten a_{jk} und die absoluten Glieder b_j gegebene (reelle oder komplexe) Zahlen sind.

Kennzeichnend für die funktionalanalytische Denkweise ist die Auffassung, daß der Koeffizientenmatrix (a_{jk}) ein Operator T entspricht, der jeden Vektor $x = (\xi_1, \ldots, \xi_n)$ in einen Vektor $y = (\eta_1, \ldots, \eta_m)$ überführt:

$$\eta_j = \sum_{k=1}^{n} a_{jk}\xi_k \quad (j = 1, \ldots, m) \tag{3.2}$$

oder

$$y = T(x) \quad (\text{oder: } y = Tx). \tag{3.3}$$

Die Aufgabe, das lineare Gleichungssystem (3.1) zu lösen, kann also in der folgenden Weise formuliert werden:

Man bestimme alle x, die die Gleichung

$$Tx = b \tag{3.4}$$

$(b = (b_1, \ldots, b_m))$ erfüllen.

Der Operator T hat ersichtlich folgende Eigenschaften

$$\begin{aligned} &\textit{Additivität:} \quad T(x^{(1)} + x^{(2)}) = T(x^{(1)}) + T(x^{(2)}), \\ &\textit{Homogenität:} \quad T(\lambda x) = \lambda T(x) \quad (\lambda \text{ reell oder komplex}). \end{aligned} \tag{3.5}$$

Diese Tatsache veranlaßt die folgende Definition.

Definition 3.1: *Eine Abbildung (ein Operator) $T: E \to F$, die einen linearen Raum E in einen linearen Raum F abbildet, heißt* **linear**, *wenn für alle $x^{(1)}, x^{(2)}, x$ aus E, und alle (reellen bzw. komplexen) Zahlen λ die Gleichungen (3.5) gelten.*[1]) D.3.1

Ein Operator der Form (3.3) ist ersichtlich ein linearer Operator, der den Raum K^n (n-dimensionaler komplexer Vektorraum) in den Raum K^m abbildet. Die Auffassung des linearen Gleichungssystems (3.1) als lineare Operatorgleichung (3.4) (s. auch 1.2.4.) ist deshalb von so grundsätzlicher Bedeutung, weil sich die wichtigsten Ergebnisse über lineare Gleichungen mit endlich vielen Unbekannten auf allgemeinere Operatorengleichungen übertragen lassen, welche insbesondere solche Differential- bzw. Integralgleichungen umfassen, die in der Praxis häufig auftreten. Beispiele für lineare Operatoren werden in den folgenden Abschnitten eingeführt.

---

[1]) s. auch Bd. 1, 8.4.

3.1. Das Rechnen mit linearen Operatoren

Ein linearer Operator $T: E \to F$, der den linearen Raum E in den linearen Raum F abbildet, legt folgende Teilräume fest:

den **Kern**[1]) von T, abgekürzt Ker T, der aus allen Nullstellen von T besteht, d.h. (o_F bezeichne das Nullelement von F)

$$\text{Ker } T = \{x \in E \mid Tx = o_F\}, \tag{3.6}$$

den **Rang** oder **Wertebereich** von T, abgekürzt Ran T oder $R(T)$ oder $T[E]$, der aus allen Elementen von F besteht, die als Werte der Abbildung auftreten:

$$\text{Ran } T = \{y \in F \mid y = Tx \text{ für ein } x \in E\}. \tag{3.7}$$

Zufolge der Linearität von T sind Ker T und Ran T lineare Teilräume von E bzw. von F.

Schließlich muß man (vor allem für die Theorie unbeschränkter Operatoren) den Fall vorsehen, daß ein linearer Operator T nur auf einem linearen Teilraum E_0 von E definiert ist, $T: E_0 \to F$, deutlicher, $T: E_0 \subseteqq E \to F$. In diesem Fall hebt man den **Definitionsbereich** $E_0 = D(T)$ von T besonders hervor.

Im folgenden seien $T, S, U, \ldots$ lineare Operatoren von E in F. Ist $F = E$, so spielt der **identische Operator** I, erklärt durch

$$Ix = x \quad (x \in E) \tag{3.8}$$

eine besondere Rolle.

D.3.2 **Definition 3.2:** *Die* **Summe** $T + S$ *der (linearen) Operatoren T und S wird durch die Gleichung*

$$(T + S)(x) = T(x) + S(x) \quad (x \in E) \tag{3.9}$$

erklärt. **Die Multiplikation** *des Operators T* **mit der** *(komplexen bzw. reellen)* **Zahl** λ *wird definiert durch die Gleichung*

$$(\lambda T)(x) = \lambda T(x) \quad (x \in E). \tag{3.10}$$

S.3.1 **Satz 3.1:** *Mittels der in Def. 3.2 eingeführten Operationen für lineare Operatoren $T: E \to F$ wird die Menge dieser Operatoren zu einem Vektorraum (linearen Raum).*

D.3.3 **Definition 3.3:** *Sind E, F, G lineare Räume und $T: E \to F$; $S: F \to G$ lineare Operatoren, dann wird das* **Produkt** *ST der Operatoren T und S durch die Zuordnungsvorschrift*

$$(ST)(x) = S(T(x)) \quad (x \in E) \tag{3.11}$$

erklärt.

S.3.2 **Satz 3.2:** *Das Produkt ST (im Sinne der Def. 3.3) ist ein linearer Operator von E in G:*

$$ST: E \to G.$$

D.3.4 **Definition 3.4:** *Es sei $T: E \to E$ ein linearer Operator, der E in sich abbildet. Man definiert (rekursiv) die* **Potenzen** *T^n von T für $n = 0, 1, 2, \ldots$ durch die folgenden Gleichungen*

$$T^0 = I,$$

$$T^1 = T, \tag{3.12}$$

---

[1]) Synonym: Nullraum von $T: N(T)$.

$$T^{n+1} = TT^n \quad (n = 1, 2, \ldots),$$

wobei in der Gl. (3.12) *rechts das Produkt der Operatoren T und T^n im Sinne der Def. 3.3 steht.*

Der aus der linearen Algebra bekannte Begriff der inversen Matrix wird durch die folgende Definition auf allgemeine lineare Operatoren übertragen.

Definition 3.5: *Es sei $T: E \to F$ ein linearer Operator. Falls es einen linearen Operator $S: F \to E$* D.3.5
gibt, so daß folgende Gleichungen gelten

$$ST = I_E, \qquad TS = I_F, \tag{3.13}$$

wobei I_E bzw. I_F die identischen Abbildungen von E bzw. F sind, so heißt S der zu T **inverse Operator (Umkehroperator, reziproker Operator),** *und man bezeichnet ihn mit*

$$S = T^{-1}. \tag{3.14}$$

Bemerkung 3.1: Man weist leicht nach, daß es nur einen einzigen solchen Operator $S = T^{-1}$ geben kann. Hat T einen Umkehroperator T^{-1}, so ist T eine lineare eineindeutige Abbildung von E auf F und T^{-1} eine lineare eineindeutige Abbildung von F auf E (s. auch Bem. 3.3).

Satz 3.3: *Es seien $T_1: E \to F$, $T_2: F \to G$ lineare Operatoren, die Umkehroperatoren T_1^{-1}, T_2^{-1}* S.3.3
besitzen. Dann hat auch der Operator $T_2T_1: E \to G$ einen Umkehroperator, und es gilt

$$(T_2T_1)^{-1} = T_1^{-1}T_2^{-1}. \tag{3.15}$$

(Beweis der Sätze 3.1–3.3 als Übungsaufgabe.)

3.2. Beschränkte lineare Operatoren in Banachräumen

Für die physikalischen Anwendungen ist es vor allem erforderlich, lineare Operatoren in *Hilberträumen* zu betrachten. Zur Klärung einiger allgemeiner Begriffe ist es jedoch günstiger, zunächst lineare Operatoren in *Banachräumen* zu behandeln, soweit es die Theorie beschränkter Operatoren betrifft. Unbeschränkte lineare Operatoren werden wir von vornherein nur in Hilberträumen untersuchen (s. 3.3. und 5.). Im folgenden bezeichnet $(E, \|.\|)$ einen komplexen Banachraum.

Definition 3.6: *Es sei $T: E \to E$ eine lineare Abbildung von E in sich. T heißt* **beschränkt,** D.3.6
wenn es eine Konstante $K > 0$ gibt mit

$$\|Tx\| \leqq K\|x\| \quad (x \in E). \tag{3.16}$$

Das Infimum dieser Werte K, für die die Ungleichung (3.16) *gilt, wird mit $\|T\|$ bezeichnet (Operatornorm).*

Satz 3.4: *Eine lineare Abbildung (ein Operator) T ist genau dann stetig (d. h., aus $x_n \to x$ folgt* S.3.4
stets $Tx_n \to Tx$), wenn T beschränkt ist.

Bemerkung 3.2: Ein völlig analoger Satz gilt für lineare Abbildungen eines normierten Raumes in einen anderen normierten Raum, wenn die Definition der Beschränktheit analog zur Gl. (3.16) getroffen wird; vgl. die entsprechende Aussage für lineare Funktionale (2.3.1.).

Beispiel 3.1: Es sei $C[a, b]$ (s. Bsp. 1.5) versehen mit der Maximum-Norm $\|x\| = \max\limits_{a \leqq t \leqq b} |x(t)|$. Mit

$K(s, t)$ werde eine für $a \leqq s,\ t \leqq b$ definierte stetige komplexartige Funktion bezeichnet. Dann wird durch die Zuordnungsvorschrift [s.(3.3)]

$$(Tx)(s) = y(s) = \int_a^b K(s, t)\, x(t)\, dt \quad (a \leqq s \leqq b) \tag{3.17}$$

eine beschränkte lineare Abbildung von $C[a, b]$ in $C[a, b]$ definiert; T ist ein sog. **linearer Integraloperator** mit dem **Kern** $K(s, t)$. Das Wort „Kern" wird hier in anderem Sinn als in (3.6) gebraucht. Als Übung zeige der Leser, daß durch die Vorschrift (3.17) tatsächlich eine Abbildung von $C[a, b]$ in $C[a, b]$ definiert ist. Die Beschränktheit von T erkennt man so:

$$|(Tx)(s)| = |y(s)| = \left|\int_a^b K(s, t)\, x(t)\, dt\right| \leqq \int_a^b |K(s, t)|\, |x(t)|\, dt$$

$$\leqq \int_a^b |K(s, t)| \max_{a \leqq t \leqq b} |x(t)|\, dt = \|x\| \int_a^b |K(s, t)|\, dt \quad (a \leqq s \leqq b).$$

Durch Übergang zum Maximum folgt

$$\|Tx\| = \max_{a \leqq s \leqq b} |(Tx)(s)| \leqq \|x\| \max_{a \leqq s \leqq b} \int_a^b |K(s, t)|\, dt \quad (x \in C[a, b]).$$

Also ist T beschränkt, denn es gilt für alle $x \in C[a, b]$ eine Ungleichung $\|Tx\| \leqq M\|x\|$ mit $M = \max_{a \leqq s \leqq b} \int_a^b |K(s, t)|\, dt$. Eine genauere Betrachtung zeigt, daß sogar $M = \|T\|$ gilt.

3.2.1. Spektrum und Resolvente

Wesentliche Eigenschaften eines linearen Operators T treten erst zutage, wenn man ihn mit anderen linearen Operatoren vergleicht; speziell hat sich der Vergleich mit Vielfachen λI des identischen Operators als entscheidend erwiesen. I ist die durch

$$Ix = x \quad (x \in E) \tag{3.18}$$

erklärte (lineare, stetige) identische Abbildung (s. (3.8)). Man untersucht hierzu die Menge (Schar, Familie) von Operatoren

$$\lambda I - T \quad (\lambda \text{ komplex}), \tag{3.19}$$

die für jedes fest gewählte komplexe λ einen linearen (stetigen, falls T stetig ist) Operator auf E (von E in sich) liefert.

D.3.7 **Definition 3.7:** *Es sei T ein linearer stetiger Operator auf E mit Werten in E. Die Menge $\varrho(T)$ aller komplexen Zahlen λ, für die die Abbildung $\lambda I - T$ surjektiv (d. h. eine eindeutige Abbildung von E auf sich: $T[E] = E$) ist und für die die Umkehrabbildung (die Reziproke)*

$$R(\lambda; T) = R_\lambda(T) = (\lambda I - T)^{-1} \tag{3.20}$$

ein stetiger (linearer) Operator ist, heißt die **Resolventenmenge** *$\varrho(T)$ von T. Der inverse Operator $R_\lambda(T) = (\lambda I - T)^{-1}$ des Operators $\lambda I - T$ heißt die* **Resolvente** *von T im Punkt λ.*

Bemerkung 3.3: Ist $T: E_1 \to E_1$ eine stetige lineare Abbildung, die den normierten Raum E_1 eineindeutig (injektiv) auf sich abbildet, so existiert eine Unkehrabbildung $S: E_1 \to E_1$ der Abbildung T, d. h., die Gleichung $Tx = y$ ist äquivalent zur Gleichung $x = Sy$ für $x \in E_1$, $y \in E_1$. Der Operator S ist notwendig linear, aber nicht notwendig stetig. Ist aber zusätzlich E_1 ein Banachraum, dann muß S notwendig auch stetig sein (*Satz von Banach* über den inversen Operator). Eine komplexe Zahl λ gehört daher genau dann zur Resolventenmenge eines auf einem Banachraum definierten linearen stetigen Operators T, wenn die Abbildung $\lambda I - T$ eine injektive Abbildung von E auf sich ist. Die Gleichung

$$\lambda x - Tx = y \tag{3.21}$$

ist dann für jedes $y \in E$ lösbar mit genau einem $x \in E$, und dieses x hängt stetig von y ab (wenn y als variabel betrachtet wird).

Definition 3.8: *Es sei $T: E \to E$ ein linearer, stetiger Operator. Die Komplementärmenge der Resolventenmenge $\varrho(T)$ (bezüglich $\mathbb{K}$), die Menge* D.3.8

$$\sigma(T) = \mathbb{K} \setminus \varrho(T) \tag{3.22}$$

heißt das **Spektrum** *von T. Die Zahl*

$$r(T) = \sup_{\lambda \in \sigma(T)} |\lambda| \tag{3.23}$$

heißt der **Spektralradius** *von T.*

Satz 3.5: *Die Resolventenmenge $\varrho(T)$ ist eine (in $\mathbb{K}$) offene Menge, das Spektrum $\sigma(T)$ ist eine nichtleere, abgeschlossene und beschränkte Menge. Es gilt die Gleichung* S.3.5

$$r(T) = \lim_{n \to \infty} \sqrt[n]{\|T^n\|} = \inf_{n \in \mathbb{N}} \sqrt[n]{\|T^n\|} \tag{3.24}$$

sowie die Ungleichung

$$r(T) \leqq \|T\|. \tag{3.25}$$

Satz 3.6: *Für Zahlen μ, λ aus der Resolventenmenge gilt die sogenannte* **1. Resolventengleichung***:* S.3.6

$$R(\lambda; T) - R(\mu; T) = (\mu - \lambda)\, R(\lambda; T)\, R(\mu; T). \tag{3.26}$$

Beweis: Mit $R(\lambda; T) = (\lambda I - T)^{-1}$, $R(\mu; T) = (\mu I - T)^{-1}$ gilt wegen der Vertauschbarkeit von $\lambda I - T$ und $\mu I - T$ die Gleichheit $(\mu I - T)(\lambda I - T)\ [R(\lambda; T) - R(\mu; T)] = (\mu I - T) - (\lambda I - T) = (\mu - \lambda) I$. Multipliziert man beide Seiten letzterer Gleichung mit $R(\lambda; T)\, R(\mu; T)$, so erhält man unmittelbar die Gl. (3.26). ■

Mittels eines gegebenen stetigen linearen Operators $T: E \to E$, der den vorliegenden Banachraum in sich abbildet, kann man durch Linearkombination der Potenzen von T [s. (3.12)] mit komplexen Konstanten $\alpha_0, \alpha_1, \ldots \alpha_k, \ldots$

$$\textbf{Operatorpolynome: } \sum_{k=0}^{n} \alpha_k T^k = \alpha_0 I + \alpha_1 T + \alpha_2 T^2 + \ldots + \alpha_n T^n \tag{3.27}$$

bzw.

$$\textbf{Operatorpotenzreihen: } \sum_{k=0}^{\infty} \alpha_k T^k \tag{3.28}$$

gewinnen, wobei im letzteren Fall die Konvergenz geeignet geklärt werden muß. Es sind diese Ausdrücke Spezialfälle der allgemeineren **Operatorfunktionen**, auf deren nähere Beschreibung wir hier verzichten (s. aber 5.1.4.). Von Interesse in diesem Zusammenhang ist vor allem der sog. **Spektralabbildungssatz**, der aussagt, daß für eine komplexe Funktion $f(z)$, die in einer offenen Obermenge des Spektrums $\sigma(T)$ holomorph ist, die folgende Gleichung gilt:

$$\sigma(f(T)) = f(\sigma(T)). \tag{3.29}$$

Beispiel 3.2: Es sei $E = K^n$ der n-dimensionale komplexe Vektorraum mit der üblichen Norm und $T: K^n \to K^n$ eine lineare Abbildung. Dann ist T stetig (Beweis als Übungsaufgabe). Die Abbildung T läßt sich als **Matrix** darstellen: $T = (t_{ij})_{1 \leq i,j \leq n}$; ist $x \in E$ gegeben, $x = (\xi_1, \ldots, \xi_n)$, so ist $Tx = (\eta_1, \ldots, \eta_n)$ mit

$$\eta_k = \sum_{j=1}^{n} t_{kj}\xi_j \; (k = 1, \ldots, n). \tag{3.30}$$

Der Abbildung $\lambda I - T$ (komplex) entspricht die Matrix

$$(\lambda\delta_{ij} - t_{ij})_{1 \leq i,j \leq n} \qquad \left(\delta_{ij} = \begin{cases} 0 \text{ für } i \neq j \\ 1 \text{ für } i = j \end{cases}\right)$$

und diese Abbildung besitzt, wie aus der linearen Algebra bekannt, genau dann eine Inverse $(\lambda I - T)^{-1}$ (diese ist dann automatisch stetig), wenn die Determinante der entsprechenden Matrix von null verschieden ist. Also gilt die Beziehung

$$\lambda \in \varrho(T) \Leftrightarrow \det(\lambda\delta_{ij} - t_{ij}) \neq 0,$$

und deshalb ist

$$\lambda \in \sigma(T) \Leftrightarrow \det(\lambda\delta_{ij} - t_{ij}) = 0 \Leftrightarrow \det(t_{ij} - \lambda\delta_{ij}) = 0.$$

Eine komplexe Zahl gehört also genau dann zum Spektrum $\sigma(T)$, wenn die Gleichung

$$\begin{vmatrix} t_{11} - \lambda & t_{12} & \ldots t_{1n} \\ t_{21} & t_{22} - \lambda & \ldots t_{2n} \\ \vdots & \vdots & \vdots \\ t_{n1} & t_{n2} & \ldots t_{nn} - \lambda \end{vmatrix} = 0 \tag{3.31}$$

gilt. (3.31) ist aber die bekannte Gleichung zur Bestimmung der Eigenwerte λ_k der Matrix (t_{ij}); d.h., die Lösungen $\lambda_1, \lambda_2, \ldots$ der Gl. (3.31) stellen die Eigenwerte von (t_{ij}) dar. Mit Berücksichtigung ihrer Vielfachheit hat die Gl. (3.31) n Lösungen $\lambda_1, \ldots, \lambda_n$. Im vorliegenden Fall gilt somit

$$\sigma(T) = \{\lambda_1, \ldots, \lambda_n\}. \tag{3.32}$$

Nicht in jedem Fall läßt sich das Spektrum eines linearen stetigen Operators in so einfacher Weise kennzeichnen wie im Bsp. 3.2, sondern $\sigma(T)$ zerfällt in mehrere qualitativ verschiedene Teile.

D.3.9 **Definition 3.9:** *Es sei $(E, \|.\|)$ ein Banachraum, $T: E \to E$ eine lineare beschränkte Abbildung. Eine komplexe Zahl λ heißt* **Eigenwert** *von T, wenn es ein Element $x \neq o$ in E gibt mit*

$$Tx = \lambda x. \tag{3.33}$$

Das Element x heißt ein zugehöriger **Eigenvektor** *zum Eigenwert λ.*

D.3.10 **Definition 3.10:** *Es sei $(E, \|.\|)$ ein Banachraum; $T: E \to E$ ein linearer beschränkter Operator. Die Menge aller Eigenwerte von T bezeichnet man als das* **Punktspektrum** *$\sigma_P(T)$. Die Menge aller $\lambda \in \sigma(T)$, die nicht in $\sigma_P(T)$ liegen und für die der Wertebereich von $\lambda I - T$ in E dicht liegt, $\overline{(\lambda I - T)[E]} = E$, bildet das* **kontinuierliche Spektrum** *oder* **Stetigkeitsspektrum** *$\sigma_C(T)$ von T. Alle übrigen Punkte des Spektrums werden zum* **Restspektrum** *(auch: Residualspektrum) $\sigma_r(T) = \sigma(T) \setminus (\sigma_P(T) \cup \sigma_C(T))$ zusammengefaßt.*

Bemerkung 3.4: Es gilt die Gleichung $\sigma(T) = \sigma_P(T) \cup \sigma_C(T) \cup \sigma_r(T)$, und die einzelnen Bestandteile dieser Vereinigungsmenge sind paarweise elementfremd. Für die Punkte λ, die zu $\sigma_C(T)$ oder zu $\sigma_r(T)$ gehören, ist die Abbildung $(\lambda I - T)$ zwar eineindeutig, aber die Umkehrabbildung $(\lambda I - T)^{-1}$ läßt sich nicht auf ganz E definieren, da in diesem Fall der Wertebereich von $(\lambda I - T)$ eine *echte* Teilmenge von E ist.

Beispiel 3.3: Es sei $E = C[0, 1]$; $\|x\| = \max_{t \in [0,1]} |x(t)|$ $(x \in E)$. Wir definieren den linearen Operator $T: E \to E$ durch die Gleichung

$$(Tx)(t) = x(0) + \int_0^t x(s)\,\mathrm{d}s \quad (0 \leqq t \leqq 1;\, x \in E). \tag{3.34}$$

(Man erhält T durch formale Integration (s. Bd. 7/1, 2.5.1.) der Differentialgleichung $x' = x$; s. auch [5, Kap. 3, § 2.2.], dort wird das Spektrum dieser Differentialgleichung nach einer Störung benötigt (vgl. 3.3.3. unten). Ein schwieriges Beispiel zur Ermittlung des Spektrums geht über unseren Band hinaus; s. aber auch Kap. 5).

Durch die Gl. (3.34) wird jeder auf dem Intervall $[0, 1]$ stetigen Funktion $x(.)$ eine Funktion $Tx(.)$ zugeordnet. (Die folgenden Tatsachen beweise der Leser als Übung.) Diese Funktion ist wieder stetig, d. h., T bildet den Raum E wieder in den Raum E ab. T ist linear und beschränkt; $\|T\| = 2$.

Zur Ermittlung des Spektrums betrachten wir den Operator $\lambda I - T$ für beliebiges komplexes λ. Es gilt für $x \in E$

$$(\lambda I - T)(x)(t) = \lambda x(t) - x(0) - \int_0^t x(s)\,\mathrm{d}s \quad (0 \leqq t \leqq 1).$$

Wir geben ein $y \in E$ vor und untersuchen die Gleichung (mit der Unbekannten x):

$$(\lambda I - T)\,x = y. \tag{3.35}$$

Ausgeschrieben lautet diese Beziehung

$$\lambda x(t) - x(0) - \int_0^t x(s)\,\mathrm{d}s = y(t) \quad (0 \leqq t \leqq 1). \tag{3.36}$$

Für $t = 0$ folgt aus dieser Gleichung

$$\lambda x(0) - x(0) = y(0), \quad \text{d. h.} \quad (\lambda - 1)\,x(0) = y(0). \tag{3.37}$$

Wir setzen zunächst voraus, daß $y(t)$ eine differenzierbare (nicht nur stetige) Funktion ist. Unter der Annahme, daß die Gl. (3.35) eine Lösung hat, gilt für $\lambda \neq 0$

$$x(t) = \frac{1}{\lambda}\left(x(0) + \int_0^t x(s)\,\mathrm{d}s + y(t)\right) \quad (0 \leqq t \leqq 1).$$

Auf der rechten Seite stehen nur differenzierbare Funktionen, also ist auch $x(t)$ auf der linken Seite eine differenzierbare Funktion. Durch Differentiation beider Seiten von (3.36) erhalten wir mit

$$\lambda x'(t) - x(t) = y'(t) \tag{3.38}$$

eine gewöhnliche lineare Differentialgleichung erster Ordnung für die gesuchte Funktion $x(t)$, in der vor der höchsten Ableitung der Parameter λ auftritt! Mittels Standardmethoden (s. Bd. 7/1) erhalten wir die allgemeine Lösung der Differentialgleichung (3.38):

$$x(t) = K\,\mathrm{e}^{\frac{1}{\lambda}t} + \frac{1}{\lambda}\int_0^t y'(s)\,\mathrm{e}^{-\frac{1}{\lambda}(s-t)}\,\mathrm{d}s \quad (0 \leqq t \leqq 1), \qquad K = x(0).$$

Ist $\lambda \neq 1$, so können wir aus (3.37) den Wert $K = x(0)$ bestimmen:

$$K = x(0) = \frac{y(0)}{\lambda - 1}$$

und erhalten

$$x(t) = \frac{y(0)\,\mathrm{e}^{\frac{1}{\lambda}t}}{\lambda - 1} + \frac{1}{\lambda}\int_0^t y'(s)\,\mathrm{e}^{-\frac{1}{\lambda}(s-t)}\,\mathrm{d}s,$$

und aus dieser Formel mittels partieller Integration und Zwischenrechnung

$$x(t) = y(0)\frac{e^{\frac{1}{\lambda}t}}{\lambda(\lambda-1)} + \frac{1}{\lambda}y(t) + \frac{1}{\lambda^2}\int_0^t y(s)\,e^{-\frac{1}{\lambda}(s-t)}\,ds \quad (0 \leqq t \leqq 1). \tag{3.39}$$

Wie man durch Einsetzen in die Gleichung (nach einer Zwischenrechnung) erkennt, stellt die rechte Seite der Gl. (3.39) für $\lambda \neq 0$, $\lambda \neq 1$ die Auflösung der Gl. (3.35) nach der Funktion $x(.)$ dar. Man stellt dabei fest, daß die Voraussetzung, daß $y(t)$ differenzierbar sein soll, nirgends benötigt wird. Die Formel (3.39) stellt somit eine Lösung der Gl. (3.35) für eine beliebige (stetige) rechte Seite $y(t)$ aus E dar. Wie wir weiter unten nachweisen werden, ist es auch die einzige Lösung von (3.35). Da die Zuordnung $y(.) \to$ „Ausdruck auf der rechten Seite von (3.39)" ersichtlich einen linearen stetigen Operator in E definiert, der E in E abbildet, stellt die rechte Seite von (3.39) die Resolvente $R(\lambda; T)$ von T dar, d.h., für $\lambda \neq 0$, $\lambda \neq 1$ gilt $(0 \leqq t \leqq 1; y \in E)$:

$$\begin{aligned} R(\lambda; T)(y)(t) &= (\lambda I - T)^{-1}(y)(t) \\ &= y(0)\frac{e^{\frac{1}{\lambda}t}}{\lambda(\lambda-1)} + \frac{1}{\lambda}y(t) + \frac{1}{\lambda^2}\int_0^t y(s)\,e^{-\frac{1}{\lambda}(s-t)}\,ds. \end{aligned} \tag{3.40}$$

Nachzutragen ist noch der Beweis dafür, daß (3.39) die einzige Lösung von (3.35) darstellt. Angenommen, es gäbe zwei Lösungen $x_1 \neq x_2$ der Gl. (3.35). Dann gilt $(0 \leqq t \leqq 1)$:

$$y(t) = \lambda x_1(t) - x_1(0) - \int_0^t x_1(s)\,ds = \lambda x_2(t) - x_2(0) - \int_0^t x_2(s)\,ds.$$

Für $t = 0$ folgt speziell

$$(\lambda - 1)\,x_1(0) = (\lambda - 1)\,x_2(0),$$

also $(\lambda \neq 1)$: $x_1(0) = x_2(0)$ und damit

$$\lambda(x_1(t) - x_2(t)) = \int_0^t (x_1(s) - x_2(s))\,ds \quad (0 \leqq t \leqq 1).$$

Die rechte Seite letzterer Gleichung ist differenzierbar, also ist es auch die linke Seite, und wir erhalten durch Differentiation

$$\lambda\frac{d}{dt}(x_1(t) - x_2(t)) = x_1(t) - x_2(t)$$

bzw. mit der Abkürzung $x_1(t) - x_2(t) = u(t) \quad (0 \leqq t \leqq 1)$

$$\frac{du}{dt} = \frac{1}{\lambda}u.$$

Diese Differentialgleichung für u hat die allgemeine Lösung (s. Bd. 7/1) $u(t) = K\,e^{\frac{1}{\lambda}t}$ mit einer Konstanten K. Es gilt einerseits (s.o.) $u(0) = x_1(0) - x_2(0) = 0$ und andererseits $u(0) = K$. Also gilt $K = 0$ und damit ist $u(t) = 0$ $(0 \leqq t \leqq 1)$, d.h. aber

$$x_1(t) = x_2(t) \quad (0 \leqq t \leqq 1).$$

Also stimmen je zwei Lösungen von (3.35) [bei gegebenem $y(.)$] überein, und (3.39) liefert für $\lambda \neq 0$, $\lambda \neq 1$ die einzige Lösung von (3.35). Alle $\lambda \neq 0, 1$ gehören somit zu $\varrho(T)$.

Zur Bestimmung der einzelnen Bestandteile des Spektrums untersuchen wir zunächst die Frage nach den Eigenwerten von T. Es gelte also die Gleichung $Tx = \lambda x$ mit $x \neq 0$. Ausgeschrieben lautet diese Gleichung

$$x(0) + \int_0^t x(s)\,ds = \lambda x(t). \tag{3.41}$$

Für $\lambda = 0$ erhält man, wie durch Differentiation sofort ersichtlich ist, die Gleichung $x(t) = 0$ $(0 \leqq t$

$\leqq 1$); also ist $\lambda = 0$ kein Eigenwert. Nach den obigen Betrachtungen ist nur noch der Wert $\lambda = 1$ zu untersuchen. Die Gleichung $x(0) + \int_0^t x(s)\,\mathrm{d}s = x(t)$ liefert nach Differentiation (erlaubt, weil die linke Seite differenzierbar ist) $x(t) = x'(t)$, woraus $x(t) = C\mathrm{e}^t\ (0 \leqq t \leqq 1)$ folgt. Ist $C \neq 0$, so liegt, wie die Probe zeigt, tatsächlich ein Eigenvektor $x(.)$ zum Eigenwert 1 vor. Somit gilt $\sigma_P(T) = \{1\}$. Die Untersuchung der Gleichung $(\lambda I - T)\,x = y$ führt für $\lambda = 0$ sofort auf die Beziehung

$$-x(0) - \int_0^t x(s)\,\mathrm{d}s = y(t) \quad (0 \leqq t \leqq 1). \tag{3.42}$$

Auf der linken Seite steht eine differenzierbare Funktion von t [wenn wir voraussetzen, daß die Gl. (3.42) eine Lösung hat]. Also muß auch die Funktion $y(t)$ auf der rechten Seite von (3.42) differenzierbar sein $(0 \leqq t \leqq 1)$. Da es aber stetige Funktionen $y(t)$ gibt, die nicht in jedem Punkt des Intervalls $[0, 1]$ differenzierbar sind (z.B. $y(t) = |t - \frac{1}{2}|$), ist die Gl. (3.42) nicht für jedes stetige $y(t)$ nach $x(t)$ auflösbar. Also gehört $\lambda = 0$ nicht zur Resolventenmenge von T. Eine genauere Untersuchung zeigt, daß $\overline{(\lambda I - T)[E]} = \overline{(-T[E])} = E$ für $\lambda = 0$ gilt.

Somit gehört der Wert $\lambda = 0$ zum kontinuierlichen Spektrum von T. Zusammenfassend haben wir folgendes Ergebnis:

$$\varrho(T) = \mathbf{K} \setminus \{0, 1\}; \quad \sigma(T) = \{0, 1\}; \quad \sigma_P(T) = \{1\}, \quad \sigma_C(T) = \{0\}, \quad \sigma_r(T) = \emptyset,$$

$$r(T) = \sup_{\lambda \in \sigma(T)} |\lambda| = 1; \quad \|T\| = 2.$$

Im folgenden gehen wir zu einer speziellen Darstellung der Resolvente über, die vor allem für die Lösung von Integralgleichungen von Interesse ist.

Satz 3.7: *Die Reihe* $\sum_{n=0}^{\infty} \frac{1}{\lambda^n} T^n$ *sei konvergent im Sinne der Operatornorm, das heißt, es existiert* **S.3.7**
ein linearer stetiger Operator S auf E mit:

$$\lim_{k \to \infty} \left\| \sum_{n=0}^{k} \frac{1}{\lambda^n} T^n - S \right\| = 0.$$

Dann gilt die Gleichung

$$S = \sum_{n=0}^{\infty} \frac{1}{\lambda^n} T^n = \left(I - \frac{1}{\lambda} T\right)^{-1} \quad (\lambda \neq 0). \tag{3.43}$$

Folgerung 3.1: Wenn die Reihe $\sum_{n=0}^{\infty} \frac{1}{\lambda^n} T^n$ konvergiert $(\lambda \neq 0)$, so gilt

$$R(\lambda; T) = (\lambda I - T)^{-1} = \sum_{n=0}^{\infty} \frac{1}{\lambda^{n+1}} T^n. \tag{3.44}$$

Man nennt diese Gleichung die Darstellung der Resolvente $R(\lambda; T)$ durch die **Neumannsche Reihe** (3.44).

Satz 3.8: *Die Neumannsche Reihe* (3.44) *ist dann konvergent, wenn* $|\lambda| > r(T)$ *gilt, wobei* $r(T)$ **S.3.8**
den in (3.23) *definierten Spektralradius von T bezeichnet; für* $|\lambda| < r(T)$ *konvergiert die Neumannsche Reihe* (3.44) **nicht.**

Bemerkungen 3.5: 1. Für Punkte λ der komplexen Ebene mit $|\lambda| = r(T)$ kann (in Abhängigkeit von T) unterschiedliches Konvergenzverhalten der Neumannschen Reihe auftreten [wie dies auch bei Potenzreihen der Fall ist (s. Bd. 9)].

2. Auch wenn die Neumannsche Reihe nicht konvergiert, kann trotzdem (auch für $|\lambda| < r(T)$) die Resolvente $R(\lambda; T)$ existieren (s. hierzu auch Bsp. 3.3).

D.3.11 **Definition 3.11:** Sind $(E, \|.\|)$ *und* $(F, \|.\|)$ *normierte Räume, so bezeichnen wir mit* $L(E, F)$ *die Menge aller stetigen linearen Operatoren von E in F. Ist dabei* $E = F$*, so schreiben wir* $L(E)$ *anstelle von* $L(E, E)$.

Die folgenden Tatsachen sind sehr leicht nachzuweisen.

1. Die Menge $L(E, F)$ bildet bezüglich der in Def. 3.2 eingeführten Operationen „Summe" und „Produkt mit einer Zahl" einen linearen Raum.
2. Ist $T \in L(E, F)$ und $S \in L(F, G)$, so ist $ST \in L(E,G)$.
3. Ist $T \in L(E)$, so ist $T^n \in L(E)$ für $n = 1, 2, \ldots$
4. Ist $T \in L(E, F)$ und hat T einen inversen Operator (es existiert T^{-1}), so ist **nicht** notwendig $T^{-1} \in L(F, E)$.
5. Mit der Norm $\|T\|_{E \to F} = \sup\limits_{\|x\|_E \leqq 1} \|Tx\|_F$ wird $L(E, F)$ ein normierter Raum, und ist F vollständig, so ist $L(E, F)$ ein Banachraum.

Im Hinblick auf 4. zitieren wir (s. [47]) den folgenden einfachen Existenzsatz für einen **stetigen** Umkehroperator.

S.3.9 **Satz 3.9:** *Es sei* $T \in L(E, F)$ *und* $R(T) = T[E] = F_1 \subseteqq F$*. Dann ist* $T_1 : E \to F_1$*, erklärt durch* $T_1 x = Tx$ $(x \in E)$ *ein stetiger linearer Operator von E auf* F_1.

Der Operator T_1 *hat genau dann einen* **stetigen** *(linearen) Umkehroperator, wenn eine Zahl* $c > 0$ *existiert, so daß die Ungleichung* $\|T_1 x\| \geqq c\|x\|$ $(x \in E)$ *gilt.*

Wesentlich schwieriger zu beweisen, aber inhaltlich reicher ist der **Satz von Banach** über den inversen Operator, den wir seiner Wichtigkeit halber hier zitieren.

S.3.10 **Satz 3.10:** *Es seien* $(E, \|.\|)$ *und* $(F, \|.\|)$ *Banachräume sowie* $T \in L(E, F)$*. Es existiere der Umkehroperator* T^{-1} *(d.h., T bildet E eineindeutig auf F ab). Dann ist* $T^{-1} \in L(F, E)$*, also* T^{-1} *stetig.*

3.2.2. Vollstetige lineare Operatoren

Zahlreiche Anwendungsprobleme, insbesondere aus der klassischen mathematischen Physik, des Bauwesens, der Elektrotechnik und des Maschinenbaus lassen sich in der Form von **Integralgleichungen** (Gleichungen, in denen eine gesuchte Funktion unter dem Integralzeichen auftritt) darstellen (s. z. B. [25], [60], [70]). So ist z. B. die Gleichung

$$x(s) = g(s) + \lambda \int_a^b K(s, t)\, x(t)\, \mathrm{d}t \quad (a \leqq s \leqq b) \tag{3.45}$$

in der $g(s)$ $(a \leqq s \leqq b)$; $K(s, t)$ $(a \leqq s, t \leqq b)$ gegebene stetige Funktionen (mit reellen oder komplexen Werten), $\lambda \neq 0$ eine gegebene (komplexe) Zahl und $x(t)$ $(a \leqq t \leqq b)$ die gesuchte (stetige) Funktion bezeichnen, eine **lineare Integralgleichung zweiter Art** mit dem **Kern** $K(s, t)$ und der **Inhomogenität** $g(s)$ (auch: **rechte Seite** bzw. **Störfunktion**). In Operatorschreibweise lautet die obige Gleichung

$$x = g + \lambda Tx \tag{3.46}$$

bzw.

$$x - \lambda Tx = g, \tag{3.47}$$

wobei T den zum Kern $K(s, t)$ zugehörigen **Integraloperator**

$$(Tx)(s) = \int_a^b K(s, t)\, x(t)\, \mathrm{d}t \quad (a \leqq s \leqq b)$$

bezeichnet. Man wird daher versuchen, alle Fragen, die im Zusammenhang mit der Lösung der Integralgleichung (3.45) entstehen, durch die Untersuchung der Operatorgleichung (3.47) zu beantworten. Es ist klar, daß die Lösbarkeitseigenschaften der Gl. (3.47) [und damit der Gl. (3.45)] wesentlich von den Eigenschaften des Operators T abhängen. Eine wichtige Eigenschaft, die in den Anwendungen häufig auftritt und günstige Aussagen über die Lösungen der Gl. (3.47) gestattet, ist die sog. Vollstetigkeit des Operators T.

Definition 3.12: *Es seien E und F normierte Räume und $T: E \to F$ eine lineare Abbildung von E in F. Die Abbildung (der Operator) T heißt* **vollstetig** *(gelegentlich auch:* **kompakt**)*, wenn die Abschließung $\overline{T[B]}$ des Bildes jeder beschränkten Menge $B \subseteqq E$ eine kompakte Teilmenge von F ist, d. h., wenn es zu jeder beschränkten Folge $\{x_n\}$ aus E eine Teilfolge $\{x_{n_k}\}$ gibt, für die die Folge $\{Tx_{n_k}\}$ in F konvergiert.* D.3.12

Satz 3.11: *Ist $T: E \to F$ eine vollstetige lineare Abbildung, so ist T (erst recht) eine stetige (= beschränkte) lineare Abbildung.* S.3.11

Beweis. Die Menge $B = \{x \in E \mid \|x\| \leqq 1\}$ ist beschränkt (Einheitskugel in E). Nach Voraussetzung ist damit $T[B]$ kompakt, also auch beschränkt, d. h., es existiert ein M, $0 < M < +\infty$, mit

$$\|Tx\| \leqq M \quad (x \in B). \tag{3.48}$$

Ist $x \neq o_E$, so liegt $x' = \left(\frac{1}{\|x\|}\right) x$ in B, und wir erhalten aus (3.48) $M \geqq \|Tx'\| = \frac{1}{\|x\|}\|Tx\|$, und somit gilt (auch für $x = o_E$) die Ungleichung $\|Tx\| \leqq M\|x\|$ $(x \in E)$, die aussagt, daß T beschränkt und damit stetig ist. ■

Beispiele für vollstetige lineare Operatoren:

Beispiel 3.4: Die lineare Abbildung $T: E \to F$ heißt eine Abbildung von **endlichem Rang**, wenn $T[E] = R(T)$ ein endlichdimensionaler linearer Teilraum von F ist. Jede stetige lineare Abbildung endlichen Ranges ist vollstetig.

Beispiel 3.5: Es seien a, b reelle Zahlen mit $a < b$. Auf dem Quadrat $[a, b] \times [a, b]$ sei eine (komplexwertige) stetige Funktion $K(s, t)$ erklärt. Im Banachraum $C[a, b]$ der stetigen (komplexwertigen) Funktionen $x(.)$ auf $[a, b]$ (mit der Maximum-Norm $\|x\| = \max\limits_{a \leqq t \leqq b} |x(t)|$) definieren wir die Abbildung $T: C[a, b] \to C[a, b]$ durch die Gleichung

$$(Tx)(s) = \int_a^b K(s, t)\, x(t)\, \mathrm{d}t \quad (a \leqq s \leqq b,\ x \in C[a, b]).$$

Die Linearität von T ergibt sich wie im Bsp. 3.1 (den Nachweis dafür, daß $Tx \in C[a, b]$ gilt, überlassen wir dem Leser). Wir behaupten, daß T ein vollstetiger linearer Operator in $C[a, b]$ ist. $K(s, t)$ ist eine stetige Funktion auf der abgeschlossenen, beschränkten Menge $[a, b] \times [a, b]$, also beschränkt und gleichmäßig stetig, d. h., es gibt ein $K_0 > 0$ mit $|K(s, t)| \leqq K_0 (a \leqq s,\ t \leqq b)$, und zu jedem $\varepsilon > 0$ existiert ein $\delta = \delta(\varepsilon) > 0$ mit $|K(s, t) - K(s', t')| \leqq \varepsilon$ für $|s - s'| + |t - t'| \leqq \delta(\varepsilon)$. Es sei $B = \{x \in C[a, b] \mid \|x\| \leqq r\}$. Es ist zu zeigen, daß $\overline{T[B]}$ kompakt ist. Dazu ist nach dem Kriterium von Arzelá-Ascoli zu zeigen:

(1) $T[B]$ ist beschränkt, (2) $T[B]$ ist gleichgradig stetig.

Zu (1): Ist $y \in T[B]$, so ist $y = Tx$ mit $x \in B$, also

$$|y(s)| = \left| \int_a^b K(s, t)\, x(t)\, \mathrm{d}t \right| \leqq \int_a^b |K(s, t)|\, |x(t)|\, \mathrm{d}t \leqq K_0 r(b-a) \quad (a \leqq s \leqq b).$$

Daher gilt auch $\|y\| \leqq K_0 r(b-a)$. Die Konstante $K_0 r(b-a)$ ist eine gemeinsame Schranke für alle Elemente $y \in T[B]$.

Zu (2): Sind $s, s' \in [a, b]$ und $|s - s'| \leqq \delta(\varepsilon)$, so gilt für $y = Tx$; $x \in B$

$$|y(s) - y(s')| = \left| \int_a^b (K(s, t) - K(s', t))\, x(t)\, \mathrm{d}t \right| \leqq \int_a^b |K(s, t) - K(s', t)|\, |x(t)|\, \mathrm{d}t$$
$$\leqq \varepsilon r(b-a).$$

Folglich ist $T[B]$ gleichgradig stetig. Also ist T vollstetig.

S.3.12 **Satz 3.12:** *Es sei $(E, \|.\|_1)$ ein normierter Raum, $(F, \|.\|)$ ein Banachraum und (T_n) eine Folge linearer vollstetiger Operatoren, die im Raum $(L(E, F), \|.\|_{E \to F})$ gegen die Abbildung $T \in L(E, F)$* (s. Def. 3.11) *konvergieren. Dann ist auch T vollstetig.*

Das Spektrum eines vollstetigen Operators ist von besonders übersichtlicher Gestalt.

S.3.13 **Satz 3.13:** *Es sei $(E, \|.\|)$ ein komplexer normierter Raum und $T \in L(E)$ vollstetig. Dann gilt*

(1) *Das Spektrum $\sigma(T)$ von T ist eine endliche Menge komplexer Zahlen oder eine Folge $\{\lambda_n\}$ komplexer Zahlen mit $\lambda_n \to 0$ für $n \to \infty$. Ist E unendlichdimensional, so gehört $\lambda = 0$ stets zu $\sigma(T)$.*

(2) *Jede Zahl $\lambda \neq 0$, die zum Spektrum von T gehört, ist ein Eigenwert von T (gehört also zum Punktspektrum $\sigma_P(T)$).*

(3) *Zu jedem Eigenwert $\lambda \neq 0$ von T gibt es nur endlich viele linear unabhängige Eigenvektoren.*

3.2.3. Duale Operatoren

Als ein besonders wichtiges Instrument zur Untersuchung linearer Operatoren bzw. linearer Operatorgleichungen hat sich die Einführung des dualen Operators erwiesen.

D.3.13 **Definition 3.13:** *Es seien E, F normierte Räume; E', F' ihre Dualräume (s. 2.3.2.). Ist $T: E \to F$ eine lineare stetige Abbildung, so wird die Abbildung $T': F' \to E'$ durch die Gleichung*

$$T'f = fT \quad (f \in F') \tag{3.49a}$$

gegeben, d. h., für jedes lineare stetige Funktional f auf F wird (ein lineares stetiges) Funktional $T'f$ auf E erklärt mittels der Beziehung

$$(T'f)(x) = f(x) \quad (x \in E). \tag{3.49b}$$

Die Zuordnung $T': f \to T'f$ heißt die zu T **adjungierte** *oder* **duale Abbildung** *(T' ist der zu T* **duale Operator***).*

Bemerkung 3.6: Die Tatsache, daß $T'f$ zu E' gehört, ergibt sich sofort aus der Definitionsgleichung (3.49a): $T'f$ ist die Zusammensetzung (Hintereinanderausführung) zweier stetiger linearer Abbildungen und daher selbst stetig und linear.

S.3.14 **Satz 3.14:** *Ist $T \in L(E, F)$, so ist $T' \in L(F', E')$, und es gilt*

$$\|T'\| = \|T\|. \tag{3.50}$$

Beispiel 3.6: Es seien $E = R^n$, $F = R^m$ (mit der euklidischen Norm), $T \in L(E, F)$ eine gegebene lineare Abbildung. Bezüglich (gegebener) Basen in E bzw. F wird T dargestellt durch eine (m, n)-Matrix

$$A = [t_{jk}]_{\substack{1 \leq j \leq m;\\ 1 \leq k \leq n,}} \tag{3.51}$$

Die zu T duale Abbildung T' ist dann durch die (n, m)-Matrix

$$A' = [t'_{jk}]_{\substack{1 \leq j \leq n\\ 1 \leq k \leq m}} \quad \text{mit} \quad t'_{jk} = t_{kj}$$

gegeben, die $F' = F = R^m$ in $E' = E = R^n$ abbildet.

A' entsteht also aus A durch Vertauschung von Zeilen und Spalten, ist also die zu A **transponierte** Matrix (häufig mit A^{T} bezeichnet).

Beispiel 3.7: Es sei $K(s, t)$ $(a \leqq t \leqq b;\ c \leqq s \leqq d)$ eine reellwertige stetige Funktion zweier Variabler. Der lineare Operator T:

$$(Tx)(s) = \int_a^b K(s, t)\, x(t)\, \mathrm{d}t \quad (c \leqq s \leqq d)\ (x \in L^2_{\mathrm{R}}[a, b])$$

bildet den Raum $L^2_{\mathrm{R}}\,[a, b]$ stetig in den Raum $L^2_{\mathrm{R}}[c, d]$ ab. Der zu T duale Operator T' ist dann durch die Gleichung

$$(T'x)(s) = \int_c^d K(t, s)\, x(t)\, \mathrm{d}t \quad (a \leqq s \leqq b) \ \ (x \in L^2_{\mathrm{R}}[c, d])$$

gegeben und bildet den Raum $F' = L^2_{\mathrm{R}}[c, d] = F$ in den Raum $E' = L^2_{\mathrm{R}}[a, b] = E$ ab. (Man beachte, daß entsprechend Bsp. 2.20 in 2.3.2. stetige lineare Funktionale auf L^2_{R} und Elemente von L^2_{R} identifiziert werden.) $K(t, s)$ heißt der zu $K(s, t)$ **transponierte** Kern.

Für den Übergang zur dualen Abbildung gelten die folgenden Rechenregeln (es gelte $T, S \in L(E, F)$):

(1) $(T + S)' = T' + S'$;
(2) $(\lambda T)' = \lambda T'$ (λ reell oder komplex);
(3) $(I_E)' = I_{E'}$;
(4) $(T^{-1})' = (T')^{-1}$ (E, F Banachräume);
(5) ist $T \in L(E,F)$ und $S \in L(F, G)$, so ist $ST \in L(E, G)$, und es gilt $(ST)' = T'S'$.

Folgerung 3.2: Aus (1), (2), (3) folgt speziell die Gleichung $(T - \lambda I_E)' = T' - \lambda I_{E'}$ (λ komplex). Mittels (4) ergibt sich daraus (E, F Banachräume) die wichtige Beziehung

$$\varrho(T') = \varrho(T), \tag{3.52}$$

und daraus folgt schließlich

$$\sigma(T') = \sigma(T). \tag{3.52'}$$

Für das Arbeiten in komplexen Hilberträumen hat sich eine etwas andere Definition des adjungierten Operators als zweckmäßig erwiesen. In 3.3. gehen wir näher darauf ein. Wir erwähnen noch die folgende Eigenschaft:

(6) Sind E und F Banachräume und ist $T \in L(E,F)$, so ist T genau dann vollstetig, wenn $T' : F' \to E'$ vollstetig ist.

3.2.4. Fredholmsche Alternative

Die wichtigste Aussage über die Auflösbarkeit linearer Operatorengleichungen (Integralgleichungen, Matrixgleichungen) ist die sog. Fredholmsche Alternative, die zuerst in der Theorie der linearen Integralgleichungen erkannt wurde. Wir geben hier die Formulierung für vollstetige lineare Operatoren in Banachräumen an, für eine allgemeinere Fassung s. [32]. Vom Standpunkt der linearen Algebra aus gesehen stellt die Fredholmsche Alternative eine determinantenfreie Theorie linearer Gleichungen dar.

S.3.15 **Satz 3.15 (Fredholmsche Alternative):** *Es sei E ein Banachraum und T ein vollstetiger linearer Operator $T: E \to E$, sowie T' der zu T duale Operator $T': E' \to E'$. Wir betrachten die Gleichungspaare ($x, y \in E$; $f, g \in E'$) mit dem reellen oder komplexen Parameter $\lambda \neq 0$*

(1) $x - \lambda Tx = y$, (1a) $f - \lambda T'f = g$,

$$(1_h)\ x - \lambda Tx = o_E, \qquad (1_{ha})\ f - \lambda T'f = o_{E'} \tag{3.53}$$

(o_E und $o_{E'}$ seien die Nullelemente von E bzw. E'). Dann gilt:

I) **Entweder** *sind die Gleichungen* (1) *bzw.* (1a) *für jede rechte Seite y bzw. g nach x bzw. f eindeutig auflösbar* **oder** *die zugehörigen homogenen Gleichungen* (1_h) *bzw.* (1_{ha}) *besitzen nichttriviale (d.h. von o_E bzw. $o_{E'}$ verschiedene) Lösungen.*

II) *Die homogenen Gleichungen* (1_h) *und* (1_{ha}) *haben stets dieselbe* **endliche** *Anzahl* **linear unabhängiger** *Lösungen.*

III) *Falls die homogenen Gleichungen* (1_h) *und* (1_{ha}) *von o_E bzw. $o_{E'}$ verschiedene Lösungen haben, so sind die inhomogenen Gleichungen* (1) *bzw.* (1a) *genau dann lösbar, wenn für alle Lösungen u von* (1_{ha}) *die Gleichung*

$$u(y) = 0 \tag{3.54}$$

bzw. für alle Lösungen v von (1_h) *die Gleichung*

$$g(v) = 0 \tag{3.55}$$

gilt. Man erhält dann alle Lösungen von (1) *bzw.* (1a) *in der Form*

$$x = x_0 + v \tag{3.56}$$

bzw.

$$f = f_0 + u, \tag{3.57}$$

wobei x_0, f_0 feste Lösungen von (1) *bzw.* (1a) *sind und v, u beliebige Lösungen von* (1_h) *bzw.* (1_{ha}) *bezeichnen.*

3.3. Lineare Operatoren in Hilberträumen

3.3.1. Grundlegende Begriffe, Sätze und Beispiele

3.3.1.1. Einführende Beispiele

Die linearen Operatoren, die mit der Diskussion physikalischer Probleme auftreten, sind häufig Operatoren, die auf einem dichten linearen Teilraum eines Hilbertraumes definiert und unbeschränkte Operatoren sind. Dabei heißt ein linearer Operator unbeschränkt, wenn er nicht beschränkt ist im Sinne der Definition 3.6. Ein solcher Operator ist nicht stetig. Es sei z.B. *E* der lineare Raum aller stetig differenzierbaren (komplexwertigen) Funktionen, die auf dem Intervall [0, 1] definiert sind. *E* ist ein dichter Teilraum des Hilbertraumes $L^2\,[0, 1]$. Auf *E* erklären wir den (linearen) Operator *T* durch die Zuordnungsvorschrift: jedem $x \in E$, d.h. jeder stetig differenzierbaren Funktion $x(t)$ ($0 \leq t \leq 1$) ordnen wir die stetige Funktion $x'(t) = \frac{dx}{dt}(t)$ zu:

$$(Tx)(t) = x'(t) \quad (0 \leq t \leq 1;\ x \in E). \tag{3.58}$$

Da jede stetige Funktion (hier: $x'(t)$) zu L^2 gehört, ist T eine Abbildung (ein Operator) von E in den Raum $L^2\,[0, 1]$,

$$T: E \to L^2\,[0, 1].$$

Man sagt auch: „T ist ein linearer Operator im Hilbertraum $L^2\,[0, 1]$ mit $D(T) = E$ und $R(T) \subseteqq L^2\,[0, 1]$".

Dieser Operator ist unbeschränkt. Das folgt z. B. daraus, daß die Elemente $x_n \in E$ mit $x_n(t) = t^n$ $(0 \leqq t \leqq 1)$, $n = 1, 2, \ldots$, die Norm $\|x_n\|_{L^2} = (2n+1)^{-1/2} < 1$ $(n = 1, 2, \ldots)$ besitzen, für ihre T-Bilder jedoch $\|Tx_n\|_{L^2} = n(2n-1)^{-1/2}$ gilt; für diese speziellen x_n folgt also $\|Tx_n\|_{L^2} \to +\infty$ für $n \to +\infty$, und daher existiert keine Konstante K derart, daß $\|Tx_n\|_{L^2} \leqq K\,\|x_n\|_{L^2}$ gilt. Also ist T unbeschränkt.

Zum anderen betrachten wir eine stetige Funktion $\varphi(t)$ $(0 \leqq t \leqq 1)$ und erklären den folgenden (linearen) Operator $S: L^2\,[0, 1] \to L^2\,[0, 1]$

$$(Sx)(t) = \varphi(t)\,x(t) \quad (0 \leqq t \leqq 1;\ x \in L^2\,[0, 1]). \tag{3.59}$$

S ist ein linearer Operator, der auf dem ganzen Hilbertraum $L^2\,[0, 1]$ erklärt ist. Es gilt für ein beliebiges $x \in L^2\,[0, 1]$

$$\begin{aligned}
\|Sx\| &= \left\{\int_0^1 |\varphi(t)\,x(t)|^2\,\mathrm{d}t\right\}^{1/2} = \left\{\int_0^1 |\varphi(t)|^2\,|x(t)|^2\,\mathrm{d}t\right\}^{1/2} \\
&\leqq \left\{\int_0^1 \left(\max_{0 \leqq t \leqq 1} |\varphi(t)|^2\right) |x(t)|^2\,\mathrm{d}t\right\}^{1/2} \\
&= \left\{\left(\max_{0 \leqq t \leqq 1} |\varphi(t)|^2\right) \int_0^1 |x(t)|^2\,\mathrm{d}t\right\}^{1/2} = \left(\max_{0 \leqq t \leqq 1} |\varphi(t)|^2\right)^{1/2} \left\{\int_0^1 |x(t)|^2\,\mathrm{d}t\right\}^{1/2} \\
&= K\,\|x\|
\end{aligned}$$

mit $K = \left(\max_{0 \leqq t \leqq 1} |\varphi(t)|^2\right)^{1/2} = \max_{0 \leqq t \leqq 1} |\varphi(t)|$. Da $\varphi(t)$ stetig ist, gilt $0 \leqq K < +\infty$.

Es gilt also $\|Sx\| \leqq K\,\|x\|$ $(x \in L^2\,[0, 1])$, d. h., S ist ein beschränkter (stetiger) linearer Operator.

3.3.1.2. Die Matrixdarstellung eines linearen Operators

Es sei $\boldsymbol{H}$ ein Hilbertraum und $T: \boldsymbol{H} \to \boldsymbol{H}$ ein auf dem ganzen Raum definierter linearer Operator. Weiter bezeichne (e_n) ein vollständiges ONS (s. Def. 1.5) in $\boldsymbol{H}$. Dann läßt sich jedes Bildelement Te_k nach den e_n entwickeln:

$$Te_k = \sum_{n=1}^{\infty} a_{nk} e_n \tag{3.60}$$

mit

$$a_{nk} = \langle e_n, Te_k \rangle \quad (n, k = 1, 2, \ldots). \tag{3.61}$$

Ist x eine endliche Linearkombination von $e_1, \ldots, e_m$,

$$x = \sum_{j=1}^{m} \xi_j e_j \quad (\xi_j \text{ komplexe Zahlen}),$$

so gilt zufolge der Linearität von T und wegen (3.61) die Gleichung

$$Tx = T\left(\sum_{j=1}^{m} \xi_j e_j\right) = \sum_{j=1}^{m} \xi_j T e_j = \sum_{j=1}^{m} \xi_j \sum_{n=1}^{\infty} a_{nj} e_n$$
$$= \sum_{j=1}^{m} \sum_{n=1}^{\infty} a_{nj} \xi_j e_n = \sum_{n=1}^{\infty} \sum_{j=1}^{m} a_{nj} \xi_j e_n = \sum_{n=1}^{\infty} \left(\sum_{j=1}^{m} a_{nj} \xi_j\right) e_n .$$

Bezeichnen wir das Element Tx mit y und stellen y durch seine Fourierreihe dar,

$$Tx = y = \sum_{n=1}^{\infty} \eta_n e_n ,$$

so gilt daher

$$\eta_n = \sum_{j=1}^{m} a_{nj} \xi_j \quad (n = 1, 2, \ldots)$$

oder

$$\eta_n = \sum_{j=1}^{m} \langle e_n, Te_j \rangle \, \xi_j .$$

Beachtet man noch, daß $\xi_j = \langle e_j, x \rangle$ und $\eta_n = \langle e_n, y \rangle = \langle e_n, Tx \rangle$ gilt, so erhält man die Beziehung

$$\langle e_n, Tx \rangle = \sum_{j=1}^{m} \langle e_n, Te_j \rangle \langle e_j, x \rangle \quad (n = 1, 2, \ldots) . \tag{3.62}$$

Ist der Operator T zusätzlich *beschränkt*, so gilt, wie man mittels eines Grenzübergangs zeigen kann, für jedes $x \in \boldsymbol{H}$ die Gleichung

$$\langle e_n, Tx \rangle = \sum_{j=1}^{\infty} \langle e_n, Te_j \rangle \langle e_j, x \rangle \quad (n = 1, 2, \ldots) . \tag{3.63}$$

Zufolge der Gleichung $Tx = \sum_{n=1}^{\infty} \langle e_n, Tx \rangle \, e_n$ ist die Abbildung T durch die (komplexen) Zahlen $a_{nj} = \langle e_n, Te_j \rangle$ $(n, j = 1, 2, \ldots)$ festgelegt. Die (unendliche) Matrix $[a_{nj}]$ bezeichnen wir als die zum Operator T zugehörige **Koordinatenmatrix** bezüglich des gegebenen (vollständigen) ONS.

3.3.1.3. Der adjungierte Operator eines beschränkten Operators im Hilbertraum

Es sei T ein linearer, beschränkter Operator im Hilbertraum mit $D(T) = \boldsymbol{H}$, der $\boldsymbol{H}$ wieder in $\boldsymbol{H}$ abbildet. Für jedes $y \in \boldsymbol{H}$ und jedes $x \in \boldsymbol{H}$ setzen wir

$$f_y(x) = \langle y, Tx \rangle . \tag{3.64}$$

Für festes y und variables x ist $f_y(x)$ ein lineares Funktional auf $\boldsymbol{H}$. Mittels der Schwarzschen Ungleichung erhalten wir unter Benutzung der Beschränktheit von T

$$|f_y(x)| = |\langle y, Tx \rangle| \leqq \|y\| \cdot \|Tx\| \leqq \|y\| \, \|T\| \cdot \|x\| = K \|x\| \quad (x \in \boldsymbol{H}) .$$

Also ist das lineare Funktional f_y beschränkt (stetig). Nach dem Satz 2.26 (von Riesz) gibt es genau ein Element $z \in \boldsymbol{H}$ mit

$$f_y(x) = \langle z, x \rangle \quad (x \in \boldsymbol{H}), \tag{3.65}$$

wobei die Gleichung $\|f_y\| = \|z\|$ besteht. Das Element z werde mit T^*y bezeichnet (dies bringt zum Ausdruck, daß z durch y eindeutig bestimmt ist). Es gilt also die Gleichung [beachte (3.64) und (3.65)]

$$\langle y, Tx\rangle = \langle T^* y, x\rangle \tag{3.66}$$

für alle $x, y \in \boldsymbol{H}$. In Abhängigkeit von y ist T^*y linear und stetig (Beweis als Aufgabe), d. h., die Zuordnung $y \rightarrow T^*y$ definiert einen (stetigen) linearen Operator auf $\boldsymbol{H}$.

Definition 3.14: *Der Operator T^*, der durch die Gleichung* (3.66) *erklärt wird, heißt der zu T* **adjungierte Operator** *(auch: die Adjungierte von T).* D.3.14

Wichtige Eigenschaften des Übergangs zum adjungierten Operator sind die folgenden (T und S bezeichnen beschränkte lineare Operatoren, die auf $\boldsymbol{H}$ definiert sind):

(1) $(T+S)^* = T^* + S^*$, (4) $I^* = I$,
(2) $(\lambda T)^* = \bar{\lambda} T^*$, (5) $(T^*)^* = T$,
(3) $(ST)^* = T^* S^*$, (6) $\|T^*\| = \|T\|$,
(7) $(T^{-1})^* = (T^*)^{-1}$ (falls einer dieser Operatoren existiert).

Zufolge dieser Rechenregeln gilt speziell für beliebige komplexe λ die Gleichung

$$(T - \lambda I)^* = T^* - \bar{\lambda} I$$

und

$$((T - \lambda I)^{-1})^* = (T^* - \bar{\lambda} I)^{-1},$$

falls eine der beiden Inversen als vorhanden vorausgesetzt wird, m. a. W., gehört λ zur Resolventenmenge $\varrho(T)$, so gehört $\bar{\lambda}$ zur Resolventenmenge $\varrho(T^*)$ (s. Def. 3.7) und umgekehrt. Wegen $\sigma(T) = \mathbf{K} \setminus \varrho(T)$ gilt dieselbe Aussage für das Spektrum: $\sigma(T^*)$ besteht genau aus den komplexen Zahlen, die zu den Zahlen aus $\sigma(T)$ konjugiert komplex sind.[1])

Beispiel 3.8: Es sei $A = [a_{jk}]$ eine komplexe (n, n)-Matrix. Dann wird durch die Zuordnung

$$\eta_j = \sum_{k=1}^{n} a_{jk} \xi_k \quad (j = 1, \ldots, n)$$

eine (stetige) lineare Abbildung T des Hilbertraumes K^n in sich erklärt, die jedem n-dimensionalen komplexen Vektor $x = (\xi_1, \ldots, \xi_n)$ einen ebensolchen Vektor $y = (\eta_1, \ldots, \eta_n)$ zuordnet. (In Matrizenschreibweise gilt $y' = Ax'$.) Die zugehörige adjungierte Transformation T^* wird durch die zu A hermitesch-konjugierte Matrix A^* geliefert, wobei $A^* = [a_{jk}^*]$ gilt mit

$$a_{jk}^* = \overline{a_{kj}}. \tag{3.67}$$

Mit anderen Worten, gilt $y = T^*x$, so ist $\eta_j = \sum_{k=1}^{n} \overline{a_{kj}} \xi_k$ $(j = 1, \ldots, n)$ (s. Bsp. 3.6). Entsprechendes gilt für die Koordinatenmatrix von T^* bezüglich eines (vollständigen) ONS eines Hilbertraumes allgemein.

Beispiel 3.9: Es sei T ein stetiger Integraloperator im Hilbertraum $L^2[a, b]$,

$$(Tx)(s) = \int_a^b K(s, t)\, x(t)\, \mathrm{d}t \quad (a \leqq s \leqq b;\, x \in L^2[a, b]).$$

Die adjungierte Abbildung T^* hat dann die Form

$$(T^*x)(s) = \int_a^b \overline{K(t, s)}\, x(t)\, \mathrm{d}t \quad (a \leqq s \leqq b;\, x \in L^2[a, b]). \tag{3.68}$$

Der Kern $\overline{K(t, s)}$ heißt auch der zu $K(s, t)$ adjungierte Kern.

---

[1]) Im Hilbertraum übernimmt der adjungierte Operator die Rolle des dualen Operators (s. 3.2.3.). Auf den einfachen Zusammenhang zwischen beiden Begriffen gehen wir nicht weiter ein.

Wir geben schließlich noch einige Aussagen über vollstetige Operatoren in Hilberträumen an, darunter die Fredholmsche Alternative in der Fassung für diese Operatoren [s. auch die Bemerkung bei (3.47)].

S.3.16 **Satz 3.16:** *Ist* $\boldsymbol{H}$ *ein Hilbertraum und* $T:\boldsymbol{H}\to\boldsymbol{H}$ *ein linearer vollstetiger Operator, so ist auch* T^* *vollstetig.*

S.3.17 **Satz 3.17:** *Ist* $\boldsymbol{H}$ *ein Hilbertraum und* $T:\boldsymbol{H}\to\boldsymbol{H}$ *ein linearer vollstetiger Operator, so gilt:*

(1) *Das Spektrum von* T^* *besteht aus den zu den im Spektrum von* T *liegenden konjugiert komplexen Zahlen:*

$$\sigma(T^*)=\{\lambda\in\mathbf{K}\mid\bar{\lambda}\in\sigma(T)\}.$$

(2) *Der ganze Raum* $\boldsymbol{H}$ *läßt sich als orthogonale direkte Summe des Wertebereichs des Operators* $T^*-\bar{\lambda}I$ *und des Nullraumes* [s. (3.7), (3.6) und Def. 2.42] *von* $T-\lambda I$ *für* $\lambda\neq 0$ *darstellen:*

$$\boldsymbol{H}=(T^*-\bar{\lambda}I)\,[\boldsymbol{H}]\oplus N(T-\lambda I)\quad(\lambda\neq 0)$$
$$(N(T-\lambda I)=\{x\in\boldsymbol{H}\mid Tx-\lambda x=o\}).\tag{3.69}$$

(3) *Die Nullräume* $N(T-\lambda I)$ *und* $N(T^*-\bar{\lambda}I)$ *haben für* $\lambda\neq 0$ *die gleiche, endliche Dimension.*

Bemerkung 3.7: Die Eigenschaft (1) in obigem Satz gilt auch ohne die Forderung der Vollstetigkeit von T für lineares beschränktes T.

S.3.18 **Satz 3.18** ***(Fredholmsche Alternative in der Fassung für Hilberträume):*** *Es sei* $T:\boldsymbol{H}\to\boldsymbol{H}$ *ein vollstetiger linearer Operator. Dann gilt:*

(1) *Ist* $\lambda\in\mathbf{K}$ *kein Spektralwert des Operators* T*, so hat die Gleichung* $Tx-\lambda x=y$ *für jede rechte Seite* $y\in\boldsymbol{H}$ *(vorgegeben) genau eine Lösung. Diese Lösung hängt stetig von* y *ab.*

(2) *Ist* $\lambda\neq 0$ *ein Element des Spektrums des Operators* T*, so hat die Gleichung* $Tx-\lambda x=y$ *genau dann Lösungen, wenn der Vektor* y *zu allen Lösungen der Gleichung* $T^*x-\bar{\lambda}x=o$ *orthogonal ist. In diesem Fall hat die Gleichung* $Tx-\lambda x=y$ *unendlich viele Lösungen; diese haben die Gestalt*

$$x=x_0+\sum_{k=1}^{n}c_kx_k,$$

wobei x_0 *eine spezielle Lösung der (inhomogenen) Gleichung* $Tx-\lambda x=y$ *bezeichnet und die* x_k *(endlich viele) linear unabhängige Lösungen der (homogenen) Gleichung* $Tx-\lambda x=o$ *sind.*

3.3.1.4. Der adjungierte Operator eines unbeschränkten Operators im Hilbertraum

Für unbeschränkte Operatoren ist die Definition des adjungierten Operators komplizierter, da unbeschränkte Operatoren in der Regel nicht auf dem ganzen Raum definiert sind.

D.3.15 **Definition 3.15:** *Es sei* T *ein auf einem dichten Teilraum* $D(T)$ *des Hilbertraumes* $\boldsymbol{H}$ *definierter linearer Operator mit Werten in* $\boldsymbol{H}$*. Es sei* $D(T^*)$ *die Menge aller* $x\in\boldsymbol{H}$*, zu denen ein* $y\in\boldsymbol{H}$ *existiert, so daß die Gleichung*

$$\langle x,Tz\rangle=\langle y,z\rangle\tag{3.70}$$

für alle $z\in D(T)$ *gilt.*

Für jedes $x \in D(T^*)$ setzen wir dann [wenn (3.70) erfüllt ist]

$$y = T^*x. \tag{3.71}$$

Der Operator T^* heißt **der zu T adjungierte Operator.**

Bemerkung 3.8: Es zeigt sich, daß $D(T^*)$ ein linearer Teilraum von $\boldsymbol{H}$ ist und daß das Element y gemäß Formel (3.70) eindeutig festgelegt ist, so daß die Gl. (3.71) sinnvoll ist. Auf $D(T^*)$ ist dann T^* ein linearer Operator, der $D(T^*)$ in $\boldsymbol{H}$ abbildet (aber nicht stetig zu sein braucht). Ist $D(T) = \boldsymbol{H}$ und ist T beschränkt, so gilt auch $D(T^*) = \boldsymbol{H}$, und T^* ist der zu T adjungierte Operator im Sinne der Def. 3.14.

Für die Anwendungen in der (Quanten-)Physik sind vor allem symmetrische, speziell selbstadjungierte Operatoren von Interesse. Wir bringen hier die Definitionen, Anwendungen folgen in Kap. 5.

Definition 3.16: *Es sei T ein auf einem dichten Teilraum des Hilbertraumes $\boldsymbol{H}$ definierter linearer Operator. T heißt* **symmetrisch** *(oder auch* **hermitesch**), *wenn $D(T) \subseteqq D(T^*)$ und $T^*x = Tx$ für alle $x \in D(T)$ gilt; m. a. W.: T heißt symmetrisch, wenn die Gleichung* **D.3.16**

$$\langle x, Ty \rangle = \langle Tx, y \rangle \quad \text{für alle } x, y \in D(T) \tag{3.72}$$

gilt.

In diesem Zusammenhang ist der folgende Satz von E. Hellinger und O. Toeplitz von besonderem Interesse.

Satz 3.19: *Es sei T ein auf $D(T) = \boldsymbol{H}$ (Hilbertraum) definierter linearer Operator, der $D(T)$ in $\boldsymbol{H}$ abbildet. Falls die Gleichung* **S.3.19**

$$\langle x, Ty \rangle = \langle Tx, y \rangle$$

für alle $x, y \in \boldsymbol{H}$ gilt, so ist T notwendig beschränkt (stetig).

Mit anderen Worten, ein *überall* auf $\boldsymbol{H}$ definierter *symmetrischer* linearer Operator ist (automatisch) *beschränkt*.

Eine im allgemeinen stärkere Forderung als die Symmetrie ist die Selbstadjungiertheit eines linearen Operators.

Definition 3.17: *Ein auf einem dichten linearen Teilraum $D(T)$ eines Hilbertraumes definierter linearer Operator heißt* **selbstadjungiert**, *wenn T symmetrisch ist und zusätzlich* **D.3.17**

$$D(T) = D(T^*)$$

gilt, d. h., wenn $T^* = T$ ist.

Der Nachweis für die Selbstadjungiertheit ist für unbeschränkte Operatoren relativ aufwendig, die Symmetrie läßt sich oft sehr viel leichter zeigen. Für beschränkte lineare Operatoren, die auf dem ganzen Raum (= Hilbertraum) definiert sind, fallen jedoch die Begriffe Symmetrie und Selbstadjungiertheit zusammen. Für unbeschränkte Operatoren kann man folgende Kriterien für Selbstadjungiertheit benutzen.

Satz 3.20: *Es sei T ein auf einem dichten linearen Teilraum des Hilbertraumes $\boldsymbol{H}$ definierter linearer symmetrischer Operator. T ist genau dann selbstadjungiert, wenn die Bildmengen der Operatoren $T + \mathrm{i}I$ und $T - \mathrm{i}I$, also die Mengen $(T + \mathrm{i}I)\,[D(T)]$ und $(T - \mathrm{i}I)\,[D(T)]$ beide mit ganz $\boldsymbol{H}$ übereinstimmen.* **S.3.20**

Satz 3.21: *Es sei T ein auf einem dichten linearen Teilraum des Hilbertraumes $\boldsymbol{H}$ definierter (linearer) selbstadjungierter Operator. Weiter sei S ein symmetrischer Operator mit $D(T) \subseteqq D(S)$.* **S.3.21**

Für gewisse reelle Zahlen δ und c mit $0 \leqq \delta < 1$ und $c \geqq 0$ sei die Ungleichung

$$\|Sx\| \leqq \delta \|Tx\| + c\|x\| \quad (x \in D(T))$$

erfüllt. Dann ist der Operator $T + S$ mit $D(T + S) = D(T)$ selbstadjungiert.

Dieser Satz, der auf T. Kato zurückgeht, ist vor allem in der Quantenmechanik nützlich (Beweis: [66, S. 209]).

Ein Beispiel für einen selbstadjungierten, unbeschränkten Operator erhält man in folgender Weise.

Beispiel 3.10: Es sei $\boldsymbol{H} = L^2(R)$ der Hilbertraum der (Klassen von) quadratisch summierbaren (komplexwertigen) Funktionen $x(t)$ $(-\infty < t < +\infty)$ und $W^{2,2}(R)$ der zugehörige Sobolew-Raum der verallgemeinert zweimal differenzierbaren Funktionen. $W^{2,2}(R)$ liegt in $\boldsymbol{H}$ dicht [s. (2.27) und Satz 2.19]. Der Operator T: $W^{2,2}(R) \rightarrow \boldsymbol{H}$, der durch die Vorschrift

$$Tx(t) = -x''(t) \quad (-\infty < t < +\infty; \ x \in W^{2,2}(R))$$

erklärt ist, ist selbstadjungiert in $\boldsymbol{H}$ (Beweis: [66, S. 287]).

3.3.2. Vollstetige selbstadjungierte Operatoren im Hilbertraum

Die Eigenschaft der Vollstetigkeit hat für die Gestalt eines auf dem ganzen Raum definierten selbstadjungierten Operators wesentliche Konsequenzen, die zuerst von D. Hilbert erkannt wurden.

S.3.22 **Satz 3.22:** *Es sei $\boldsymbol{H}$ ein (separabler)[1]) Hilbertraum und $T: \boldsymbol{H} \rightarrow \boldsymbol{H}$ ein selbstadjungierter, vollstetiger Operator. Dann besitzt T Eigenwerte $\lambda_1, \lambda_2, \ldots, \lambda_n, \ldots$, und es existiert ein in $\boldsymbol{H}$ vollständiges ONS von zugehörigen Eigenvektoren $e_1, e_2, \ldots, e_n, \ldots$.*

$$Te_n = \lambda_n e_n \quad (n = 1, 2, \ldots).$$

Ist $\boldsymbol{H}$ unendlichdimensional, so gilt $\lim\limits_{n\to\infty} \lambda_n = 0$.

Unter den Bedingungen des Satzes 3.22 hat die dem Operator T zugeordnete Matrix die folgende Gestalt [s. (3.61)]:

$$a_{nj} = \langle e_n, Te_j \rangle = \langle e_n, \lambda_j e_j \rangle = \lambda_j \langle e_n, e_j \rangle = \begin{cases} \lambda_n & \text{für } j = n, \\ 0 & \text{für } j \neq n. \end{cases}$$

Dem Operator T entspricht somit eine (i. allg. unendliche) Diagonalmatrix, in der in der Diagonale die Eigenwerte des Operators stehen; m. a. W., vollstetige selbstadjungierte Operatoren lassen eine „Hauptachsentransformation" zu, wie dies von reellen symmetrischen Matrizen her bekannt ist. Die Bedingung der Selbstadjungiertheit ist dabei wesentlich. Es gibt nicht-selbstadjungierte vollstetige Operatoren, z. B. den Operator

$$(Tx)(s) = \int_0^s x(t)\,\mathrm{d}t \quad (0 \leqq s \leqq 1) \quad x \in L^2_{\mathrm{R}}[0,1]$$

im Hilbertraum $L^2_{\mathrm{R}}[0,1]$, die keinen einzigen Eigenwert besitzen.

Wie für reelle symmetrische Matrizen gilt die folgende Aussage über die Eigenwerte und Eigenvektoren eines (nicht notwendig beschränkten) symmetrischen Operators.

---

[1]) Ein Hilbertraum $\boldsymbol{H}$ heißt **separabel**, wenn es eine Folge $\{x_n\} \in \boldsymbol{H}$ gibt, so daß zu jedem $x \in \boldsymbol{H}$ eine Teilfolge $\{x_{n_k}\}$ von $\{x_n\}$ existiert, so daß $x = \lim\limits_{k\to\infty} x_{n_k}$ ist.

Satz 3.23: *Es sei T ein symmetrischer Operator im Hilbertraum. Dann gilt* S.3.23
(I) *Jeder Eigenwert von T ist reell;*
(II) *Eigenvektoren zu verschiedenen Eigenwerten sind zueinander orthogonal.*

Beweis. Ist $Tx = \lambda x$ mit $x \neq o$, so folgt mittels der Symmetrie von T die Gleichheit $\lambda\langle x, x\rangle = \langle x, \lambda x\rangle = \langle x, Tx\rangle = \langle Tx, x\rangle = \langle \lambda x, x\rangle = \bar{\lambda}\langle x, x\rangle$ mit $\|x\|^2 = \langle x, x\rangle > 0$. Folglich muß $\bar{\lambda} = \lambda$ gelten; λ ist reell. Gilt zum anderen $Tx = \lambda x$ und $Ty = \mu y$ mit $x \neq o, y \neq o$ und $\lambda \neq \mu$, so sind λ, μ reell, und wir erhalten $\mu\langle x,y\rangle = \langle x, \mu y\rangle = \langle x, Ty\rangle = \langle Tx, y\rangle = \langle \lambda x, y\rangle = \bar{\lambda}\langle x, y\rangle = \lambda\langle x, y\rangle$ also $\langle x, y\rangle = 0$. ■

3.3.3. Konstruktive Verzweigungstheorie

In der (lokalen) Verzweigungstheorie (Bifurkationstheorie) befaßt man sich mit der Frage des Verhaltens von Lösungen parameterabhängiger nichtlinearer Gleichungen in der Umgebung eines „Umschlagpunktes" im (endlich- oder unendlichdimensionalen) Parameterraum, d.h., einer Stelle im Parameterraum, an der sich qualitative Eigenschaften der Lösungen schlagartig ändern.

Ein klassisches Beispiel ist die praktisch wichtige Aufgabe der Durchbiegung eines Stützbalkens bei Einwirken einer Last, die längs der (ideal lotrechten) Trägerachse wirkt. Bis zu einer kritischen Lastgröße („Eulersche Knicklast") ist die (ungestörte) Ausgangslage stabil. Oberhalb des kritischen Wertes wird die Ausgangslage instabil und es tritt die Möglichkeit einer Durchbiegung auf (die real tatsächlich stets eintritt, da es stets kleine zufällige Störungen der Ruhelage gibt, die bei deren Instabilität die „Symmetrie brechen").

Im Zusammenhang mit der Notwendigkeit, nichtlineare Phänomene stärker in die Berechnungen realer Situationen einbeziehen zu müssen, ist die genaue Kenntnis der Durchbiegung nach Überschreiten der Knicklast von Interesse. Exakte Lösungen sind (bis auf Ausnahmen) in solchen Situationen nicht bekannt und es sind brauchbare Näherungen gefragt. Ein solches Näherungsverfahren läßt sich auf der Grundlage des Satzes von der impliziten Funktion entwickeln. Wir betrachten (als eine typische Aufgabe) eine nichtlineare Eigenwertaufgabe der Form

$$A(x) = \lambda x \tag{3.73}$$

Hierbei bezeichnet $A\colon E \to E$ einen (nichtlinearen) Operator, der auf einem (reellen) Banach-Raum E erklärt ist und für den die Gleichung

$$A(o_E) = o_E$$

(o_E: Nullelement von E) gilt. Da für alle reellen Zahlen λ die Gleichung $A(x) = \lambda x$ mit $x = o_E$ dann erfüllt ist, interessiert man sich für Lösungen $x \neq o_E$ dieser Gleichung.

Unter besonderen Voraussetzungen an den Operator A gibt es Werte λ_0 (Verzweigungswerte von A), zu denen Lösungen (λ, x) der Gleichung (3.73) in jeder Umgebung von (λ_0, o_E) mit $x = o_E$ existieren.

Definition 3.18: *Es sei $A\colon E \to E$ eine Abbildung des reellen Banachraumes E in sich und es gelte die Gleichung $A(o_E) = o_E$. Eine Zahl $\lambda_0 \in R$ heißt Verzweigungswert von A für die Eigenwertaufgabe* D.3.18

$$A(x) = \lambda x,$$

wenn es zu jedem $\varepsilon > 0$ ein $x \in E$ mit $0 < \|x\| \leqq \varepsilon$ und ein $\lambda \in R$ mit $|\lambda - \lambda_0| \leqq \varepsilon$ gibt, für welches die Gleichung $A(x) = \lambda x$ erfüllt ist.

Mittels des Satzes von der impliziten Funktion zeigt man direkt die Gültigkeit der folgenden notwendigen, aber nicht hinreichenden Bedingung für Verzweigungswerte.

Satz 3.24: *Es sei E ein (reeller) Banach-Raum und $A\colon E \to E$ eine stetige Abbildung von E in sich mit $A(o_E) = o_E$. Der Operator A besitze eine Fréchet-Ableitung bei $x = o_E$; $A'(o_E) \in L[E, E]$* (s. Def. 4.9). S.3.24

Es sei $\lambda_0 \in R$ ein Verzweigungswert von A (im Sinne der Definition 3.18).

Dann gilt $\lambda_0 \in \sigma(A'(o_E))$; d.h. λ_0 ist kein regulärer Wert von $A'(o_E)$ (s. Def. 3.8.), *sondern liegt im Spektrum von $A'(o_E)$.* (s. [72]).

Eine hinreichende Bedingung liefert der folgende Satz (s. [73])

S.3.25 **Satz 3.25:** *Unter den Voraussetzungen des Satzes 3.24 sei $\lambda_0 \in \sigma(A'(o_E))$ ein algebraisch einfacher Eigenwert von $A'(o_E)$ (d.h., aus $(A'(o_E) - \lambda_0 I)^2 x = o_E$ folgt $x = \alpha x_0$ $(\alpha \in R)$, wobei $x_0 \neq o_E$ ein Eigenvektor von $A'(o_E)$ zum Eigenwert λ_0 ist). Dann ist λ_0 ein Verzweigungswert von A.*

Im folgenden setzen wir voraus, daß die Situation des Satzes 3.25 vorliegt. Zusätzlich lasse sich der Operator A in die Summe von drei Operatoren zerlegen $A_j: E \to E$, $j = 1, 2, 3$, ~

$$A = A_1 + A_2 + A_3$$

für die die folgenden Voraussetzungen (1)–(3) gelten.

(1) $A_1 = A'(o_E)$

(2) $A_2(x) = B(x; x)$ $(x \in E)$, wobei $B: E \times E \to E$ ein bilinearer Operator (linear bezüglich jeder Variablen bei festgehaltener anderer Variablen bei der Zuordnung $(x, y) \mapsto B(x; y)$) und gleichzeitig stetiger Operator ist.

(3) $A_3(x) = C(x; x; x)$ $(x \in E)$, wobei $C: E \times E \times E \to E$ ein stetiger, dreifach linearer (linear bezüglich jeder Variablen bei festen Werten der jeweils anderen Variablen bei der Zuordnung $(x, y, z) \mapsto C(x; y; z)$) Operator ist.

Nach dem Satz von der impliziten Funktion (angewandt auf einen geeignet gewählten Hilfsoperator) gibt es Reihenentwicklungen (sog. Poincaré-Lindstedt-Reihen) der Lösung der Eigenwertaufgabe

$$A(x) = \lambda x$$

nach einem reellen Parameter s für

$$x = x(s) = s x_0 + s^2 \xi_2 + s^3 \xi_3 + \ldots = s x_0 + \sum_{n=2}^{\infty} s^n \xi_n \quad (\xi_n \in E)$$

bzw.

$$\lambda = \lambda(s) = \lambda_0 + \mu_1 s + \mu_2 s^2 + \ldots = \lambda_0 + \sum_{n=1}^{\infty} \mu_n s^n \quad (\mu_n \in R),$$

die für alle $s \in R$ mit $|s| \leq \delta$ $(\delta > 0$, hinreichend klein) gleichmäßig konvergieren. Die Koeffizienten $\xi_n \in E$ bzw. $\mu_n \in R$ lassen sich durch Koeffizientenvergleich sowie anschließende Projektion auf den Nullraum (Kern) von $(A'(o_E) - \lambda_0 I)$ bzw. seinen Komplementärraum (die direkte Summe beider Teilräume ergibt E) $E_1 = (A'(o_E) - \lambda_0 I)\,[E]$ leicht und rekursiv ermitteln.

Ist $f \in E'$ ein lineares stetiges Funktional auf E mit $f(x_0) = 1$ und Ker f $= (A'(o_E) - \lambda_0 I)\,[E]$, so erhält man unter Verwendung des Operators $\Gamma = ((A'(o_E) - \lambda_0 I) \mid E_1)^{-1}$ und der Projektion $Q(x) = x - f(x)\, x_0$ $(x \in E)$ von E auf E_1 z.B. die Werte

$$\xi_2 = -\Gamma Q B(x_0; x_0)$$

$$\begin{aligned}\xi_3 = &-\Gamma Q(C(x_0; x_0; x_0)) - 2\Gamma Q B(\Gamma Q B(x_0; x_0); x_0)\\ &-f(B(x_0; x_0))\, \Gamma(\Gamma Q B(x_0; x_0))\end{aligned}$$

bzw.

$$\mu_1 = f(B(x_0; x_0))$$

$$\mu_2 = f(C(x_0; x_0; x_0)) - 2 f(B(\Gamma Q B(x_0; x_0); x_0)).$$

Beispiel 3.11: Im reellen Banach-Raum $E = R^3$ der Vektoren $x = (x_1, x_2, x_3)$ sei

$$A(x) = \begin{bmatrix} 2x_1 + x_1^2 + x_2^2 \\ x_2 + x_3 + x_1^2 \\ -x_2 + x_3 \end{bmatrix} \quad (x \in E).$$

Es gilt dann die Gleichung $A(o_E) = o_E$; A ist stetig und A besitzt eine Zerlegung der Form

$$A = A_1 + A_2 + A_3$$

mit $$A_1 = A'(o_E) = \begin{bmatrix} 2 & 0 & 0 \\ 0 & 1 & 1 \\ 0 & -1 & 1 \end{bmatrix},$$

$$A_2(x) = B(x; x),$$

wobei ($x = (x_1, x_2, x_3)$; $y = (y_1, y_2, y_3)$) und

$$B(x; y) = \begin{bmatrix} x_1 y_1 + x_2 y_2 \\ x_1 y_1 \\ 0 \end{bmatrix};$$

sowie $A_3(x) = o_E$ ($x \in E$) gilt.

Die oben genannten Bedingungen (1)–(3) sind ersichtlich erfüllt. Der Wert $\lambda_0 = 2$ ist ein algebraisch einfacher Eigenwert von $A'(o_E)$ (die weiteren Eigenwerte von $A'(o_E)$ sind komplex). Ein zugehöriger Eigenvektor ist $x^{(0)} = \begin{bmatrix} 1 \\ 0 \\ 0 \end{bmatrix}$.

Das Funktional $f: R^3 \to R$, gegeben durch $f(x) = x_1$, erfüllt die obigen Forderungen; wir erhalten

$$Q(x) = x - f(x)\, x^{(0)} = \begin{bmatrix} 0 \\ x_2 \\ x_3 \end{bmatrix}.$$

Somit ist

$$(A'(o_E) - \lambda_0 I)\, E_1(x) = \begin{bmatrix} 0 & 0 & 0 \\ 0 & -1 & 1 \\ 0 & -1 & -1 \end{bmatrix} \begin{bmatrix} 0 \\ x_2 \\ x_3 \end{bmatrix} = \begin{bmatrix} 0 \\ -x_2 + x_3 \\ -x_2 - x_3 \end{bmatrix}.$$

Dieser Operator besitzt die Inverse auf $E_1 = Q[E]$

$$\Gamma = [A'(o_E) - \lambda_0 I \mid E_1]^{-1} = \frac{1}{2} \begin{bmatrix} 0 & 0 & 0 \\ 0 & -1 & -1 \\ 0 & 1 & -1 \end{bmatrix}.$$

Also ergibt sich (s.o.)

$$\xi_2 = -\Gamma Q B(x^{(0)};\; x^{(0)}) = -\Gamma Q \left(\begin{bmatrix} 1 \\ 1 \\ 0 \end{bmatrix} \right) = -\Gamma \begin{bmatrix} 0 \\ 1 \\ 0 \end{bmatrix}$$

$$= -\frac{1}{2} \begin{bmatrix} 0 & 0 & 0 \\ 0 & -1 & -1 \\ 0 & 1 & -1 \end{bmatrix} \begin{bmatrix} 0 \\ 1 \\ 0 \end{bmatrix} = \begin{bmatrix} 0 \\ \frac{1}{2} \\ -\frac{1}{2} \end{bmatrix};$$ entsprechend wird

$$\xi_3 = \begin{bmatrix} 0 \\ 0 \\ \frac{1}{2} \end{bmatrix}.$$ (Übung für den Leser.)

Für den Eigenwert ergeben sich die Koeffizienten

$$\mu_1 = f(B(x^{(0)};\; x^{(0)})) = f\left(\begin{bmatrix} 1 \\ 1 \\ 0 \end{bmatrix} \right) = 1 \quad \text{und}$$

$$\mu_2 = -2f(B(\Gamma Q B(x^{(0)}; x^{(0)}); x^{(0)}))$$

$$= -2f\left(B\left(\begin{bmatrix} 0 \\ -\frac{1}{2} \\ \frac{1}{2} \end{bmatrix}; \begin{bmatrix} 1 \\ 0 \\ 0 \end{bmatrix} \right) \right) = -2f\left(\begin{bmatrix} 0 \\ 0 \\ 0 \end{bmatrix} \right) = 0.$$

Somit gilt näherungsweise (im Sinne einer Taylorentwicklung) für kleine Werte von $|s|$ für die Lösung der Eigenwertaufgabe

$$\begin{bmatrix} 2x_1 + x_1^2 + x_2^2 \\ x_2 + x_3 + x_1^2 \\ -x_2 + x_3 \end{bmatrix} = \lambda \begin{bmatrix} x_1 \\ x_2 \\ x_3 \end{bmatrix}$$

$$x = x(s) = s\begin{bmatrix} 1 \\ 0 \\ 0 \end{bmatrix} + s^2 \begin{bmatrix} 0 \\ \frac{1}{2} \\ -\frac{1}{2} \end{bmatrix} + s^3 \begin{bmatrix} 0 \\ 0 \\ \frac{1}{2} \end{bmatrix} + \ldots = \begin{bmatrix} s \\ \frac{1}{2}s^2 \\ -\frac{1}{2}s^2 + \frac{1}{2}s^3 \end{bmatrix} + \ldots$$

bzw.

$$\lambda = \lambda(s) = 2 + s + 0 \cdot s^2 + \ldots = 2 + s + \ldots.$$

Die Probe (Einsetzen!) zeigt, daß der Fehler die Größenordnung $|s|^4$ besitzt.

4. Ausgewählte Anwendungen

4.1. Distributionen

In Abschnitt 1.2.2. waren schon Distributionen als lineare (stetige) Funktionale über dem linearen Raum $\mathring{C}_R^\infty$ der über dem R^n definierten, finiten, beliebig oft differenzierbaren Funktionen erklärt worden. Sie spielen in der modernen Theorie der Differentialgleichungen eine überragende Rolle [68], [69], [8]. Wir gehen jetzt genauer darauf ein.

4.1.1. Distributionen als lineare stetige Funktionale

Definition 4.1: *Unter einer* **Distribution** *L verstehen wir ein lineares stetiges Funktional L über dem Grundraum* $D = \mathring{C}^\infty(R^n)$ (s. Def. 2.17), *in dem ein Konvergenzbegriff erklärt ist. Die Konvergenz einer Elementfolge* $\{\varphi_m\}$ *gegen* φ *ist gegeben durch* [s. (2.14), D statt ∂] D.4.1

$$\{\varphi_m\} \to \varphi \Leftrightarrow \begin{cases} \{D^\alpha \varphi_m\} \to D^\alpha \varphi \ (\alpha \geqq 0, \text{ganz})^{1)} \ \varphi_m \in D,\ m = 1, 2, \ldots, \varphi \in D & (4.1) \\ \textit{es existiert unabhängig von m eine beschränkte Menge} \\ U \subseteqq R^n \textit{ mit } \operatorname{supp} \varphi_m \subseteqq U. & (4.2) \end{cases}$$

D ist nichtleer [68, S. 69]. Die Menge der Distributionen bezeichnen wir mit D'; D' ist nichtleer: denn jede lokalsummierbare (s. Def. 2.19) Funktion f liefert ein Element L_f aus D', indem wir f das Integral

$$L_f \varphi = \int_{R^n} f(x)\, \varphi(x)\, \mathrm{d}x = (f, \varphi) \quad (\varphi \in D) \tag{4.3}$$

zuordnen. Dieses L_f ist bei festem f über D linear und stetig, also eine Distribution. Distributionen, die eine Darstellung (4.3) gestatten, heißen **regulär**, andernfalls **singulär**. Die regulären Distributionen sind eineindeutig den lokalsummierbaren Funktionen zugeordnet, wenn man äquivalente Funktionen als gleich ansieht (s. 2.2.2.). Wenn wir in der Menge $L^1_{\mathrm{loc}}(R^n)$ jeweils f durch L_f ersetzen und bis auf Mengen vom Maß 0 gleiche Funktionen als gleich ansehen, die so gewonnene Menge sei $\tilde{M}$, so gilt $\tilde{M} \subseteqq D'$. Da das bezüglich $\mathring{x} \in R^n$ gebildete Dirac-Funktional [s. (1.49)] $\delta_{\mathring{x}}$:

$$(\delta_{\mathring{x}}, \varphi) = \varphi(\mathring{x}) \quad (\varphi \in D) \tag{4.4}$$

auch ein lineares stetiges[2]) Funktional über D ist, was nicht durch ein lokalintegrables f repräsentierbar ist [68, S. 74], gilt $\tilde{M} \subsetneqq D'$, weswegen Distributionen auch „verallgemeinerte Funktionen" heißen. Man kann jeder von ihnen auch einen **Träger** (für Funktionen s. Def. 2.17) zuordnen: Wir sagen nämlich zunächst, daß eine verallgemeinerte Funktion L in einem Gebiet $G \subseteqq R^n$ **verschwindet**, wenn gilt $L\varphi = 0$ für alle $\varphi \in D$ mit $\operatorname{supp} \varphi \subseteqq G$, und nun wird definiert:

Definition 4.2: *Ein Punkt* $x \in R^n$ *gehört zum* **Träger** *von L*, supp *L, falls in keiner Umgebung von x gilt* $L = 0$. D.4.2

Beispielsweise ist daher $\operatorname{supp} L_{\delta_0} = \{0\}$, und zwei Distributionen L_1, L_2 heißen **gleich**, wenn $L_1\varphi - L_2\varphi = 0$ für alle $\varphi \in D$ gilt; sie heißen **gleich über** G (wobei G wie oben ein Gebiet ist), falls $L_1 - L_2 = 0$ über G gilt.

---

[1]) Gleichmäßige Konvergenz für jeden Multiindex α.

[2]) Es gilt bei „φ_n gleichmäßig konvergent gegen φ" erst recht $\varphi_n(\mathring{x}) \to \varphi(\mathring{x})$.

4.1.2. Rechenregeln und Anwendungen

D.4.3 **Definition 4.3 (Differentiationsregel):** *Ist die Distribution L gegeben, so ist die (distributionelle) Ableitung der Ordnung α von L die Distribution $D^\alpha L$ mit* [s. auch (1.50), (2.23), (2.14)]

$$(D^\alpha L)(\varphi) = (-1)^{|\alpha|} L(D^\alpha \varphi) \quad (\varphi \in D). \tag{4.5}$$

Die Reihenfolge der Ableitungen (bei $n > 1$) spielt keine Rolle.

Beispiel 4.1: Es sei L die Delta-Distribution δ_0. Dann ist

$$(D^\alpha \delta_0)(\varphi) = (-1)^{|\alpha|} \delta_0(D^\alpha \varphi) = (-1)^{|\alpha|} (D^\alpha \varphi)(0) \quad (\varphi \in D). \tag{4.5 a}$$

Die Ladungsdichte für einen im Punkt $x = 0$ liegenden Dipol mit dem elektrischen Moment $+1$ auf einer Geraden (x-Achse) entspricht $-\delta_0'$ [38]. Einem solchen Dipol entspricht näherungsweise die folgende Ladungs*dichte* zweier Einzelladungen verschiedenen Vorzeichens: $\varepsilon^{-1}\delta_\varepsilon - \varepsilon^{-1}\delta_0$, $\varepsilon > 0$. Der Grenzwert für $\varepsilon \to 0$ ergibt dann die mathematische Beschreibung der Ladungsdichte eines Dipols: für jedes $\varphi \in D$ ist

$$\lim_{\varepsilon \to +0} \left(\frac{1}{\varepsilon} \varphi(\varepsilon) - \frac{1}{\varepsilon} \varphi(0) \right) = \varphi'(0) = \underset{(4.5\,\mathrm{a})}{\delta_0(\varphi')} = \underset{(4.5)}{-\delta_0'(\varphi)}. \tag{4.5 b}$$

Ist f stetig differenzierbar bis auf die Stelle $\mathring{x} \in \mathbf{R}$, an der endliche Grenzwerte von f und f' von rechts und links existieren, so berechnet sich für die dieser lokalintegrablen Funktion f zugeordneten Distribution L_f die 1. Ableitung wie folgt:

$$\begin{aligned}
(L_f', \varphi) = L_f'(\varphi) &= \left(\int_{-\infty}^{+\infty} f(x)\, \varphi(x)\, \mathrm{d}x \right)^{\cdot} = -\int_{-\infty}^{+\infty} f(x)\, \varphi'(x)\, \mathrm{d}x \\
&= -\int_{-\infty}^{\mathring{x}} f(x)\, \varphi'(x)\, \mathrm{d}x - \int_{\mathring{x}}^{+\infty} f(x)\, \varphi'(x)\, \mathrm{d}x \\
&= -[f(\mathring{x} - 0)\, \varphi(\mathring{x})] + \int_{-\infty}^{\mathring{x}} f'(x)\, \varphi(x)\, \mathrm{d}x + f(\mathring{x} + 0)\, \varphi(\mathring{x}) + \int_{\mathring{x}}^{+\infty} f'(x)\, \varphi(x)\, \mathrm{d}x,
\end{aligned}$$

also:

$$(L_f)' = L_{f'} + (f(\mathring{x} + 0) - f(\mathring{x} - 0))\, \delta_{\mathring{x}}, \tag{4.5 b}$$

bei der δ-Distribution steht gerade die *Sprunghöhe* von f an der Stelle $\mathring{x}$ als Faktor. Ist also f an der Stelle $\mathring{x}$ stetig, so ist $(L_f)' = L_{f'}$.

D.4.4 **Definition 4.4 (Konvergenz einer Folge $\{L_m\}$ von Distributionen):** *$\{L_m\}$ heißt konvergent gegen die Distribution L, wofür wir kurz $\{L_m\} \to L$ schreiben, falls für $m \to \infty$*

$$\{L_m(\varphi)\} \to L\varphi \quad (\varphi \in D) \tag{4.6}$$

gilt (schwache Konvergenz der Funktionale über D).

$\{E_n\} \to S\delta_0$ von 1.2.2. bei (1.57) ist ein Beispiel für Def. 4.4.

Gilt für die Folge $\{L_m\}$ von Distributionen, daß $\{L_m\varphi\}$ für jedes $\varphi \in D$ konvergent ist gegen die Zahl $G(\varphi)$, so ist G eine Distribution (Satz von Banach-Steinhaus für D'). Umgekehrt gilt: D ist dicht in D' eingebettet. Jede verallgemeinerte Funktion ist also Grenzwert [im Sinne von (4.6)] regulärer Distributionen. Ferner ist D' mit der Konvergenz in (4.6) vollständig. $\{L_m\} \to L$ zieht auch die Konvergenz der Folge der Ableitungen $\{D^\alpha L_m\} \to D^\alpha L$ nach sich.

Beispiel 4.2: Der Hauptwert (Bd. 2, S. 231) von $\int_R \frac{\varphi(x)}{x}\,dx$ ist in Abhängigkeit von $\varphi \in D$ eine Distribution P: Denn er ist der (existierende) Grenzwert der Folge $\left\{\int_{|x|>\frac{1}{k}} \frac{\varphi(x)}{x}\,dx\right\}_{k \geq 1}$ regulärer Distributionen: Man setze in (4.3)

$$f_k(x)\begin{cases} = 0 & \left(|x| \leq \frac{1}{k}\right), \\ = \frac{1}{x} & \left(|x| > \frac{1}{k}\right). \end{cases}$$

P ist eine *singuläre* Distribution. Sie tritt in den Anwendungen (Quantenphysik) bei den Formeln von Sochozki auf:

$$\frac{1}{x + \mathrm{i}0} = -i\pi\,\delta_0 + P, \qquad \frac{1}{x - \mathrm{i}0} = \mathrm{i}\pi\,\delta_0 + P. \tag{4.6a, b}$$

Die Zeichen $+0$ und -0 auf der linken Seite sollen auf die Herkunft durch Grenzwertbildung im Sinne von (4.6) hinweisen: Betrachtet man nämlich die den Funktionen $\frac{1}{x + \mathrm{i}\varepsilon_n}$ für $\varepsilon_n > 0$, $\lim_{n\to\infty} \varepsilon_n = 0$ zugeordneten regulären Distributionen, also

$$L_n\varphi = \int_R \frac{1}{x + \mathrm{i}\varepsilon_n}\,\varphi(x)\,dx,$$

so konvergiert die Folge $\{L_n\varphi\}$ für jedes φ:

$$\{L_n\varphi\} \to (-\mathrm{i}\pi\,\varphi(0) + P\varphi) \quad (\varphi \in D),$$

und das ist gerade die rechte Seite von (4.6a) [39].

Beispiel 4.3: Die Funktion $\log|x|$ (für $x = 0$ setze man $\log|x| := 0$) ist lokal integrabel über R, denn für $0 < \varepsilon < 1$ gilt $|x|^\varepsilon\,|\log|x|| \to 0$ für $|x| \to 0$, und hieraus folgt

$$|\log|x|| \leq |x|^{-\varepsilon},\ x \neq 0,$$

in einer hinreichend kleinen Umgebung des Nullpunktes. Sie erzeugt also eine Distribution **log**. Deren (distributionelle) Ableitung ist P:

$$((\mathbf{log})', \varphi) = -(\mathbf{log}, \varphi') = -\int_R \log|x|\,\varphi'(x)\,dx.$$

Um das rechte Integral zu berechnen, darf man nicht partiell integrieren, da x^{-1} in keiner Umgebung der 0 integrierbar ist. Aber der Satz von Lebesgue (s. Satz 1.5) liefert bei festen $\varepsilon > 0$, $\varphi \in D$

$$\int_R \log|x|\,\varphi'(x)\,dx = \lim_{\varepsilon\to 0} \int_{|x|\geq\varepsilon} \log|x|\,\varphi'(x)\,dx =: \lim_{\varepsilon\to 0} I_\varepsilon,$$

weil mit der Funktion $e_\varepsilon(x) = \begin{cases} 1 & \text{für } |x| \geq \varepsilon \\ 0 & \text{sonst} \end{cases}$ gilt

$$e_\varepsilon(x)\,|\log|x|\,\varphi'(x)| \leq |\log|x||\,|\varphi'(x)| \in L^1(R).$$

I_ε kann man mit partieller Integration berechnen und erhält

$$I_\varepsilon = \log\varepsilon\,(\varphi(-\varepsilon) - \varphi(\varepsilon)) - \int_{|x|\geq\varepsilon} \varphi(x)\,x^{-1}\,dx.$$

Wegen $|\varphi(-\varepsilon) - \varphi(\varepsilon)| \leq 2\varepsilon \sup\{|\varphi'(x)|;\ x \in R\}$ (Mittelwertsatz!) ist daher

$$\lim_{\varepsilon\to 0} I_\varepsilon = -\lim_{\varepsilon\to 0} \int_{|x|\geq\varepsilon} \frac{\varphi(x)}{x}\,dx \underset{\text{Bsp. 4.2}}{=} -P(\varphi).$$

D.4.5 **Definition 4.5 (Multiplikation einer Distribution L mit einer Funktion f):** *Ist $f \in C^\infty$, so definiert man das Produkt $f \cdot L$ durch*

$$(fL)\,\varphi = L(f\varphi) \quad (\varphi \in D). \tag{4.7}$$

Tatsächlich ist die rechte Seite der letzten Zeile sinnvoll, da $f \cdot \varphi \in D$.

Beispiel 4.4: Es sei $f \in C^\infty$. Wir bilden $f\delta_0$:

$$(f\delta_0)\,\varphi = \delta_0(f\varphi) = f(0)\,\varphi(0), \quad \text{also} \quad f\delta_0 = f(0)\,\delta_0. \tag{4.7a}$$

Ferner sei $f(x) \equiv x$. Wir bilden xP:

$$(xP)\,\varphi = P(x\varphi) = \text{Hauptwert} \int_{\mathbf{R}} x\frac{\varphi(x)}{x}\,dx = \int_{\mathbf{R}} 1\varphi(x)\,dx = \mathit{1}, \tag{4.7b}$$

wobei $\mathit{1}$ die von $f \equiv 1$ erzeugte Distribution ist.

Unter der **Faltung** $f * g$ zweier stetiger Funktionen f, g, die beide über dem R^n gegeben seien, versteht man die Funktion

$$(f * g) : (f * g)(x) = \int_{R^n} f(y) g(x-y)\,dy, \qquad x \in R^n, \tag{4.8a}$$

falls das Integral für alle x existiert. Dies ist z. B. der Fall, wenn f oder g einen kompakten Träger hat, das Integral ist dann ein eigentliches Integral. Die Variablentransformation $x - y = \eta$ liefert die Kommutativität der Faltung

$$(f * g)(x) = \int_{R^n} f(y)\,g(x-y)\,dy = \int_{R^n} f(x-y)\,g(y)\,dy = (g * f)(x), \tag{4.8b}$$

und ist g stetig differenzierbar, so auch $(f * g)$, denn man kann in (4.8a) unter dem Integral differenzieren (s. Bd. 5).

Beispiel 4.5: Faltungen treten bei der Beschreibung physikalischer oder ingenieurtechnischer Prozesse auf, s. z. B. (1.108), denn es ist dort $h(t-\tau) = 0$ für $t - \tau \leqq 0$, so daß man die Integration in (1.108) bis ∞ statt nur bis t erstrecken kann. Auch (1.62) ist eine Faltung, s. die Bemerkungen unter Satz 4.1.

Um ein Bildungsgesetz für die **Faltung von Distributionen** zu gewinnen, betrachten wir wieder f, g wie oben und fassen f, g, $f * g$ jeweils als Distributionen L_f, L_g, L_{f*g} gemäß (4.3) auf. Somit folgt aus (4.8a) für $\varphi \in D$

$$L_{f*g}(\varphi) = \int_{R^n_{(x)}} \varphi(x) \int_{R^n_{(y)}} f(y)\,g(x-y)\,dy\,dx.$$

Die Variablentransformation $x - y = z$ sowie Vertauschung der Integrationsreihenfolge (s. S. 1.6.) ergibt

$$= \int_{R^n_{(y)}} f(y) \int_{R^n_{(x)}} g(z)\,\varphi(z+y)\,dz\,dy \tag{4.8c}$$

Das kann man folgendermaßen lesen:

$$= L_f(L_g\varphi(y+z)), \quad \varphi \in D, \tag{4.8d}$$

wobei L_g auf φ bez. der Variablen z wirkt, y fest ist, und L_f auf die dann von y abhängige Funktion $L_g(\varphi)$ wirkt. Hat g kompakten Träger, so ist das innere Integral in Abhängigkeit von y eine Funktion aus D (s. [70], S. 33) und (4.8d) ist im Sinne der Definition 4.1 sachgerecht. (4.8d) nehmen wir als Vorbild (s. [11], S. 496) für

Definition 4.6 (Faltung zweier Distributionen): *Ist L_1 eine beliebige Distribution aus D' und hat $L_2 \in D'$ einen kompakten Träger, d. h.* supp L_2 *ist eine kompakte Teilmenge von R^n, so versteht man unter der Faltung $L_1 * L_2$ von L_1 mit L_2 die Distribution* D.4.6

$$L_1 * L_2 : (L_1 * L_2)(\varphi) = L_1(L_2 \varphi(y+z)), \quad \varphi \in D, \tag{4.9}$$

wobei bei Anwendung von L_2 die Funktion φ als abhängig von z (mit $y \in R^n$ fest) aufzufassen ist, und L_1 dann auf die von y abhängige Funktion $L_2(\varphi(y+\cdot))$ anzuwenden ist.

Die Definition ist korrekt, da gezeigt werden kann (s. [70], S. 33), daß $L_2(\varphi(y+\cdot))$ eine Funktion aus D ist (bei supp L_2 kompakt). Ist supp L_2 nicht kompakt, so ist $L_2(\varphi(y+\cdot))$ immerhin noch aus $C^\infty(R^n)$. Bezüglich einer anderen Definition der Faltung zweier Distributionen (s. [70], S. 30). Es läßt sich die Äquivalenz zu Def. 4.6 zeigen. Für das wirkliche Ausrechnen der Faltung ist Formel (4.9) oft günstiger.

Beispiel 4.6: Es sei L eine beliebige Distribution. Dann existiert die Faltung mit der Delta-Distribution δ_0, und es gilt

$$(L * \delta_0)\varphi = L(\delta_0(\varphi(y+\cdot))),$$

und nach Definition der Delta-Distribution folgt:

$$(L * \delta_0)\varphi = L(\varphi(y)) = L(\varphi), \quad (\varphi \in D),$$

und daher ist

$$L * \delta_0 = L. \tag{4.10}$$

Da die Faltung zweier Distributionen, wenn sie existiert, **kommutativ** ist, ist auch

$$\delta_0 * L = L. \tag{4.10'}$$

Die beiden letzten Formeln korrespondieren zu Bed. 10: „Bezüglich der Faltung ist die Delta-Distribution das Einselement".

Da Distributionen differenzierbar sind, kann auch die Faltung $L_1 * L_2$ zweier Distributionen **differenziert** werden:

$$D^\alpha(L_1 * L_2) = (D^\alpha L_1) * L_2 = L_1 * (D^\alpha L_2), \tag{4.11}$$

und das ergibt wegen (4.10) mit $L_1 = \delta_0$ die interessante Formel

$$(D^\alpha \delta_0) * L_2 = \delta_0 * D^\alpha L_2 = D^\alpha L_2; \tag{4.12}$$

Differentiation kann durch eine Faltung mit der entsprechenden Ableitung der δ_0-Distribution (die wie δ_0 selbst kompakten, nämlich einpunktigen Träger hat) ersetzt werden. Man benötigt daher bei Benutzung der Faltung vom Differentiationskalkül nur die Ableitung von δ_0.

Hat weder L_1 noch L_2 einen kompakten Träger, so muß (4.11) nicht gelten! Dazu sei $\boldsymbol{\Theta}$ die der Heaviside-Funktion [s. (1.44)], $\boldsymbol{1}$ die der Funktion $f \equiv \boldsymbol{1}$ und $\boldsymbol{0}$ die der Funktion $f \equiv 0$ zugeordnete Distribution. Dann (existiert $\boldsymbol{\Theta} * \boldsymbol{1}$ nicht, und es) gilt

$$\boldsymbol{\Theta}' * \boldsymbol{1} = \delta * \boldsymbol{1} = \boldsymbol{1}; \qquad \boldsymbol{\Theta} * \boldsymbol{1}' = \boldsymbol{\Theta} * \boldsymbol{0} = \boldsymbol{0},$$

wobei sich $\boldsymbol{1}'$ so berechnet ($\varphi \in D$):

$$\left(\int_R 1 \cdot \varphi \, dx\right)' = -\int_R 1 \cdot \varphi' \, dx = 0 \quad \text{(Integration, } \varphi \text{ ist finit).}$$

Sind $f \in L^p$, $g \in L^q$, so ist $f * g \in L^r$ mit $r^{-1} = p^{-1} + q^{-1} - 1$, $1 \leqq p, q \lneqq \infty$ und $\|f * g\|_r \leqq \|f\|_p \|g\|_q$ ([11], S. 459).

Für einen partiellen Differentialoperator $P(D)$ mit konstanten Koeffizienten

$$P(D) = \sum_{|\alpha| \le m} a_\alpha D^\alpha: \quad (a_\alpha = a_{\alpha_1 \alpha_2 \dots \alpha_n}),$$

folgt wegen der Linearität aus (4.12)

$$P(D)L = (P(D)\delta_0) * L. \tag{4.13}$$

Eine Distribution G, die der distributionellen Differentialgleichung

$$P(D)G = \delta_0 \tag{4.14}$$

genügt, heißt eine **„Grundlösung"** des Differentialoperators $P(D)$. In 1.2.2. hatten wir zum Differentialausdruck D_2 in (1.35)

$$D_2 J = P(D)J = L\ddot{J} + \frac{1}{C} J \tag{4.15}$$

eine Greensche Funktion J gefunden; die ihr zugeordnete Distribution genügte der distributionellen Gleichung $P(D)J = \delta_{t_0}$ als Funktion ihres ersten Arguments, als Funktion der Differenz ihrer Argumente genügt sie der Gl. (4.14) (und weil sie den homogenen Anfangsbedingungen genügte, war sie auch eindeutig bestimmt) und ist daher eine Grundlösung von $P(D)$.

Es sei nun E eine *Distribution mit kompaktem Träger.* Dann gilt folgende Darstellungsformel für Lösungen einer Differentialgleichung im distributionellem Sinne:

S.4.1 **Satz 4.1:** *Ist $P(D)$ ein beliebiger Differentialausdruck mit konstanten Koeffizienten, und G eine Grundlösung von $P(D)$, also*

$$P(D)G = \delta_0, \tag{4.16}$$

so gibt es eine Lösung L der distributionellen Differentialgleichung $P(D)L = E$ der Gestalt

$$L = E * G. \tag{4.17}$$

L heißt auch eine **verallgemeinerte Lösung** *der Differentialgleichung $P(D)L = E$.* ***Beweis*** von (4.17):

$$P(D)(E * G) \underset{(4.11)}{=} E * (P(D)G) \underset{(4.16)}{=} E * \delta_0 \underset{(4.10)}{=} E. \tag{4.17'}$$

Zur Frage, wann eine verallgemeinerte Lösung eine klassische ist, s. z. B. [72/II], [68], [73].

Die physikalische Bedeutung der Lösungsdarstellung (4.17) besteht in der Superposition $E * G$ der punktweisen Wirkungen des äußeren Einflusses E: G ist die Antwort des Systems auf einem punkthaften Einfluß der Stärke 1 an der Stelle 0, $G * E$ die richtige Überlagerung der mit E gewichteten punkthaften Wirkungen.
Die Lösungsdarstellung des homogenen Anfangswertproblems

$$L\ddot{J} + \frac{1}{C} J = E, \qquad J(0) = \dot{J}(0) = 0$$

lautet (s. 1.2.2.; E stetige Funktion)

$$J(t) = \int_0^t J(t;\xi)\, E(\xi)\, d\xi;$$

und wenn wir berücksichtigen, daß $J(t;\xi)$ nur von der Argumentedifferenz $t - \xi$ abhängt, und $J(t;\xi) = G(t-\xi)$ schreiben:

$$J(t) = \int_0^t G(t-\xi)\,E(\xi)\,d\xi,$$

so entspricht dies wegen (4.9) gerade der Faltung

$$J = G * E$$

in (4.17). ($G(t-\xi)$ verschwindet für $\xi \geqq t$).

Wir wollen die Rechenregeln durch die Fouriertransformation ergänzen (und zugleich eine Möglichkeit angeben, zu einem gegebenen Differentialausdruck $P(D)$ eine Grundlösung G zu ermitteln). Damit die Fouriertransformierte FL einer Distribution L wieder eine Distribution ist und durch

$$FL: (FL)(\varphi) = L(F\varphi) \quad (\varphi \in D) \tag{4.18}$$

erklärt werden kann, muß $F\varphi$ in D liegen. Man weiß aber [s. auch (4.21)], daß $F\varphi$ eine beliebig oft differenzierbare Funktion ist, die nur dann einen kompakten Träger haben kann (also in D liegt), wenn gilt $\varphi \equiv 0$. Man muß daher eine Funktionenmenge $\mathfrak{S}$ als Grundmenge zulassen, die umfassender als D ist. Als Grundmenge $\mathfrak{S}$ wird jetzt die Menge der über dem R^n beliebig oft differenzierbaren Funktionen ψ gewählt, für die gilt

$$\lim_{|x|\to\infty} (1+\|x\|^2)^k\,|D^\alpha \psi(x)| = 0 \tag{4.19}$$

für jedes ganze k und für jeden Multiindex α. Es ist dann die lineare Abbildung F ein Isomorphismus von $\mathfrak{S}$ **auf** $\mathfrak{S}$, der wegen (4.20) auch stetig ist. Beispielsweise gehört $e^{-|x|^2}$ zu $\mathfrak{S}$.

Um lineare *stetige* Funktionale (sog. *Distributionen schwachen Wachstums*) über $\mathfrak{S}$ bilden zu können, braucht man in $\mathfrak{S}$ einen Konvergenzbegriff: Für Funktionen ψ_k und ψ aus $\mathfrak{S}$ gilt:

$$(\psi_k)_{k\geqq 0} \to \psi \Leftrightarrow (x^\beta D^\alpha \psi_k(x))_{k\geqq 0} \to x^\beta D^\alpha \psi(x), \quad \text{gleichmäßige Konvergenz} \tag{4.20}$$

für jedes α, β [s. zu x^β (2.14)].

Dann ist $\mathfrak{S} \supseteqq D$, und aus der Konvergenz in D folgt die in $\mathfrak{S}$; schließlich folgt, daß jede Distribution über $\mathfrak{S}$ erst recht eine über D, also $\mathfrak{S}' \subseteqq D'$, ist. Zu den Elementen aus $\mathfrak{S}'$ gehören:

- Distributionen aus D' mit kompaktem Träger;
- Distributionen, die von lokalintegrablen Funktionen f erzeugt werden, wobei $\int |f(x)|\,(1+|x|)^{-m}\,dx < \infty$ für ein gewisses $m \geqq 0$ gilt (als f können somit z. B. $f(x) = \Theta(x)$, $f(x) \equiv 1$, $f(x) = e^{-|x|^2}$, $f(x) \in L^p(R^n)$ für $1 \leqq p < \infty$, $f \in D$ oder $f(x)$ ein Polynom gewählt werden);
- jede Ableitung $D^\alpha L$ einer Distribution $L \in \mathfrak{S}'$ und schließlich
- jede Faltung $L_1 * L_2$ mit $L_1 \subseteqq \mathfrak{S}'$, supp L_2 kompakt.

(Jede Distribution aus $\mathfrak{S}'$ ist distributionelle Ableitung einer stetigen Funktion, die wie eine Potenz wächst [68, S. 112].)

Mit den Distributionen über $\mathfrak{S}$, also den $L \in \mathfrak{S}'$, werden die Fourier-Transformationen F ausgeführt. F bildet $\mathfrak{S}'$ **auf** $\mathfrak{S}'$ (linear und stetig) ab. Ebenso gilt das von F^{-1}. Die Distributionen aus $\mathfrak{S}'$ heißen auch „verallgemeinerte Funktionen schwachen Wachstums".

Definition 4.7: *Ist $L \in \mathfrak{S}'$, so heißt FL* **Fouriertransformierte** *von L, und es gilt* D.4.7

$$(FL)(\psi) = L(F\psi) \quad (\psi \in \mathfrak{S}), \tag{4.21}$$

wobei

$$F\psi = \int\limits_{R^n} \psi(x)\,\mathrm{e}^{\mathrm{i}\langle \xi, x\rangle}\,\mathrm{d}x \quad (\psi \in \mathfrak{S})$$

aus $\mathfrak{S}$ *ist*[1]). F ist ein linearer stetiger Integraloperator über $\mathfrak{S}$ (und $\mathfrak{S}'$).

Eigenschaften: Es sei $L \in \mathfrak{S}'$. Dann ist:

$$D^\alpha(FL) = F((\mathrm{i}x)^\alpha L)\,; \tag{4.22}$$

$$F(D^\alpha L) = (-\mathrm{i}\xi)^\alpha F(L)^{2)}\,; \tag{4.23}$$

$$F\Theta = \pi\delta_0 + \mathrm{i}P\,; \tag{4.24}$$

$$F\delta_0 = \mathit{1} \quad \text{(die von } f \equiv 1 \text{ erzeugte Distribution)}; \tag{4.25}$$

$$FL\varphi(x + \dot{x}) = \mathrm{e}^{\mathrm{i}\langle \xi, \dot{x}\rangle} FL\varphi(x)\,; \tag{4.26}$$

$$F\mathit{1} = (2\pi)^n \delta_0, \quad \text{wobei } \mathit{1} \text{ die von } f(x) \equiv 1,\ x \in R^n, \text{ erzeugte Distribution ist}; \tag{4.27}$$

$$F\delta_Q = \mathrm{e}^{\mathrm{i}\langle \xi, Q\rangle}, \quad \text{wobei } Q = (\dot{x}_1, \dots, \dot{x}_n)^{\mathrm{T}} \text{ der charakteristische Punkt von } \delta_Q \text{ sei}; \tag{4.28}$$

$$F^{-1}(\psi) = \frac{1}{(2\pi)^n} \int\limits_{R^n} \psi(\xi)\,\mathrm{e}^{-\mathrm{i}\langle \xi, x\rangle}\,\mathrm{d}\xi = \frac{1}{(2\pi)^n} F(\psi)(-x)\,; \tag{4.29}$$

$$F(\|x\|^{-2}) = 2\pi^2 \|\xi\|^{-1} \quad \text{bei} \quad x, \xi \in R^3\,; \tag{4.30}$$

$$F^{-1}(\|\xi\|^{-2}) = (4\pi\|x\|)^{-1} \quad \text{bei} \quad x, \xi \in R^3. \tag{4.31}$$

Wird schließlich die Distribution $L \in \mathfrak{S}'$ von einer lokalintegrablen Funktion f erzeugt, so wird FL von Ff erzeugt.

Bemerkung 4.1: Ist $\boldsymbol{G}$ eine Grundlösung schwachen Wachstums (d. h. $\boldsymbol{G} \in \mathfrak{S}'$) des nicht identisch verschwindenden Operators $P(D) = \sum\limits_\alpha a_\alpha D^\alpha$, so gilt

$$P(D)\boldsymbol{G} = \delta_0, \tag{4.32}$$

Fourier-Transformation liefert

$$F(P(D)\boldsymbol{G}) = \sum_\alpha a_\alpha(-\mathrm{i}\xi)^\alpha F(\boldsymbol{G}) = F\delta_0 = \mathit{1}, \tag{4.33}$$

$$P(-\mathrm{i}\xi)F(\boldsymbol{G}) = \mathit{1}. \tag{4.34}$$

Diese Gleichung für $F(\boldsymbol{G})$ ist in $\mathfrak{S}'$ stets lösbar [68]. Es gibt also zu jedem Differentialausdruck $P(D)$ mit konstanten Koeffizienten eine Grundlösung schwachen Wachstums! Die Konstruktion der Lösung hängt von der Lage der Nullstellen von P ab. $\boldsymbol{G}$ selbst ist über die inverse Transformation F^{-1} durch $F^{-1}(F(\boldsymbol{G}))$ prinzipiell bestimmbar [68, S. 134].

In 1.2.2. hatten wir für die Differentialgleichung

$$P(D)\,J = L\ddot{J} + \frac{1}{C}\,J = 0 \tag{4.35}$$

---

[1]) Manchmal (vgl. z. B. [66, S. 98] und (4.29)) steht $-\mathrm{i}\langle \xi, x\rangle$ statt $\mathrm{i}\langle \xi, x\rangle$ in der Definition von F und der Faktor $(2\pi)^{-n}$ bei F bzw. als $(2\pi)^{-n/2}$ bei F und F^{-1}.

[2]) Also $F\left(\left(-\frac{1}{\mathrm{i}}D\right)^\alpha L\right) = \xi^\alpha F(L)$, daher wird in der Physik statt D oft der Operator $-\frac{1}{\mathrm{i}}D$ benutzt. Die Formel ergibt sich durch partielle Integration.

die Greensche Funktion zu homogenen Anfangsbedingungen gefunden:

$$J(t;\, t_0) = \sqrt{\frac{C}{L}}\, \Theta(t - t_0) \sin\frac{t - t_0}{\sqrt{LC}} = G(t - t_0). \tag{4.36}$$

Diese Funktion erzeugt wegen der Hinweise unter (4.20) eine Distribution $\boldsymbol{G}$ aus $\mathfrak{S}'$, da ($t - t_0 = \tau$ gesetzt)

$$\int_{R^1} |G(\tau)|(1 + |\tau|)^{-2}\, \mathrm{d}\tau < \infty \tag{4.37}$$

gilt. $\boldsymbol{G}$ löst (4.34) für $P(D)$ in (4.35).

Wir wollen jetzt umgekehrt eine Grundlösung nach (4.34) konstruieren. Dazu betrachten wir den Laplace-Operator $P(D) = \Delta$ in 3 Dimensionen. Eine Grundlösung $\boldsymbol{G}$ muß also der Gl. (4.34) genügen:

$$P(-\mathrm{i}\xi)\, F(\boldsymbol{G}) = \boldsymbol{1}, \tag{4.34'}$$

wobei wegen $P(D) = \Delta$ gilt

$$P(-\mathrm{i}\xi) = (-\mathrm{i}\xi_1)^2 + (-\mathrm{i}\xi_2)^2 + (-\mathrm{i}\xi_3)^2 = -\|\xi\|^2. \tag{4.38}$$

Zunächst ist $F(\boldsymbol{G})$ gesucht, also ist die Gleichung

$$-\|\xi\|^2 F(\boldsymbol{G}) = \boldsymbol{1} \tag{4.39}$$

nach $F(\boldsymbol{G})$ aufzulösen. (4.39) ist eine Gleichung vom Typ (4.7). Da $-\|\xi\|^2$ eine im R^3 integrable Funktion ist (dies gilt auch für mehr als drei Raumdimensionen, nicht aber für $n = 2$, dort hat die Grundlösung mit $\frac{-1}{2\pi} \ln\|x\|$ gegenüber (4.43) für $n = 3$ auch eine ganz andere Gestalt; die Lösung von (4.39) hängt dann mit der singulären Distribution $\boldsymbol{P}$ zusammen), gilt für die von $-\|\xi\|^{-2}$ erzeugte Distribution

$$\begin{aligned} -\|\xi\|^2 (-\|\xi\|^{-2}, \psi) &= (-\|\xi\|^{-2}, -\|\xi\|^2 \psi) \\ &= (1, \psi) = \boldsymbol{1}(\psi). \end{aligned} \tag{4.40}$$

Folglich löst $F(\boldsymbol{G})$ mit $F(\boldsymbol{G})(\psi) = (-\|\xi\|^{-2}, \psi)$ die Gl. (4.39), daher

$$\boldsymbol{G}(\psi) = F^{-1}(-\|\xi\|^{-2}, \psi) = (F^{-1}(-\|\xi\|^{-2}), \psi), \tag{4.41}$$

und aus (4.31) folgt

$$\boldsymbol{G}(\psi) = \left(-\frac{1}{4\pi\|x\|}, \psi\right). \tag{4.42}$$

Damit ist eine Grundlösung gefunden, die erzeugt wird von

$$G_3(x) = -\frac{1}{4\pi} \frac{1}{\|x\|} \quad (x \in R^3). \tag{4.43}$$

Dies ist die bekannte Fundamentallösung des Laplace-Operators Δ im R^3.

Bemerkung 4.2: Eine lineare stetige Abbildung A eines Hilbertraumes E_1 *auf* einen Hilbertraum E_2 mit der Eigenschaft $\langle f, g\rangle_{E_1} = \langle Af, Ag\rangle_{E_2}$ für $f, g \in E_1$ heißt **unitär.** F und F^{-1} sind als Abbildungen mit $D(F) = L^2(R^n)$, $D(F^{-1}) = L^2(R^n)$ unitäre Abbildungen [66].

Dies kann man ausnutzen, um eine Variante des *Sobolewschen Einbettungssatzes* zu beweisen. Es ist im Sinne der Ersetzung von L^2-Funktionen durch Distributionen aus $\mathfrak{S}'$:

$$L^2(R^n) \subseteqq \mathfrak{S}'(R^n), \tag{4.44}$$

damit erst recht

$$W^{k,2}(R^n) \subseteq \mathfrak{S}'(R^n), \tag{4.45}$$

wobei $W^{k,2}$ in 2.2.3. definiert wurde. F ist dann eine Abbildung von $W^{k,2}(R^n)$ **auf** $L^2_{p(x)}$, wobei $p(x) = (1 + \|x\|^{2k})^{1/2}$ und $L^2_{p(x)}$ der Hilbertraum $L^2_{p(x)}(R^n) = \{f(x) | p(x)f(x) \in L^2(R^n)\}$ mit dem Skalarprodukt

$$\langle f, g \rangle_{L^2_{p(x)}} = \langle pf, pg \rangle_{L^2} \tag{4.46}$$

ist, und F ist sogar unitär, wenn in $L^2_{p(x)}$ zu einer äquivalenten Norm übergegangen wird. Ist $\bar{C}^l(R^n)$ die Vervollständigung von $\mathring{C}^\infty(R^n)$ in der Norm

$$\|f\|_{C^k} = \sum_{|\alpha| \leq l} \sup_{x \in R^n} |D^\alpha f(x)|, \tag{4.47}$$

so gilt

S.4.2 **Satz 4.2 (Sobolewscher Einbettungssatz)** [66]: *Ist $k \geqq 0$ ganz, $l > \frac{n}{2}$ eine natürliche Zahl, dann ist der Hilbertraum $H_1 = W^{l+k,2}(R^n)$ stetig in den Banachraum $\bar{C}^k(R^n)$ eingebettet. Es gibt daher eine Zahl c, so daß für alle $f \in W^{l+k,2}(R^n)$ gilt*

$$\|f\|_{\bar{C}^k} \leqq c\|f\|_{W^{k+l,2}}. \tag{4.48}$$

Beispiel 4.7: $n = 3$, $k = 0$, $l = 2$. Dann ist $l > \frac{n}{2}$, also sind die verallgemeinerten Ableitungen nullter Ordnung (d. h. die Funktionen f aus $W^{2,2}(R^3)$ selbst) stetige Funktionen (im Sinne der Gleichheit fast überall mit einer stetigen Funktion).

4.2. Differentialrechnung und Anwendungen

Die Differentialrechnung für Funktionen einer oder mehrerer Variabler (s. Bde. 1, 2, 4) gehört zum klassischen Bestand der Analysis. Im Zuge der Herausbildung der Funktionalanalysis zeigte es sich, daß die Erweiterungen der Begriffe der Differentialrechnung wie Ableitung, Differential, lineare lokale Approximation und zugehörige Sätze (wie etwa der große Auflösungssatz, s. Satz 4.4) auf die Funktionale und sogar auf die Abbildungen (Operatoren) der Funktionalanalysis ebenso bedeutsam sind. Die Variationsrechnung ([59]), die optimale Steuerung, die Optimierung in abstrakten Räumen ([22]) aber auch die Beschreibung von Naturvorgängen durch Evolutionsgleichungen ([73], [22]) sind Beispiele; s. ebenso Kap. 4.2.2., 4.2.3., 5.3.2. für weitere Beispiele.

4.2.1. Ableitungsbegriffe

Wichtige Sätze der gewöhnlichen Differentialrechnung beruhen auf dem Begriff des totalen Differentials. Ausgangspunkt für die Definition dieses Begriffs ist die Zerlegungsformel der Differentialrechnung reeller Funktionen einer reellen Variablen (s. Bd. 4).

Es sei an diese Formel erinnert: Ist f: $R \to R$ eine im Punkt $x_0 \in R$ differenzierbare reelle Funktion einer reellen Veränderlichen, so gilt die Gleichung

$$f(x_0 + h) - f(x_0) = f'(x_0)h + r(x_0; h) \tag{4.49}$$

für alle $h \in R$, wobei $r(x_0; \circ)$ eine reelle Funktion einer reellen Variablen ist mit

$$\lim_{h \to 0} (h^{-1} r(x_0; h)) = 0. \tag{4.50}$$

Die Ableitung $f'(x_0)$ beschreibt daher die „lokale Linearisierung" des Zuwachses (der Änderung) $f(x_0+h)-f(x_0)$ in einer Umgebung von x_0: Das totale Differential von f an der Stelle x_0 in Richtung h, also $f'(x_0)h$, ist in h linear und approximiert den Funktionswertezuwachs $\Delta f = f(x_0+h)-f(x_0)$ in einer Umgebung von x_0 wegen (4.50) „von höherer als erster Ordnung" bezüglich h. Dementsprechend wird der Ableitungsbegriff in normierten Räumen von der Vorstellung des „linearen Anteils des Zuwachses" her definiert.

Es seien im folgenden $(E_1, \|\cdot\|_1)$ und $(E_2, \|\cdot\|_2)$ reelle normierte Räume und $L(E_1, E_2)$ der Raum aller stetigen linearen Abbildungen von E_1 in E_2, versehen mit der Norm

$$\|S\|_{L(E_1,E_2)} := \sup\{\|Sx\|_2 \mid \|x\|_1 \leqq 1\}. \tag{4.51}$$

Definition 4.8: *Es seien $(E_1, \|\cdot\|_1)$ und $(E_2, \|\cdot\|_2)$ normierte Räume, und es sei B eine offene Teilmenge von E_1. Eine Abbildung F: $B \to E_2$ heißt Fréchet-differenzierbar im Punkt $x_0 \in B$, wenn es eine lineare stetige Abbildung S: $E_1 \to E_2$ gibt, so daß für ein gewisses $\delta > 0$ und alle $h \in E_1$ mit $0 < \|h\|_1 \leqq \delta$ die Gleichung* D.4.8

$$F(x_0+h) - F(x_0) = S(h) + r(x_0; h) \tag{4.52}$$

gilt, wobei $r(x; \cdot)$ eine Abbildung aus E_1 in E_2 ist mit

$$\lim_{\|h\|_1 \to 0} (\|h\|_1^{-1} \|r(x_0; h)\|_2) = 0.$$

Es ist leicht nachzuweisen, daß es im Falle der Differenzierbarkeit von F an der Stelle $x_0 \in R$ nur eine einzige lineare stetige Abbildung S mit den in der Definition 4.8 genannten Eigenschaften gibt.

Definition 4.9: *Mit den Bezeichnungen von Definition* 4.8 *sei F: $B \to E_2$ eine im Punkte $x \in R$ differenzierbare Abbildung. Die in* (4.52) *auftretende lineare stetige Abbildung S: $E_1 \to E$ heißt die Fréchet-Ableitung (kurz: Ableitung) von F im Punkte $x \in B$ und wird mit $S = F'(x)$ oder $S = (DF)(x)$ bezeichnet. $S(h)$ heißt das Fréchet-Differential von F an der Stelle x in Richtung h.* D.4.9

Bemerkung 4.3: Mit den Bezeichnungen der Definition 4.8 und 4.9 sei F in $x \in B$ Fréchet-differenzierbar mit der Ableitung $F'(x)$. Dann gilt

$$\lim_{t \to 0} (t^{-1}(F(x+th) - F(x)) = F'(x)(h) \tag{4.53}$$

für alle $h \in E_1$, $h \neq 0$ (und $x + th \in B$, was aber bei t hinreichend klein wegen $t \to 0$ keine Einschränkung bedeutet).

Es sei jetzt E_1 ein Hilbertraum und $E_2 = R$ (mit der euklidischen Metrik). Ist B wieder wie in Def. 4.8 gegeben, so heißt eine Abbildung f: $B \to R$ ein Funktional. Ist es Fréchet-differenzierbar an der Stelle x, so ist $S = f'(x)$ ein Element aus E_1', dem Dualraum von E_1 (s. Kap. 2.3.2). Gemäß Satz 2.26 kann es durch ein Element z aus E_1 selbst dargestellt werden. Dann gilt

$$f'(x)h = \langle z, h\rangle \text{ für alle } h \in E_1, \tag{4.54}$$

und z heißt Fréchet-**Gradient** von f an der Stelle x (und es gilt (4.53)).

Beispiel 4.8: Es sei H ein reeller Hilbertraum, A ein selbstadjungierter (s. Def. 3.17) linearer stetiger Operator von H in sich, g ein festes Element aus H. Dann sei

$$f(x) = \langle Ax, x\rangle - 2\langle g, x\rangle. \tag{4.55}$$

f ist überall auf dem Hilbertraum definiert. Wir wollen prüfen, ob das Funktional f Fréchet-differenzierbar ist. Es sei $\dot{x}$ ein Element aus H. Wir bilden die Zerlegung (4.52):

$$f(\dot{x}+h) = \langle A(\dot{x}+h), \dot{x}+h\rangle - 2\langle g, \dot{x}+h\rangle$$
$$= \langle A\dot{x}, \dot{x}\rangle - 2\langle g, \dot{x}\rangle + \langle Ah, \dot{x}\rangle + \langle A\dot{x}, h\rangle - 2\langle g, h\rangle + \langle Ah, h\rangle,$$

und weiter gilt insbesondere, da A selbstadjungiert ist,

$$f(\dot{x}+h) = f(\dot{x}) + 2\langle A\dot{x}, h\rangle - 2\langle g, h\rangle + \langle Ah, h\rangle. \tag{4.56}$$

Die Schwarzsche Ungleichung und die Beschränktheit von A ergeben

$$\langle Ah, h\rangle | \leqq \|A\| . \|h\|^2, \tag{4.57}$$

folglich ist (mit der Bezeichnung von (4.54))

$$2\langle A\dot{x} - g, h\rangle = \langle z, h\rangle \tag{4.58}$$

der lineare Anteil des Zuwachses $f(\dot{x}+h) - f(\dot{x})$, also ist f in $\dot{x}$ Fréchet-differenzierbar, und es gilt

$$f'(\dot{x}) = 2(A\dot{x} - g). \tag{4.59}$$

Neben der Fréchet-Differenzierbarkeit benötigt man weitere Ableitungsbegriffe (s. Bd. 4 und [59], aber auch Def. 4.3 und Def. 2.22). Wir gehen auf die Gâteaux-Differenzierbarkeit ein. Ihr liegt die Idee zugrunde, den Grenzwert in (4.53) für jedes $h \in E_1$ zu betrachten, ohne die Gültigkeit der Zerlegungsformel (4.52) vorauszusetzen. In der Differentialrechnung des R^n wäre dann (4.53) bei festem h mit $\|h\| = 1$ eine Ableitung von $F: R^n \to R$ an der Stelle x in h-Richtung.

D.4.10 **Definition 4.10:** *Sind E_1 und B wie in Def. 4.8 gegeben, ist $\dot{x} \in B$, und existiert für das Funktional $f: B \to R$ für jedes $s \in E_1$ der Grenzwert*

$$\lim_{\alpha \to 0} (\alpha^{-1}(f(\dot{x}+\alpha s) - f(\dot{x}))), \tag{4.60}$$

so heißt dieser Grenzwert das Gâteaux-Differential von f (oder 1. Variation von f) an der Stelle $\dot{x}$ in Richtung s. Man schreibt für (4.60) oft $\delta f(\dot{x}, s)$. Entsprechend Def. 4.10 heißt f an der Stelle $\dot{x}$ Gâteaux-differenzierbar, falls ein Element $f(\dot{x})$ aus dem Dualraum E'_1 existiert mit

$$\delta f(\dot{x}, s) = (f'(\dot{x}), s)\ \forall s \in E_1. \tag{4.61}$$

$f'(\dot{x})$ heißt dann Gâteaux-Ableitung von f an der Stelle $\dot{x}$. Ist E_1 ein Hilbertraum, so würde man wie in (4.54) vom Gâteaux-Gradienten sprechen.

Offenbar gilt: Ist das Funktional f an der Stelle $\dot{x}$ Fréchet-differenzierbar, so erst recht Gâteaux-differenzierbar. Umgekehrt gilt

S.4.3 **Satz 4.3:** *Existiert die Gâteaux-Ableitung von f an der Stelle $\dot{x}$ und in allen Punkten einer Umgebung von $\dot{x}$ und ist an der Stelle $\dot{x}$ stetig, so ist sie die Fréchet-Ableitung von f an der Stelle $\dot{x}$* ([59], S. 27).

Wegen eines Beispiels zu Def. 4.10 s. Bsp. 4.9 in Kap. 4.3.

4.2.2. Bifurkationen (Verzweigungen)

Einer der wichtigsten Sätze der (nichtlinearen) Funktionalanalysis ist der **Satz über implizite Funktionen**:

Satz 4.4 (Satz über implizite Funktionen; Großer Auflösungssatz) [56]: *Es seien Λ, E, F Banachräume und G eine Fréchet-differenzierbare Abbildung eines Gebietes $U \subseteqq \Lambda \times E \rightarrow F$. Für den Punkt $(\lambda_0, u_0) \in U$ sei $G(\lambda_0, u_0) = 0$ erfüllt und es sei $G_u(\lambda_0, u_0)$ ein Isomorphismus von E auf F. Dann gilt, daß für die λ einer hinreichend kleinen Umgebung von λ_0 eine Fréchet-differenzierbare Abbildung $u(\cdot)$: $\Lambda \rightarrow E$ existiert mit $(\lambda, u(\lambda)) \subset U$, so daß $G(\lambda, u(\lambda)) = 0$ erfüllt ist. Ferner ist in einer hinreichend kleinen Umgebung U' von (λ_0, u_0), wobei U' in U enthalten ist, $(\lambda, u(\lambda))$ die einzige Lösung von $G = 0$. Ist G k-mal Fréchet-differenzierbar, so auch $u(\cdot)$. Sind Λ, E, F komplexe Banachräume und ist G Fréchet-differenzierbar, so ist G analytisch und es ist ebenso u (in Abhängigkeit von λ) analytisch.* S.4.4

Der Beweis des Satzes kann mit dem Banachschen Fixpunktsatz (s. Satz 4.8) geführt werden. Der Satz besagt insbesondere, daß im Raum $\Lambda \times E$ durch den Punkt (λ_0, u_0) eine „glatte Kurve" $\mathfrak{L}$ verläuft (d. h., für ein hinreichend kleines λ-Intervall $I = \{\lambda : \|\lambda - \lambda_0\|_\Lambda < \delta\}$ gibt es eine Abbildung $u: \Lambda \rightarrow E$, die $u(\lambda_0) = u_0$ erfüllt und Fréchet-differenzierbar ist), so daß die Gleichung $G(\lambda, u) = 0 \; \forall \lambda \in I$ als Lösung genau die Punkte der Kurve $\mathfrak{L}$ hat:

$$G(\lambda, u(\lambda)) = 0 \; \forall \lambda \in I.$$

Von besonderem Interesse in vielen Anwendungsbeispielen ist der Fall, daß die Bedingung „$G_u(\lambda_0, u_0)$ ist ein Isomorphismus von E in F" **nicht** erfüllt ist, denn dann ist es möglich, daß durch den Punkt (λ_0, u_0) **mehr als eine** Lösungskurve verläuft. Ein einfaches Beispiel ist $G(\lambda, u) = \lambda^2 - u^2$ mit $\Lambda = R^1$, $E = R^1$, $F = R^1$, denn es gilt jetzt

$$G_u = -2u$$

und genau für $u = 0$ ist G_u: $E \rightarrow F$ kein Isomorphismus, und tatsächlich, es gibt 2 Lösungskurven durch (0, 0):

$$u_{1/2}(\lambda) = \pm\lambda, \quad I = R^2, \quad \lambda_0 = 0.$$

Faßt man eine der Lösungen ins Auge, so sagt man, daß im Punkte $(\lambda_0 = 0, u(\lambda_0) = u_0 = 0)$ eine „Lösungsverzweigung" auftritt, (λ_0, u_0) heißt **Bifurkationspunkt** des durch die Gleichung $G(\lambda, u) = 0$ beschriebenen Systems. Oft ist sogar die „Evolutionsgleichung"

$$\frac{\mathrm{d}u}{\mathrm{d}t} = G(\lambda, u), \; t > 0,$$

der Ausgangspunkt der Betrachtungen, und man erhält die Gleichung $G(\lambda, u) = 0$, indem Gleichgewichtszustände $u_0(t, \lambda)$ gesucht werden:
Für jedes λ eines λ-Bereiches A in Λ soll gelten

$$\frac{\mathrm{d}u_0(t, \lambda)}{\mathrm{d}t} = 0 = G(\lambda, u_0(t, \lambda)), \; t > 0, \quad \lambda \in A.$$

In verschiedenen Gebieten der Physik weisen Gleichungen der Form $G(\lambda, u) = 0$ bestimmte Symmetrieeigenschaften auf, wobei aber gleichzeitig der reale, einer speziellen Lösung der Gleichung entsprechende (physikalische) Zustand diese Symmetrie nicht besitzt (Symmetriebrechung). Eine solche Situation entsteht z. B., wenn der energetisch niedrigste symmetrische Zustand des Systems nicht mit dem Zustand minimaler Energie übereinstimmt und deshalb instabil ist. Eine beliebig kleine unsymmetrische Störung löst dann die Symmetriebrechung aus (Bild 4.1: unsymmetrische Endlage der Masse m). In vielen Fällen gelingt die mathematische Beschreibung dieses spontanen „Umschlagens" in den geänderten Zustand durch geschickte Einführung eines Parameters und Überführung in ein Bifurkationsproblem. In den zugehörigen Beweisen wird der obige Satz über implizite Funktionen in verschiedenartiger Weise verwendet.

Ein mathematisches Beispiel ist das nichtlineare Dirichletproblem

$$\Delta u(x) + f(u(x)) = 0, x \in K_\varrho \subseteqq R^n \quad u(x) = 0, \quad x \in \partial K_\varrho, \tag{4.62}$$

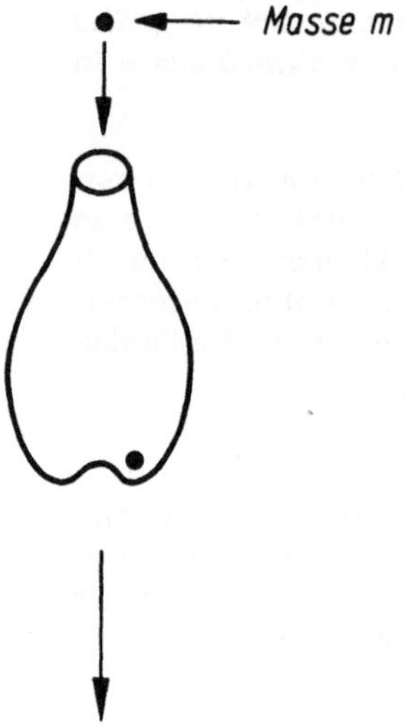

Bild 4.1

wobei K_ϱ die Kugel mit Radius ϱ und mit Mittelpunkt 0 im R^n und ∂K_ϱ ihr Rand ist. Ist $f \in C^1(R)$, so sind alle im Kugelinnern positiven Lösungen nur vom Radius r abhängig und erfüllen $u_r(r) < 0$ für $0 < r < \varrho$ und deshalb das gewöhnliche Randwertproblem.

$$u_{rr} + \frac{n-1}{r} u_r + f(u) = 0, \quad 0 < r < \varrho, \quad u_r(0) = u(\varrho) = 0.$$

In diesem Sinne sind sie „kugel"-**symmetrische** Lösungen von (4.62). Die Frage nach Abzweigungen von nicht kugelsymmetrischen (und daher nicht überall positiven) Lösungen (= Symmetriebrechung) wird durch Umschreibung in ein Bifurkationsproblem erfaßt [62], wobei der Parameter p der Wert einer im obigen Sinne positiven Lösung im Nullpunkt ist: $p = u(0)$.

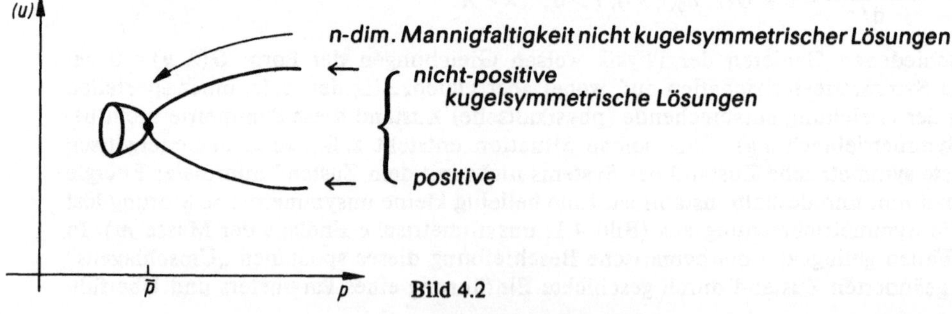

Bild 4.2

Insbesondere gilt, daß für positive Lösungen für Symmetriebrechung notwendig $f(0) < 0$ gelten muß. Als Beispiel kann

$$f(u) = Au - B - e^{-u}, \quad A > 0, \quad B > 0$$

dienen. Für dieses f hat das Dirichletproblem (4.62) für fast alle $A > 0$, $B > 0$ solche positiven kugelsymmetrischen Lösungen, so daß vom entsprechenden Parameterwert $\bar{p}$ Lösungen abzweigen, die nicht kugelsymmetrisch sind (Bild 4.2).

4.3. Ekelandsches Variationsprinzip

Sucht man mit der Differentialrechnung **lokale** Minimalstellen einer differenzierbaren Funktion U, so verwendet man bekanntlich folgendes „Prinzip": Man setzt

$$U'(x) = 0 \tag{4.63}$$

und sucht Lösungen von (4.63) (s. Kap. 5 und [15]). Bringt man aber Näherungslösungen in die Betrachtung, d.h. Punkte x_ε, die bei vorgegebener Toleranz $\varepsilon > 0$ „bis auf ε" genau sind: $U(x_\varepsilon) \leqq \varepsilon + \inf U$, wobei $\inf U$ die untere Grenze (s. Bd. 1) der möglichen Werte von U ist, so kann man eine viel allgemeinere und sogar globale Aussage machen:

Satz 4.5 (Ekelandsches Variationsprinzip) [3, S. 255]: *Es seien X ein vollständiger metrischer Raum mit der Metrik ϱ, U eine nichtnegative, unterhalbstetige Funktion, die X in $R \cup \{+\infty\}$ abbildet, und U habe nicht für jedes x den Wert ∞. Zu $\varepsilon > 0$ sei x_ε ein Punkt mit $U(x_\varepsilon) \leqq \varepsilon + \inf U$. Dann gibt es für jedes $k > 0$ einen Punkt $y_\varepsilon \in X$ mit* **S.4.5**

$$U(y_\varepsilon) \leqq U(x_\varepsilon), \tag{4.64}$$

$$\varrho(x_\varepsilon, y_\varepsilon) \leqq k^{-1}, \tag{4.65}$$

$$U(x) + k\varepsilon\varrho(x, y_\varepsilon) > U(y_\varepsilon) \;\forall\, x \neq y_\varepsilon. \tag{4.66}$$

Man nimmt $\{+\infty\}$ deshalb zum Wertebereich von U hinzu, um implizit Nebenbedingungen zu erfassen. Es sei U: $\mathfrak{B} \to R_+$. Sucht man die Aufgabe mit dem zulässigen Bereich $\mathfrak{B}$,

$$U(x) \to \inf!, \quad x \in \mathfrak{B} \subseteq X, \quad \mathfrak{B} \neq X, \quad \mathfrak{B} \neq \emptyset, \tag{4.67}$$

zu lösen, so setzt man $U(x) := +\infty$, falls $x \notin \mathfrak{B}$ und hat eine Aufgabe des Typs

$$U(x) \to \inf!, \quad x \in X. \tag{4.68}$$

Die Voraussetzung, daß U nichtnegativ ist, kann durch „U sei beschränkt nach unten" ersetzt werden. U unterhalbstetig heißt, daß der Epigraph von U

$$\operatorname{epi} U = \{(x, \alpha) \in X \times R : U(x) \leqq \alpha\}, \tag{4.69}$$

das ist die oberhalb des Kurvenbildes von U (einschließlich der Kurve selbst) liegende Punktmenge, abgeschlossen ist in der Metrik des Produktraumes (s. Def. 2.14) $X \times R$. Dies ist eine sehr schwache Forderung an U (s. Bild 4.3).
Satz 4.5 behauptet die Existenz eines y_ε, das wegen (4.64) keine schlechtere Näherungslösung ist als x_ε, von x_ε „nicht zu weit" entfernt liegt und **globale** Minimalstelle der mittels $k\varepsilon\varrho(x, y_\varepsilon)$, $x \neq y_\varepsilon$, gestörten Aufgabe (4.68) ist. Wenn man zuläßt, daß U Gâteaux-differenzierbar ist (s. Kap. 4.2.1), so läßt sich eine wichtige Folgerung aus dem Satz ziehen.

Satz 4.6: *Es sei X ein Banachraum und es sei U eine Funktion wie in Satz 4.5. Ist die Funktion U zusätzlich endlich und Gâteaux-differenzierbar, dann gibt es ein $y_\varepsilon \in X$ mit den Eigenschaften* **S.4.6**
(4.64),

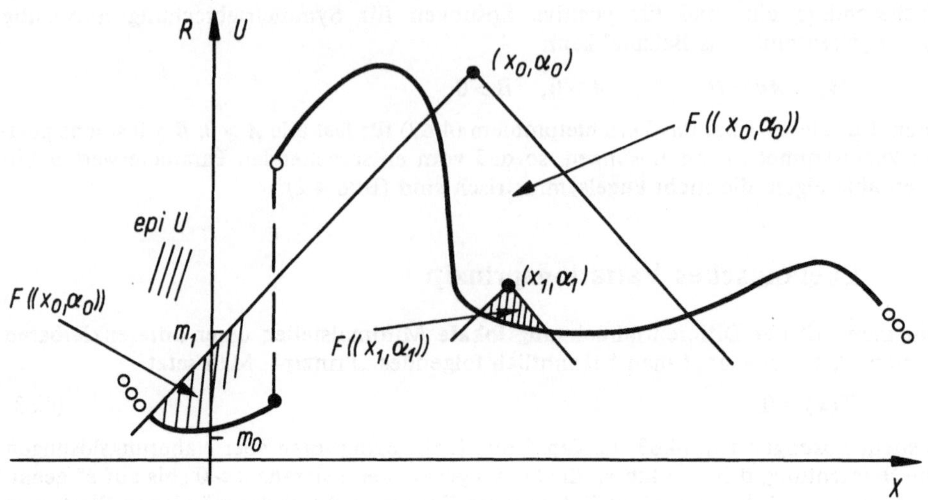

Bild 4.3

$$\|x_\varepsilon - y_\varepsilon\| \leqq k^{-1}, \tag{4.70}$$
$$\|U'(y_\varepsilon)\|_{X'} \leqq k\varepsilon. \tag{4.71}$$

y_ε ist also eine solche Näherungslösung, die nicht nur dem Infimum von U (bis auf ε) nahekommt, sondern auch noch (4.63) genähert erfüllt: $U'(y_\varepsilon)$ ist, gemessen in der zur Banachraumnorm dualen Norm (s. (2.47) und (4.84)), klein ($\leqq k\varepsilon$)[1]. Man kann $k^{-1} = \sqrt{\varepsilon}$ setzen und erkennt, indem für ε gesetzt wird n^{-1} $(n = 1, 2, \ldots)$, daß eine Minimalfolge (s. (5.125)) $\{y_n\}$ existiert mit

$$U(y_n) \to \inf U, \tag{4.72}$$
$$U'(y_n) \to 0 \quad (\text{in } X'). \tag{4.73}$$

Zum Beweis von Satz 4.6 s. Bsp. 4.9 und [77].

Der Beweis von Satz 4.5 kann mit Nutzung **dynamischer Systeme** geführt werden.

D.4.11 **Definition 4.11:** *Ist X ein metrischer Raum wie in Satz 4.5, so heißt eine Abbildung F, die jedem $x \in X$ eine nichtleere Teilmenge $F(x)$ aus X zuordnet, ein* **dynamisches System.** *Wählt man, von $x_0 \in X$ ausgehend, $x_1 \in F(x_0)$, $x_2 \in F(x_1)$, …, $x_{n+1} \in F(x_n)$, …, so heißt diese Folge $(x_0, x_1, x_2, \ldots)$ eine* **Zustandsfolge** *oder eine von x_0 ausgehende* **Trajektorie.**

Wir betrachten nun epi U und fassen (s. Bild 4.3) einen beliebigen Punkt $(x_0, \alpha_0) \in$ epi U ins Auge. Ihm ordnen wir gemäß Definition 4.11 die Menge

$$F((x_0, \alpha_0)) = \{(y, \beta) \in \text{epi } U \colon \beta + \varrho(x_0, y) \leqq \alpha_0\} \tag{4.74}$$

zu. Sie ist in Bild 4.3 die Menge, die „nach oben“ ein Kegel ist und „nach unten“ durch den Kurvenzug von U abgeschlossen wird. Es sei

$$m_0 = \inf\{\beta \in R \colon (y, \beta) \in F((x_0, \alpha_0))\}, \tag{4.75}$$

das ist also die untere Grenze der zu $F((x_0, \alpha_0))$ gehörigen „Ordinaten“. Wir wählen nun (x_1, α_1) so aus $F((x_0, \alpha_0))$ aus, daß

[1]) (4.71) ist für die Kapitelüberschrift verantwortlich.

$$\alpha_1 - m_0 \leqq \tfrac{1}{2}(\alpha_0 - m_0) \tag{4.76}$$

ist, d. h., wir führen einen „Abstieg" um mindestens 50% des möglichen Abstiegs aus. Jetzt bildet man entsprechend (4.74/75) die Menge $F((x_1, \alpha_1))$, die Zahl m_1, und wählt (x_2, α_2) usw. Die entstehende Folge $\{F((x_n, \alpha_n))\}$ hat bemerkenswerte Eigenschaften. Alle Mengen $F((x_n, \alpha_n))$ sind abgeschlossen, nichtleer, es gilt $F((x_{n+1}, \alpha_{n+1})) \subseteq F((x_n, \alpha_n))$ (Dreiecksungleichung!), und wegen $m_{n+1} \geqq m_n$ folgt wegen der Abstiegsrate gemäß (4.76)

$$\alpha_{n+1} - m_{n+1} \leqq \alpha_{n+1} - m_n \leqq \tfrac{1}{2}(\alpha_n - m_n) \leqq \ldots \leqq \frac{1}{2^{n+1}}(\alpha_0 - m_0). \tag{4.77}$$

Das heißt aber, daß die Durchmesser der Mengen $F((x_n, \alpha_n))$ eine Nullfolge bilden, denn für $(y, \beta) \in F((x_n, \alpha_n))$ ist $\varrho(y, x_n) \underset{(4.74)}{\leqq} \alpha_n - \beta \leqq \alpha_n - m_n \to 0$ wegen (4.77) und somit verschwindet die X-Komponente der Durchmesser, ebenso gilt das für die R-Komponente (wegen $|a_n - \beta| \leqq \alpha_n - m_n \to 0$).

Da epi U ein vollständiger metrischer Raum ist, muß es genau einen Punkt $(\bar{x}, \bar{\alpha})$ im Durchschnitt aller Mengen $F((x_n, \alpha_n))$ geben. Es gilt

$$F((\bar{x}, \bar{\alpha})) = \{(\bar{x}, \bar{\alpha})\}, \tag{4.78}$$

d.h., $(\bar{x}, \bar{\alpha})$ ist **invarianter Punkt** des dynamischen Systems. Gäbe es noch einen **anderen** Punkt $(\tilde{x}, \tilde{\alpha}) \in \operatorname{epi} U$ in $F((\bar{x}, \bar{\alpha}))$, so müßte wegen der Definition von F

$$\varrho(\tilde{x}, \bar{x}) + \tilde{\alpha} \leqq \bar{\alpha} \text{ sein.} \tag{4.79}$$

Da $(\bar{x}, \bar{\alpha})$ aber zu allen $F((x_n, \alpha_n))$ gehört, würde dies wegen (4.79) ebenso für $(\tilde{x}, \tilde{\alpha})$ gelten, dann könnten die Durchmesser der $F((x_n, \alpha_n))$ aber keine Nullfolge bilden. Somit muß auch $\bar{\alpha} = U(\bar{x})$ sein und für alle $(x, \alpha) \in \operatorname{epi} U$, insbesondere für alle $(x, U(x)) \in \operatorname{epi} U$, $x \neq \bar{x}$, muß statt (4.79) gelten

$$\varrho(x, \bar{x}) + U(x) > U(\bar{x}), \; x \neq \bar{x}. \tag{4.80}$$

Ersetzt man ϱ durch $k\varepsilon\varrho$, x_0 durch x_ε, α_0 durch $U(x_\varepsilon)$, welches $U(x_\varepsilon) \leqq \varepsilon + \inf U$ erfüllt, und $\bar{x}$ durch y_ε, so ist Satz 4.5 bewiesen. (4.80) ergibt dann (4.66), $(y_\varepsilon, U(y_\varepsilon)) \in F((x_0, \alpha_0))$ bedeutet wegen (4.74)

$$U(y_\varepsilon) + k\varepsilon\varrho(x_\varepsilon, y_\varepsilon) \leqq U(x_\varepsilon), \tag{4.81}$$

das ergibt (4.64). Schließlich folgt (4.65) aus (4.81):

$$k\varepsilon\varrho(x_\varepsilon, y_\varepsilon) \leqq U(x_\varepsilon) - U(y_\varepsilon) \leqq \varepsilon + \inf U - \inf U.$$

Anwendungen von Satz 4.5 finden sich u.a. in der Theorie kritischer Punkte (s. [3, S. 269], [12, S. 368], dort: C-Bedingung), in der Steuerungstheorie, zu einer Variante des Pontrjaginschen Maximumprinzips (s. Bd. 16) für ε-optimale Steuerungen (s. [15]) und in der Fixpunkttheorie (s. [74]).

Beispiel 4.9: Wir betrachten Formel (4.66) in Satz 4.5 und setzen voraus, daß dort X ein Banachraum $\mathbf{B}(\neq \{0\})$ ist. Ist U (Gâteaux-differenzierbar an der Stelle y_ε, so heißt dies wegen (4.60) für jedes feste Element $h \in \mathbf{B}$, $\|h\| = 1$, und insbesondere für $\alpha > 0$

$$(U'(y_\varepsilon), h) = \lim_{\alpha \to +0} \alpha^{-1}(U(y_\varepsilon + \alpha h) - U(y_\varepsilon)), \tag{4.82}$$

und wird in (4.66) gesetzt $x = y_\varepsilon + \alpha h$, so folgt

$$(U'(y_\varepsilon), h) \geqq -\lim_{\alpha \to +0} \alpha^{-1} k\varepsilon \| y_\varepsilon + \alpha h - y_\varepsilon \| = -k\varepsilon.$$

Ebenso darf $-h$ in (4.82) statt h gesetzt werden, dies liefert

$$-(U'(y_\varepsilon), h) \geqq -k\varepsilon.$$

Zusammen ergibt sich

$$|(U'(y_\varepsilon), h)| \leqq k\varepsilon \; \forall \, h \in \mathbf{B} \text{ mit } \|h\| = 1,$$

daher ist (s. Def. 2.31)

$$\|U'(y_\varepsilon)\|_{\mathbf{B}'} = \sup_{\|h\|=1} |(U'(y_\varepsilon), h)| \leqq k\varepsilon, \tag{4.83}$$

das ist die in Satz (4.6) behauptete Zeile (4.71). In Def. 2.31 darf es bei $E \neq \{0\}$ in (2.47) äquivalent auch heißen

$$\|f\|_{E'} = \sup_{\|x\|_E = 1} |(f(x)|. \tag{4.84}$$

4.4. Fixpunktsätze

4.4.1. Gleichgewichtspunkte und Fixpunkte in Ökonomie und Spieltheorie

Bei der mathematischen Behandlung ökonomischer Modelle ergibt sich oft folgende Situation: Gegeben seien ein kompakter konvexer Bereich $Z \subseteqq R^n$ (zulässiger Bereich, nichtleer) und n beteiligte Parteien (Spieler), denen je eine Funktion $f_1, \ldots, f_n$ zugeordnet ist (Auszahlungsfunktionen), die Z in $\mathbf{R}$ abbildet. Der v-te Spieler ($v = 1, \ldots, n$) möchte seine Auszahlung $f_v(z)$, $z \in Z$, maximieren, hat aber nur Einfluß auf die v-te Komponente des Vektors $z \in Z$. Er muß sich daher mit der Aufgabe

$$\begin{gathered} f_v(z) = f_v(x_1, \ldots, x_{v-1}, \xi, x_{v+1}, \ldots, x_n) \to \max!, \\ z = (x_1, \ldots, x_{v-1}, \xi, x_{v+1}, \ldots, x_n) \in Z \end{gathered} \tag{4.85}$$

beschäftigen, in der die restlichen $n-1$ Komponenten des Vektors z fest sind. Wird also ein Punkt z aus Z fest angenommen (damit ist jedem Spieler eine Möglichkeit der Wahl seiner Komponente von z vorgeschlagen), so wird *jeder* Spieler die Aufgabe (4.85) lösen wollen. Sind die f_v ($v = 1, \ldots, n$) stetig, so existiert auch für jedes v eine Lösung, i. allg. eine Menge F_v von Lösungen, die von dem vorgegebenen z abhängt! Es wird somit jedem $z \in Z$ ein Vektor $(F_1(z), \ldots, F_n(z))$ zugeordnet, dessen v-te Komponente die Lösungen von (4.85) enthält. Wir wollen den Vektor der Lösungsmengen mit $F(z)$ bezeichnen. Es wird dann jedem $z \in Z$ das Bild $F(z)$ zugeordnet, es ist eine Teilmenge des R^n.

Wenn es nun gelingt, ein z^* zu finden, daß gilt

$$z^* \in F(z^*), \tag{4.86}$$

d.h. daß z_1^* ein Element von $F_1(z^*)$, z_2^* ein Element von $F_2(z^*)$ ist usw., so ist eine solche Wahl der von jedem Spieler beeinflußbaren Komponente von z vorgeschlagen, daß die Auszahlungsfunktion f_v für jedes v im Sinne von (4.85) maximiert wird. z^* heißt dann ein **Gleichgewichtspunkt** des n-Personenspieles, welches durch $f_1, \ldots, f_n$ und $Z \subseteqq R^n$ beschrieben ist (s. auch Bd. 21/1).

Die Existenz eines solchen Gleichgewichtspunktes kann durch den Fixpunktsatz von Kakutani gesichert werden, wenn F gewisse Voraussetzungen erfüllt.

D.4.12 **Definition 4.12:** *Es sei Z eine kompakte nichtleere Teilmenge des R^n und F eine Abbildung von Z in die Menge 2^Z der Teilmengen von Z. Für jedes $z \in Z$ sei die Menge $F(z)$ abgeschlossen in R^n. Dann heißt F stetig, falls die Menge (der Graph von F)*

$$G(F) = \{(z, y) \mid z \in Z, y \in F(z)\}$$

abgeschlossen in $R^n \times R^n$ ist.

Satz 4.7 (Fixpunktsatz von Kakutani) [72/I], [73]. *Es sei F eine stetige* (s. Def. 4.12) *(Punkt-Mengen-) Abbildung der kompakten, konvexen nichtleeren Menge $Z \subseteqq R^n$ in 2^Z (Menge aller Teilmengen von Z). Für jedes $z \in Z$ sei $F(z)$ konvex, abgeschlossen und nichtleer. Dann besitzt F einen Fixpunkt z^**; d. h., es gibt ein $z^* \in Z$ mit $z^* \in F(z^*)$. S.4.7

In [46] wird das ökonomische Modell von Arrow und Debrou mit Satz 4.7 behandelt.

4.4.2. Banachscher Fixpunktsatz und zugehöriges Iterationsverfahren

In 1.2.4. hatten wir den Banachschen Fixpunktsatz in Zusammenhang mit einem linearen Gleichungssystem (in der Form $x = Mx + a$, x und a aus R^N) genannt. Weitere Anwendungen findet man z.B. in [72/I], [73]. Wir stellen jetzt den Beweis dieses Satzes dar, da er konstruktiv ist, d.h. ein konvergentes Verfahren [s. (4.88)] zur Bestimmung des Fixpunktes liefert, der unter den Bedingungen des Satzes existiert. Es sei d die Metrik eines vollständigen metrischen Raumes E und A eine Abbildung, die eine fest vorgegebene abgeschlossene Teilmenge $E_0 \subseteqq E$ in sich abbildet und die auf E_0 kontrahierend ist:

$$d(A(x), A(y)) \leqq kd(x, y), \quad (x, y \in E_0), \quad 0 < k < 1. \tag{4.87}$$

Wir untersuchen, unter welchen Bedingungen die Gleichung $x = A(x)$ für $x \in E_0$ durch sukzessive Approximation

$$x_0 \in E_0, \; x_{n+1} = A(x_n), \quad n \geqq 0, \quad \text{ganz}, \tag{4.88}$$

gelöst werden kann. Die Antwort gibt der

Satz 4.8 (Fixpunktsatz von Banach): *Eine kontrahierende Abbildung A einer nichtleeren abgeschlossenen Teilmenge E_0 (aus E) in sich hat genau einen Fixpunkt x^*. Die Folge $\{x_n\}$ mit $x_0 \in E_0$, $x_{n+1} = A(x_n)$ konvergiert gegen x^* für jedes $x_0 \in E$. Es gilt die (Fehler-) Abschätzung $d(x_n, x^*) \leqq d(x_0, x_1)(1-k)^{-1} k^n$ $(n = 1, 2, \ldots)$.* S.4.8

Beweis. Die Folge $\{x_n\}$ ist eine Cauchy-Folge (s. Def. 2.6), denn es ist, indem abwechselnd (4.88) und (4.87) verwendet werden,

$$\begin{aligned} d(x_n, x_{n+1}) &= d(A(x_{n-1}), A(x_n)) \leqq kd(x_{n-1}, x_n) \\ &= kd(A(x_{n-2}), A(x_{n-1})) \leqq k^2 d(x_{n-2}, x_{n-1}) \leqq \ldots \\ \ldots &= k^{n-1} d(A(x_0), A(x_1)) \leqq k^n d(x_0, x_1). \end{aligned} \tag{4.89}$$

Für $0 \leqq n < m$ ist dann (Dreiecksungleichung)

$$d(x_n, x_m) \leqq d(x_n, x_{n+1}) + \ldots + d(x_{m-1}, x_m),$$

und nach Einsetzen von (4.89) mit den entsprechenden Indizes:

$$\begin{aligned} d(x_n, x_m) &\leqq k^n d(x_0, x_1) + k^{n+1} d(x_0, x_1) + \ldots + k^{m-1} d(x_0, x_1) \\ &= d(x_0, x_1)\, k^n (1 + k + \ldots + k^{n-m-1}) \\ &\leqq d(x_0, x_1)(1-k)^{-1} k^n. \end{aligned} \tag{4.90}$$

Da die Folge $\{k^n\}$ wegen $0 < k < 1$ gegen null konvergiert, ist $\{x_n\}$ wegen (4.90) eine Cauchy-Folge. Da E vollständig ist, liegt der (eindeutig bestimmte) Grenzwert x^* von $\{x_n\}$ in E, da alle x_n, $n \geqq 0$, in E_0 liegen und E_0 abgeschlossen ist, liegt x^* in E_0. Da A eine stetige

Abbildung ist [wegen (4.87), s. Satz 3.4] ergibt Grenzwertbildung in der Beziehung $x_{n+1} = A(x_n)$, $n \geqq 0$:

$$x^* = \lim_{n\to\infty} x_{n+1} = \lim_{n\to\infty} A(x_n) = A\left(\lim_{n\to\infty} x_n\right) = A(x^*). \tag{4.91}$$

Damit ist x^* als Lösung erkannt: $x^* \in E_0$ und $x^* = A(x^*)$.

Die Eindeutigkeit folgt so: Wären x^*, $\bar{x}$ zwei verschiedene Fixpunkte, so müßte $d(x^*, \bar{x}) = d(Ax^*, A\bar{x}) \leqq kd(x^*, \bar{x})$ sein; dies ist aber für $d(x^*, \bar{x}) \neq 0$ unmöglich, weil $k < 1$. Da es somit nur einen Fixpunkt gibt, ist dieser auch vom gewählten Anfangselement x_0 unabhängig. Die Fehlerabschätzung folgt unmittelbar aus (4.90) durch den Grenzübergang $m \to \infty$. ■

Die Voraussetzungen des Banachschen Fixpunktsatzes lassen sich in verschiedenster Hinsicht abschwächen (s. hierzu [53]). Wir nennen repräsentierend die folgende Aussage.

Satz 4.9 *(Verallgemeinerung des Banachschen Fixpunktsatzes): Es sei E ein vollständiger metrischer Raum (Metrik d) und E_0 eine nichtleere abgeschlossene Teilmenge von E. Die Abbildung A bildet die Menge E_0 stetig in sich ab, und es sei eine gewisse Potenz A^n von A eine kontrahierende Abbildung (d. h., $d(A^n(x), A^n(y)) \leqq kd(x, y)$, $x, y \in E_0$, $0 < k < 1$ fest). Dann hat A genau einen Fixpunkt $x^* \in E_0$. Für jedes $x_0 \in E_0$ konvergiert die Folge $\{x_m\}$ mit $x_{m+1} = A(x_m)$ $(m = 0, 1, 2, \ldots)$ gegen x^*.*

Bemerkung 4.4: Unter den Voraussetzungen des Satzes 4.9 kann man im Raum E eine zur Metrik d äquivalente Metrik φ einführen, bezüglich derer E ebenfalls vollständig ist und die Abbildung T kontrahierend wird (mit der Kontraktionskonstanten $K' = K^{1/n}$).

Bemerkung 4.5: Die Vollständigkeit von E ist notwendig. Ist $E = (0, 1]$ mit der euklidischen Metrik, so ist die Abbildung f mit $f(x) = x/2$ kontraktiv, hat aber keinen Fixpunkt.

Bemerkung 4.6: Ist M eine nichtleere, abgeschlossene, konvexe, beschränkte Menge eines Hilbertraumes $\boldsymbol{H}$ und T: $M \to M$ nicht expansiv, d. h., $\|Tx\| \leqq \|x\| \, \forall \, x \in M$, so hat T einen Fixpunkt und die Menge der Fixpunkte ist abgeschlossen und konvex. Es gilt sogar: Ist M abgeschlossen, konvex, nichtleer und T nicht expansiv, so existiert ein Fixpunkt genau dann, wenn M beschränkt ist. Ist also M unbeschränkt, so existiert eine nicht expansive Abbildung, die keinen Fixpunkt hat [29].

Von weiteren Typen von Fixpunktsätzen (s. [29]) sei abschließend der von Schauder genannt.

S.4.9 **Satz 4.10 (Fixpunktsatz von Schauder)** [32], [53]: *Es sei E ein normierter Raum und $M \subseteqq E$ eine nichtleere abgeschlossene und konvexe Teilmenge von E. Es sei T: $M \to E$ eine stetige Abbildung mit $T[M] \subseteqq M$, und der Abschluß $\overline{T[M]}$ der Bildmenge $T[M]$ sei kompakt (s. Def. 2.7). Dann hat T (mindestens) einen Fixpunkt, d. h., es gibt ein $x \in M$ mit $Tx = x$.*

Der Satz wird u. a. zum Nachweis der Existenz der Lösung von Randwertproblemen für Differentialgleichungen ausgenutzt (s. [72/I]).

5. Unbeschränkte Operatoren in Hilberträumen

5.1. Halbbeschränkte Operatoren in Hilberträumen

5.1.1. Der Satz von Friedrichs

Es sei A ein linearer Operator, dessen Definitionsbereich $D(A)$ dicht in einem Hilbertraum $\boldsymbol{H}$ liegt, und der $D(A)$ in $\boldsymbol{H}$ abbildet. Gibt es eine positive Zahl γ, so daß gilt

$$\langle Au, u\rangle \geqq \gamma^2\|u\|^2 \quad (u \in D(A)), \tag{5.1}$$

so heißt A *halbbeschränkt* (stark positiv definit). A sei weiterhin *symmetrisch*:

$$\langle Au, v\rangle = \langle u, Av\rangle \quad (u, v \in D(A)). \tag{5.2}$$

Beispiel 5.1: Es sei $\boldsymbol{H} = L^2_{\mathbb{R}}[0, 1]$, $D(A) = \{u \in C^2_{\mathbb{R}}[0, 1],\ u(0) = u(1) = 0\}$, und A sei der Operator

$$A = -\frac{d^2}{dx^2}. \tag{5.3}$$

Dann ist $\overline{D(A)} = \boldsymbol{H}$, A symmetrisch, wie durch partielle Integration folgt, und (5.1) gilt wegen

$$u^2(x) = \left(\int_0^x u'(t)\,dt\right)^2 \leqq \int_0^x dt \int_0^x u'^2(t)\,dt \leqq \int_0^1 u'^2(t)\,dt,\quad 0 \leqq x \leqq 1:$$

$$\|u\|^2_{L^2_{\mathbb{R}}} \leqq \int_0^1 (u'(t))^2\,dt = \langle Au, u\rangle. \tag{5.4}$$

(5.4) ist die eindimensionale Form der Friedrichsschen Ungleichung, die für mehrdimensionale beschränkte Gebiete Ω für Funktionen $u \in \dot{C}^1(\bar{\Omega})$ lautet: Es existiert eine (gebietsabhängige) Konstante K mit der Eigenschaft

$$\int_\Omega |u(x)|^2\,dx \leqq K \int_\Omega \sum |u_{x_i}(x)|^2\,dx. \tag{5.70'}$$

Diese Ungleichung gilt auch für $u \in \dot{W}^1_2(\Omega)$ (s. Def. 2.24).

Bemerkung 5.1: Gleichwertig zu (5.1) ist, daß

$$g = \inf_{u \in D(A),\, u \neq 0} \frac{\langle Au, u\rangle}{\|u\|^2} > 0 \tag{5.2'}$$

gilt, d. h., die **untere Grenze** g von A ist positiv.

Der zu A adjungierte Operator A^* ist definiert (s. Def. 3.15) für alle $v \in \boldsymbol{H}$, für die ein v^* existiert mit

$$\langle v, Au\rangle = \langle v^*, u\rangle \quad (u \in D(A)). \tag{5.5}$$

Die Abhängigkeit $v \to v^*$ wird gerade mit $v^* = A^*v$ bezeichnet. Wenn man (5.5) mit (5.2) vergleicht, sieht man, daß

$$D(A^*) \supseteqq D(A) \tag{5.6}$$

gilt. Wenn man also für A die Eigenschaft der Selbstadjungiertheit haben möchte ((5.2) zusammen mit $D(A) = D(A^*)$), so muß $D(A)$ wegen (5.6) vergrößert werden. Eine solche **Erweiterung** des Definitionsbereiches von A fordert daher, A auf gewissen *weiteren* Elementen in $\boldsymbol{H}$ zu definieren, und zwar soll dabei die untere Grenze [s. auch (5.2')]

$$g = \inf\{\langle Au, u\rangle \mid \|u\| = 1,\ u \in D(A)\} \tag{5.7}$$

von A (und damit die starke positive Definitheit) erhalten bleiben. Ist das gelungen, so hat man A fortgesetzt. Es gilt der folgende Satz von Friedrichs:

S.5.1 **Satz 5.1 (Fortsetzung von Operatoren):** *Jeder symmetrische halbbeschränkte Operator A gestattet eine Fortsetzung $\bar{A}$, d. h., es ist $D(\bar{A}) \supseteqq D(A)$, $Au = \bar{A}u (u \in D(A))$, und dieser Operator $\bar{A}$ ist selbstadjungiert, hat dieselbe untere Grenze wie A, und sein Wertebereich ist der gesamte Raum $\boldsymbol{H}$. Es existiert sogar $(\bar{A})^{-1}$ und ist symmetrisch und beschränkt.*

Wir wollen zuerst diesen Fortsetzungsprozeß erläutern und dann auf zwei Anwendungen eingehen: Operatoren der Quantenmechanik, Lösung elliptischer Differentialgleichungen (s. [48]).

5.1.2. Der Fortsetzungsprozeß

Hätten wir die Fortsetzung (= Erweiterung) von A zu $\bar{A}$ schon erledigt, so müßte für ein $\bar{u} \in D(\bar{A})$ das Bild $\bar{A}\bar{u}$ auch in $\boldsymbol{H}$ liegen. Wir nehmen so umgekehrt ein beliebiges $f \in \boldsymbol{H}$ (es soll ja $R(\bar{A}) = \boldsymbol{H}$ sein) und versuchen nach einer einheitlichen Verfahrensweise solche u zuzuordnen, daß für $f \in R(A)$ gerade $u \in D(A)$ gilt, so daß

$$Au = f \tag{5.8}$$

ist, und daß für die weiteren $f \in \boldsymbol{H} \setminus R(A)$ auch u zugeordnet werden, die dann nicht mehr in $D(A)$ liegen, also $D(A)$ „erweitern", und daß die gesamte Zuordnung die im Satz genannten Eigenschaften hat. Wir können sagen, daß wir A so erweitern wollen, daß (5.8) für *jedes* $f \in \boldsymbol{H}$ lösbar wird. Daraus folgt auch, daß die ins Auge gefaßte Erweiterung „maximal" ist, da $\boldsymbol{H}$ der größtmögliche Wertebereich eines „in $\boldsymbol{H}$ abbildenden" Operators ist.

Wir führen einige Gedanken des Beweises für *reelle* Hilberträume hier durch, da sich interessante Beziehungen zur Variationsrechnung und konvexen Analysis und eine schöne Anwendung des Satzes von Riesz ergeben [48]; bezüglich des allgemeinen Falles (s. etwa [26], [66]).

Es sei zunächst $f \in R(A)$. Dann gibt es dazu eindeutig ein $u_f \in D(A)$ mit $Au_f = f$. Denn hätte die homogene Gleichung $Au = 0$ Lösungen $u \neq 0$, so widerspräche das (5.1). Für u_f gilt:

L.5.1 **Lemma 5.1:** *u_f löst die Optimierungsaufgabe* (*das* **Variationsproblem**)

$$F(u) = \langle Au, u \rangle - 2\langle u, f \rangle \to \min_{u \in D(A)}! \tag{5.9}$$

Beweis: Wir variieren u_f mit $\eta \neq 0$ beliebig aus $D(A)$. Dann ist

$$F(u_f + \eta) = F(u_f) + 2\langle Au_f - f, \eta \rangle + \langle A\eta, \eta \rangle \tag{5.10}$$

wie bei (4.55), da A symmetrisch ist; da u_f die Operatorgleichung (5.8) löst, und (5.1) gilt, folgt

$$F(u_f + \eta) > F(u_f) \quad (\eta \in D(A)). \tag{5.11}$$

Es ist also u_f sogar „globale" Minimalstelle von F, dies ist auch klar, da F konvex über $D(A)$ ist. u_f ist ferner, wie aus (5.11) folgt, **eindeutige** Minimalstelle von F. Auch dies ist klar, denn F ist [wegen (5.1)] streng konvex (s. Bd. 15). ■

Es gilt auch die Umkehrung:

L.5.2 **Lemma 5.2:** *Ist $\mathring{u}$ Minimalstelle von* (5.9) *bei gegebenem f, so löst $\mathring{u}$ die Gleichung $Au = f$.*

Beweis: Da F Gâteaux-differenzierbar ist [s. (4.61), man benutze dort $D(A)$ statt B], muß $\forall \eta \in D(A)$ das Gâteaux-Differential $\delta F(u, \eta) = 2\langle Au - f, \eta\rangle$ an der Stelle $u = \mathring{u}$ notwendig verschwinden. Wegen $\overline{D(A)} = \boldsymbol{H}$ muß sein $A\mathring{u} - f = 0$ ($Au = f$ ist die **Eulersche Gleichung** zu (5.9)). ■

Wir lassen jetzt ein beliebiges $f \in \boldsymbol{H}$ zu. Ist $f \in \boldsymbol{H} \setminus R(A)$, so kann keine Minimalstelle von (5.9) existieren, denn sie würde die Eulersche Gleichung lösen, also $f \in R(A)$ nach sich ziehen. Es gilt aber, daß auch bei beliebigem festem f die untere Grenze J_f der Menge der F-Werte stets endlich ist, wenn u den Bereich $D(A)$ durchläuft:

$$J_f = \inf_{u \in D(A)} F(u) > -\infty. \tag{5.12}$$

Denn es ist, falls nur $\gamma^2\|u\| - 2\|f\| \geqq 1$ ist, wegen (5.1) und der Schwarzschen Ungleichung

$$\langle Au, u\rangle - 2\langle f, u\rangle \geqq \|u\|(\gamma^2\|u\| - 2\|f\|) \geqq \|u\| \geqq 0,$$

und im anderen Falle, d. h. $\gamma^2\|u\| - 2\|f\| < 1$, ist

$$\begin{aligned} &2|\langle f, u\rangle| \leqq 2\|f\|\,\|u\| < \gamma^{-2}(1 + 2\|f\|)\,(2\|f\|) \\ &\langle Au, u\rangle - 2\langle f, u\rangle \geqq \gamma^2\|u\|^2 - 2\gamma^{-2}(1 + 2\|f\|)\,\|f\| \geqq K \\ &(K = -2\gamma^{-2}(1 + 2\|f\|)\,\|f\|). \end{aligned} \tag{5.13}$$

Das Variationsproblem (5.9) hat also für jedes $f \in \boldsymbol{H}$ einen endlichen Minimal*wert*, aber nur für $f \in R(A)$ eine Minimal*stelle*. Jetzt konstruieren wir durch Vergrößerung des zulässigen Bereiches $D(A)$ des Variationsproblems Minimalstellen für $f \in \boldsymbol{H} \setminus R(A)$, wobei der Minimalwert J_f ungeändert bleibt(!):

Wir führen dazu in der Menge $D(A) \subseteqq \boldsymbol{H}$ ein neues Skalarprodukt ein durch

$$\langle u, v\rangle_{D(A)} = \langle Au, v\rangle \quad (u, v \in D(A)). \tag{5.14}$$

Wegen der Halbbeschränktheit ist das ein Skalarprodukt. Dieses induziert eine Norm in $D(A)$:

$$\|u\|^2_{D(A)} = \langle u, u\rangle_{D(A)} = \langle Au, u\rangle, \tag{5.15}$$

und wegen der Halbbeschränktheit gilt (s. auch Def. 2.13)

$$\|u\|^2_{D(A)} \geqq \gamma^2\|u\|^2 \quad (u \in D(A)). \tag{5.16}$$

Fundamentalfolgen in $D(A)$ im Sinne der Norm $\|\,.\,\|_{D(A)}$ sind wegen (5.16) erst recht welche in $\boldsymbol{H}$, und da $\boldsymbol{H}$ vollständig ist, gehört zu ihnen eindeutig ein Grenzelement. Wir nehmen zu $D(A)$ alle diese Grenzelemente von $\|\,.\,\|_{D(A)}$-Fundamentalfolgen hinzu. Die entstandene Menge heiße $\boldsymbol{H}_A$ und ist Abschließung von $D(A)$ im Sinne der $\|\,.\,\|_{D(A)}$-Norm. $\boldsymbol{H}_A$ ist selbst ein Hilbertraum (energetischer Raum), und es gilt natürlich $\boldsymbol{H}_A \subseteqq \boldsymbol{H}$.

Die Norm eines Elements u in $\boldsymbol{H}_A$ ist, falls $u \in D(A) \subseteqq \boldsymbol{H}_A$ gilt:

$$\|u\|^2_{H_A} = \langle Au, u\rangle; \tag{5.17}$$

falls $u \in \boldsymbol{H}_A \setminus D(A)$, so ist u Grenzwert etwa der Fundamentalfolge $\{u_n\}$, also

$$\|u\|^2_{H_A} = \lim_{n \to \infty} \langle Au_n, u_n\rangle. \tag{5.18}$$

Da zum zulässigen Bereich $D(A)$ nur Grenzwerte von Folgen aus $D(A)$ hinzugenommen werden, bleibt J_f wirklich ungeändert. Wir setzen nun in (5.9) für $u \in D(A)$ gerade (5.17) ein:

$$F(u) = \|u\|^2_{H_A} - 2\langle u, f\rangle, \tag{5.19}$$

und (5.19) kann sogar für alle $u \in H_A$ gelesen werden! Jetzt hat die Aufgabenstellung

$$F(u) = \|u\|_{H_A}^2 - 2\langle u, f\rangle \to \min_{u \in H_A}! \tag{5.20}$$

einen Sinn, und es gilt das bemerkenswerte

L.5.3 **Lemma 5.3:** *Für beliebig fest vorgegebenes $f \in H$ existiert genau ein $u_f \in H_A$ mit $F(u_f) = \inf F(u)$, und verschiedenen $f \in H$ entsprechen verschiedene $u_f \in H_A$.*

Bemerkung 5.2: Für A gemäß (5.3) lautet $F(u)$ aus (5.9) $F(u) = -\int_0^1 u''u\,\mathrm{d}x - 2\int_0^1 fu\,\mathrm{d}x$, und in der Form (5.19) hat es die Gestalt

$$F(u) = \int_0^1 u'^2\,\mathrm{d}x - 2\int_0^1 fu\,\mathrm{d}x, \tag{5.21}$$

und dies kann wegen $u \in H_A$ [s. (5.18')] ausgewertet werden. Deutet man den Integranden $(u')^2$ in (5.21) als Geschwindigkeitsquadrat, so versteht man die Bezeichnungen „energetischer Raum“ für H_A und „energetische Norm“ für $\|u\|_{H_A}$.

Beispiel 5.2: Es seien A, H, $D(A)$ wie in Bsp. 5.1. Dann ist $(H \neq H_A)$

$$H_A = \{u \mid u \text{ absolut stetig auf } [0, 1],\ u' \in L_{\mathbb{R}}^2[0, 1],\ u(0) = u(1) = 0\} \subsetneqq H = L_{\mathbb{R}}^2[0, 1]. \tag{5.18'}$$

H_A ist mengenmäßig $\mathring{W}^{1,2}[0, 1]$ (s. D.2.24). Die Normen der beiden Räume sind äquivalent. u' ist die verallgemeinerte Ableitung. Ist $u(x)$ absolut stetig auf $[a, b]$ (s. Bem. 1.10), so existiert $v \in L_{\mathbb{R}}^1[a, b]$, so daß $u(x) = \int_a^x v(t)\,\mathrm{d}t + \text{const.}$ $(a \leqq x \leqq b)$ gilt.

Wir beweisen Lemma 5.3, da eindrucksvoll der Satz von Riesz ausgenützt wird.

Beweis von Lemma 5.3: Der Term $\langle u, f\rangle$ in (5.20) ist ein lineares beschränktes Funktional in H_A, denn es gilt wegen (5.16)

$$|\langle u, f\rangle| \leqq \|u\|\,\|f\| \leqq \gamma^{-1}\|u\|_{H_A}\|f\| \tag{5.22}$$

zunächst in $D(A)$ und wegen der Stetigkeit von $\langle ., f\rangle$ und $\|.\|_{H_A}$ auch für die Grenzelemente, also in H_A. Somit gibt es nach dem Satz von Riesz genau ein Element $u_f \in H_A$, so daß gilt

$$\langle u, f\rangle_H = \langle u, u_f\rangle_{H_A} \quad (u \in H_A), \tag{5.23}$$

(u_f löst also die Variationsgleichung $\langle u, v\rangle_{H_A} = \langle f, v\rangle$ für alle $v \in H_A$), wenn mit $\langle ., .\rangle_{H_A}$ das Skalarprodukt in H_A bezeichnet wird. Damit ist für beliebiges festes $u \in H_A$

$$\begin{aligned} F(u) &= \|u\|_{H_A}^2 - 2\langle u, u_f\rangle_{H_A} + \langle u_f, u_f\rangle_{H_A} - \langle u_f, u_f\rangle_{H_A} \\ &= \langle u - u_f, u - u_f\rangle_{H_A} - \|u_f\|_{H_A}^2 \end{aligned} \tag{5.24}$$

und folglich, da der erste Summand in (5.24) nichtnegativ ist,

$$\min_{u \in H_A} F(u) = -\|u_f\|_{H_A}^2. \tag{5.25}$$

Für $u \neq u_f$ gilt $\|u - u_f\|_{H_A}^2 > 0$, daher gibt es keine weitere Minimalstelle. ■

D.5.1 **Definition 5.1:** *Das Element $u_f \in H_A$ (s. Lemma 5.3.) heißt* **verallgemeinerte Lösung** *von $Au = f$. Liegt u_f bereits in $D(A)$, so ist u_f gewöhnliche Lösung von $Au = f$. Die Gesamtheit der verallgemeinerten Lösungen sei der Definitionsbereich $D(\bar{A})$ eines Operators $\bar{A}$. Er wird wie folgt* *definiert: Zu $\tilde{u} \in D(\bar{A})$ existiert gemäß Lemma 5.3 genau ein $\tilde{f} \in \boldsymbol{H}$ mit der Eigenschaft, daß $\tilde{u}$ verallgemeinerte Lösung von $Au = \tilde{f}$ ist; die Abbildung $\tilde{u} \to \tilde{f}$ definiert den Operator $\bar{A}$: $\bar{A}\tilde{u} = \tilde{f}$. Dieser Operator ist die* **Friedrichssche Erweiterung von** *A.*

Die weiteren Aussagen des Satzes von Friedrichs sind erfüllt, [48].

Beispiel 5.3: Es seien A, $\boldsymbol{H}$, $D(A)$ wie in Beispiel 5.2. Dann ist ([48])

$$D(\bar{A}) = \{u \in \boldsymbol{H}_A \mid u' \text{ absolut stetig, } u'' \in L^2_{\mathbb{R}}\} \neq \boldsymbol{H}_A, \tag{5.26}$$

wobei u'' die verallgemeinerte 2. Ableitung ist.

5.1.3. Einige Operatoren der Quantenmechanik

In (1.71)–(1.73) waren die Hamilton-Operatoren als wichtige Hilfsmittel der Quantenmechanik genannt worden. Sie führen auf lineare selbstadjungierte Operatoren. Das frühere Oszillatorbeispiel ergab als Hamilton-Operator zunächst den Operator (1.78). Er war noch nicht selbstadjungiert. Dies kann aber gerade nach dem Satz von Friedrichs erreicht werden. Man studiert dazu die Operatoren folgender Art, die dem Hermiteschen Operator von (1.79) verwandt sind:

$$\begin{aligned} &Cu = -u'' + pu \quad \text{mit} \quad D(C) = \mathring{C}^\infty(\mathbb{R}) \subsetneqq L^2(\mathbb{R}),\ p(x) \text{ reell,} \\ &\text{und} \quad p(x) \to \infty \quad \text{für} \quad |x| \to \infty,\ p(x) \geqq 1. \end{aligned} \tag{5.27}$$

Nachweis der Symmetrie und Halbbeschränktheit:

$$\begin{aligned} \langle Cu, v\rangle &= \int_{\mathbb{R}} \overline{(-u'' + pu)}\, v \, dx \\ &= \int_{\mathbb{R}} (\bar{u}'v' + p\bar{u}v) \, dx \\ &= \int_{\mathbb{R}} \bar{u}(-v'' + pv) \, dx = \langle u, Cv\rangle \quad (u, v \in D(C)), \end{aligned} \tag{5.28}$$

$$\langle Cu, u\rangle = \int_{\mathbb{R}} (|u'|^2 + p|u|^2) \, dx \geqq \int_{\mathbb{R}} |u|^2 \, dx = \|u\|^2_{L^2(\mathbb{R})} \tag{5.29}$$

und $\overline{D(C)} = \boldsymbol{H} = L^2(\mathbb{R})$.

Wir denken uns C nach dem Satz von Friedrichs zu $\bar{C}$ fortgesetzt. $\bar{C}$ ist dann selbstadjungiert und hat reines Punktspektrum und leeres Stetigkeitsspektrum. Ist insbesondere $p(x) = x^2 + 1$, so ist folgender Zusammenhang zum Hermiteschen Operator H gegeben:

$$C = H + I, \quad H = D_2 \quad \text{von (1.79)} \tag{5.30}$$

(I ist der identische Operator), und (5.30) bleibt bei der Fortsetzung bestehen: $\bar{C} = \bar{H} + I$. Das Spektrum $\sigma(\bar{H})$ kennen wir bereits aus (1.81). Es gilt dann über dem Bereich $D(\bar{H})$, wenn $\lambda_j = 2j + 1$, $j = 0, 1, 2, \ldots$ die Eigenwerte, $\{H_j\}$ die orthonormierten Eigenfunktionen sind (sie bilden als Eigenfunktionen eines selbstadjungierten Operators mit reinem Punktspektrum und leerem Stetigkeitsspektrum ein vollständiges Orthogonalsystem, [66]):

$$D(\bar{H}) = \left\{u \mid u \in \boldsymbol{H},\ \sum_{j=0}^{\infty} \lambda_j^2 |\langle u, H_j\rangle|^2 < \infty\right\}, \tag{5.31}$$

und dies gilt für jeden selbstadjungierten Operator mit reinem Punktspektrum, leerem Stetigkeitsspektrum und $\{\lambda_j\}$ nach der Größe der Beträge geordnet.

Wir wollen noch einen interessanten Zusammenhang zur Theorie der Distributionen (Kap. 4.1.) angeben.

Sind φ und u aus $D(C)$ in (5.27), so ist wegen der Selbstadjungiertheit von $\bar{C}$: $\bar{C} = \bar{C}^*$ somit

$$\langle \bar{C}u, \varphi \rangle = \langle \bar{C}^* u, \varphi \rangle = \langle u, \bar{C}\varphi \rangle \quad (\varphi \in \mathring{C}^\infty(\mathbf{R})). \tag{5.32}$$

Die rechte Seite kann für $u \in L^2(\mathbf{R})$ als Distribution L aufgefaßt werden ($\bar{C}\varphi = C\varphi$):

$$L : L\varphi = \langle u, C\varphi \rangle \quad (\varphi \in \mathring{C}^\infty(\mathbf{R})). \tag{5.33}$$

Diese Distribution wird für $u \in H_C$ gerade von $\bar{C}u$ erzeugt, und folglich kann der Operator $\bar{C}$ im Sinne der Distributionen ausgerechnet werden.

Der Operator

$$Au = xu \quad \text{mit} \quad D(A) = \{u \in L^2(\mathbf{R}) \mid xu(x) \in L^2(\mathbf{R})\} \subseteqq L^2(\mathbf{R}) \tag{5.34}$$

tritt ebenso in der Quantenmechanik auf und ist *selbstadjungiert* und *nicht beschränkt*:

Unbeschränktheit:

$$\|A\| = \sup_{\substack{\|u\|=1 \\ u \in D(A)}} \|Au\| = \sup_{\substack{\|u\|=1 \\ u \in D(A)}} \sqrt{\int_{\mathbf{R}} x^2 u^2(x)\, dx}\,. \tag{5.35}$$

Mit der Folge $\{u_n\}$ mit $u_n = 1$ für $x \in [n, n+1]$ und $u_n = 0$ sonst wird $\|Au_n\|$ beliebig groß.

Selbstadjungiertheit: Stets war $D(A) \subseteqq D(A^*)$ für symmetrische Operatoren. Es sei $v \in D(A^*)$ *und* $A^*v = v^*$. Dann gilt nach der Definitionsformel für adjungierte Operatoren

$$\langle Au, v \rangle = \langle u, v^* \rangle \quad (u \in D(A)). \tag{5.36}$$

Dies bedeutet

$$\begin{aligned} 0 &= \int_{\mathbf{R}} [x(\bar{u}(x))\, v(x) - \bar{u}(x)\, v^*(x)]\, dx \\ &= \int_{\mathbf{R}} \bar{u}(x)\, (xv(x) - v^*(x))\, dx, \end{aligned} \tag{5.37}$$

insbesondere für alle $u \in \mathring{C}^\infty(\mathbf{R})$, folglich fast überall $xv(x) = v^*(x)$; da $v^*(x) \in L^2(\mathbf{R})$, ist $xv(x) \in L^2(\mathbf{R})$, also $v \in D(A)$. Somit ist $D(A^*) \subseteqq D(A)$, also $D(A) = D(A^*)$.

Auch der Operator B mit

$$Bu = -\frac{d^2u}{dx^2}, \qquad D(B) = \{u \in \mathring{C}^\infty(\mathbf{R})\} \subseteqq L^2(\mathbf{R}) \tag{5.38}$$

tritt in der Quantenmechanik auf. Er fällt in die bei (5.27) behandelte Klasse. Als $\boldsymbol{H}_B$ im Sinne von (5.17) fungiert $W^{1,2}(\mathbf{R})$. Wird $D(B) = W^{2,2}(\mathbf{R})$ und $\boldsymbol{H} = L^2(\mathbf{R})$ gewählt, so ist B selbstadjungiert über $W^{2,2}(\mathbf{R})$ und kann fortgesetzt werden zu $\bar{B}$ mit $D(\bar{B}) = \boldsymbol{H}_B = W^{1,2}(\mathbf{R})$.

Das Modell „Atomkern im Koordinatenursprung, ein Elektron im Abstand r mit der Ladung e und der Masse m sowie der Kernladungszahl 1 des Atoms“ führt im R^3 auf den Hamilton-Operator

$$\mathfrak{H}u = -\left(\frac{\hbar^2}{2m}\Delta + \frac{e^2}{r}\right)u \qquad \left(\hbar = \frac{h}{2\pi} 6{,}62 \cdot 10^{-27}\,\text{erg s}\right). \tag{5.39}$$

In der Klammer steht ein elliptischer Differentialoperator. Etwa bei homogenen Dirichlet-Randvorgaben ist er halbbeschränkt (s. 5.1.6.), also über den Friedrichsschen Formalismus fortsetzbar zu einem selbstadjungierten Operator $\bar{\mathfrak{H}}$.

5.1.4. Instationäre Zustände und Schrödinger-Gleichung

Es sei $\bar{\mathfrak{H}}$ der (selbstadjungierte) Hamilton-Operator (s. 1.2.3.) eines quantenmechanischen Systems. Befindet sich das System zur Zeit $t = 0$ im Zustand $\mathring{u} \in D(\bar{\mathfrak{H}})$, $\|\mathring{u}\| = 1$, so gilt, daß sein Zustand zum Zeitpunkt $t > 0$ durch $u(t)$ mit $\|u(t)\| = 1$, $u(\cdot) \in D(\bar{\mathfrak{H}})$ gekennzeichnet ist, wobei $u(t)$ für $t > 0$ der abstrakten Differentialgleichung (Schrödinger-Gleichung)

$$\dot{u}(t) = -\mathrm{i}\hbar^{-1}\bar{\mathfrak{H}}u(t) \tag{5.40}$$

genügt. Zusammen mit der Anfangsbedingung $u(0) = \mathring{u}$ ist (5.40) ein **abstraktes Cauchysches Anfangswertproblem.**

Die Lösung dieses Cauchyschen Anfangswertproblems ist eindeutig bestimmt und gegeben durch [s. (5.51) und (5.99)]

$$u(t) = \mathrm{e}^{-it\hbar^{-1}\bar{\mathfrak{H}}}\mathring{u}, \quad t \geqq 0. \tag{5.41}$$

Der Operator rechts in (5.41) kann [s. (3.28)] als Potenzreihe nach den Potenzen von $\bar{\mathfrak{H}}$ dargestellt werden:

$$\mathrm{e}^{A}\mathring{u} = \left(\sum_{k=0}^{\infty} \frac{1}{k!} A^k\right)\mathring{u}, \qquad A = -\mathrm{i}t\hbar^{-1}\bar{\mathfrak{H}}, \tag{5.41'}$$

wobei die Konvergenz gemäß (3.43) zu verstehen ist und die Reihe „in der Operatornorm", also erst recht für jedes $\mathring{u} \in \boldsymbol{H}$ konvergiert (s. auch (5.51)].

Stationarität von $\mathring{u}$ bedeutet: Der Anfangszustand des Systems, charakterisiert durch $\mathring{u}$, ändert sich nicht mit der Zeit. Da $\mathrm{e}^{i\alpha(t)}\mathring{u}$ und $\alpha(t)$ reell, endlich, denselben eindimensionalen Unterraum wie $\mathring{u}$, also denselben Zustand erzeugt, ist *die Gleichung*

$$\mathrm{e}^{-it\hbar^{-1}\bar{\mathfrak{H}}}\mathring{u} = \mathrm{e}^{i\alpha(t)}\mathring{u} \tag{5.42}$$

notwendig und hinreichend für Stationarität.

Wir wollen (5.40) deuten. Für das bei (5.39) beschriebene Modell lautet (5.40) für Funktionen $u \in D(\mathfrak{H})$, wobei u jetzt noch von der Zeit abhängt,

$$\mathrm{i}\hbar\dot{u} = -\frac{\hbar^2}{2m}\Delta u + V(x)u, \tag{5.43}$$

und das $\bar{\mathfrak{H}}$ über die Friedrichssche Fortsetzung eindeutig bestimmt ist, müssen die quantenmechanischen Informationen schon in (5.43) enthalten sein. Man kann Lösungen in Gestalt von Fourierreihen nach den orthonormierten Eigenfunktionen (= stationären Zuständen!) $\psi_k(x)$ und Eigenwerten λ_k des Operators $Lu = -\frac{\hbar^2}{2m}\Delta u + V(x)u$ erhalten, wenn man, wie bei einer parabolischen Differentialgleichung in dem zylindrischen Gebiet $[0, T] \times G$, ein Randanfangswertproblem stellt, etwa

$$\begin{aligned} &u(0, x) = \mathring{u}(x) \quad (x \in G, \text{Zeit } t = 0), \\ &u(t, x) = 0 \qquad (t \geqq 0, x \in \partial G). \end{aligned} \tag{5.44}$$

Es ist dann

$$u(t, x) = \sum_{k=1}^{\infty} \langle \psi_k \mid \mathring{u} \rangle\, \mathrm{e}^{-\mathrm{i}\hbar^{-1}\lambda_k t}\psi_k(x) \tag{5.45}$$

eine formale Lösung (und sogar klassische Lösung bei $\mathring{u}(x) \in \mathring{C}^2(G)$ und hinreichend glattem Rand ∂G); [68], [23/4].

Diese Deutung von (5.40) bezog nicht den erweiterten Operator $\bar{\mathfrak{H}}$ ein. Dazu betrachten wir folgende, von einer Variablen t abhängige Menge von Elementen $u(t)$ eines Hilbertraumes $\boldsymbol{H}$: $\{u(t) \mid u(t) \in \boldsymbol{H}$ für jedes $t \in (\alpha, \beta)$ mit $-\infty \leqq \alpha < \beta \leqq +\infty\}$. $u(t)$ heißt auch **Funktion von t mit Werten in einem Hilbertraum.** Diese heißt stetig im Punkte $\gamma \in (\alpha, \beta)$, falls es zu jedem $\varepsilon > 0$ ein $\delta = \delta(\varepsilon) > 0$ gibt mit

$$\|u(t) - u(\gamma)\| < \varepsilon \quad \text{für} \quad |\gamma - t| < \delta(\varepsilon); \tag{5.46}$$

sie heißt stetig differenzierbar in γ, falls ein Element $\dot{u}(\gamma) \in \boldsymbol{H}$ existiert mit

$$\lim_{h \to 0} \left\| \frac{u(\gamma + h) - u(\gamma)}{h} - \dot{u}(\gamma) \right\| = 0 \tag{5.47}$$

und $\dot{u}(t)$ auch in einer Umgebung von γ existiert und in γ stetig ist.

Wir betrachten nun folgende Aufgabenstellung: Es seien ein selbstadjungierter Operator A und ein Element $\mathring{u} \in D(A)$ gegeben. Weiter werde das Intervall $[0, \infty]$ betrachtet. Gesucht sei eine stetige und stetig differenzierbare Funktion[1] $u(t)$, die für jedes $t \in [0, \infty]$ im Definitionsbereich von A liegt, bei $t = 0$ den Wert $\mathring{u}$ annimmt und so beschaffen ist, daß $\dot{u}(t)$ für jedes t gerade gleich $\mathrm{i}Au(t)$ ist. Wir wollen also die folgende Aufgabe lösen:

Verallgemeinertes Cauchysches Anfangswertproblem

$$\begin{aligned} &u(t) \in D(A) \text{ für alle } t > 0, \qquad u(0) = \mathring{u}, \\ &\dot{u}(t) = \mathrm{i}Au(t). \end{aligned} \tag{5.48}$$

Eine weitere Verallgemeinerung wäre ein von t abhängiger Operator A (s. [44], parabolische Differentialgleichungen).

S.5.2 **Satz 5.2 (Existenz- und Unitätssatz):** *Aufgabe* (5.48) *besitzt genau eine Lösung. Sie läßt sich in der Form*

$$u(t) = \mathrm{e}^{\mathrm{i}tA} \mathring{u}, \quad 0 \leqq t < \infty, \tag{5.49}$$

darstellen. Die Operatoren $\mathrm{e}^{+\mathrm{i}tA}$ *sind unitär. Die Lösung hängt stetig von den Anfangswerten ab* [66, S. 280].

Es sei A ein Operator mit reinem Punktspektrum, und das System der Eigenfunktionen φ_i zu den Eigenwerten $\lambda_1, \lambda_2, \ldots$, sei vollständig. Dann ist für $y \in D(A)$

$$\begin{aligned} Ay &= \sum \langle \varphi_k, Ay \rangle \varphi_k = \sum \langle A\varphi_k, y \rangle \varphi_k \\ &= \sum \lambda_k \langle \varphi_k, y \rangle \varphi_k. \end{aligned} \tag{5.50}$$

Für den Operator $\mathrm{e}^{\mathrm{i}tA}$ gilt dann (für jedes $t \geqq 0$)

$$\mathrm{e}^{\mathrm{i}tA} y = \sum \mathrm{e}^{\mathrm{i}t\lambda_k} \langle \varphi_k, y \rangle \varphi_k. \tag{5.51}$$

Diese Reihe konvergiert im Sinne der Norm. Es ist $D(\mathrm{e}^{\mathrm{i}tA}) = R(\mathrm{e}^{\mathrm{i}tA}) = \boldsymbol{H}$. Man erkennt sofort, daß $\mathrm{e}^{\mathrm{i}tA}$ unitär ist:

$$\begin{aligned} \|\mathrm{e}^{\mathrm{i}tA} y\|^2 &= \sum_j \sum_k \mathrm{e}^{\mathrm{i}t(\lambda_k - \lambda_j)} \overline{\langle \varphi_j, y \rangle} \langle \varphi_k, y \rangle \langle \varphi_j, \varphi_k \rangle \\ &= \sum_j |\langle \varphi_j, y \rangle|^2 = \|y\|^2 \end{aligned} \tag{5.52}$$

wegen der Vollständigkeitsrelation. Unter Verwendung von (5.47) und der Tatsache, daß A mit $\mathrm{e}^{\mathrm{i}tA}$ vertauscht werden darf, erkennt man, daß $u(t)$ in (5.49) der Differentialgleichung (5.48) genügt.

---

[1]) In $t = 0$ sind dann (5.46), (5.47) rechtsseitig erfüllt.

Nachweis der stetigen Abhängigkeit von den Anfangswerten: Es seien $u_0(t)$ und $u_1(t)$ die Lösungen von (5.48) mit $u_0(0) = \overset{0}{u}$ bzw. $u_1(0) = \overset{1}{u}$. Dann ist wegen (5.52)

$$\|u_0(t) - u_1(t)\| = \|u_0 - u_1\| \quad (t > 0), \tag{5.53}$$

und somit ist die Lösungsdifferenz klein, wenn die Differenz der Anfangswerte klein ist.
Die Gl. (5.48) ist die abstrakte Fassung der Schrödinger-Gleichung der Quantentheorie [s. (5.40)].

5.1.5. Beziehungen zur quantenmechanischen Streuung. Unschärferelation

Es sei $\bar{\mathfrak{H}}$ der selbstadjungierte Hamilton-Operator eines quantenmechanischen Systems; $f \in D(\bar{\mathfrak{H}})$ mit $\|f\| = 1$ sei der Zustand des Systems. In (1.95′) war $\langle \bar{\mathfrak{H}} f, f\rangle$ gerade der quantenmechanische Mittelwert der Energiemessung. Die Streuung wird dann (wie in der Wahrscheinlichkeitsrechnung, s. auch Bd. 17) durch

$$\sigma^2(f/\bar{\mathfrak{H}}) = \|\bar{\mathfrak{H}} f - \langle \bar{\mathfrak{H}} f, f\rangle f\|^2 \tag{5.54}$$

definiert. Eine „scharfe" Energiemessung ist für einen Zustand möglich genau dann, wenn gilt $\sigma^2 = 0$:

$$\bar{\mathfrak{H}} f = \langle \bar{\mathfrak{H}} f, f\rangle f. \tag{5.55}$$

Dies bedeutet, daß f Eigenelement von $\bar{\mathfrak{H}}$, also stationärer Zustand ist. Man gelangt mit dem Streuungsbegriff (5.54) in folgender Weise funktionalanalytisch zur Heisenbergschen Unschärferelation: Es sei f mit $\|f\| = 1$ der Zustand eines quantenmechanischen Systems, und A, B seien zwei beobachtbare Größen, also zwei lineare selbstadjungierte Operatoren. Es sei

$$f \in D(A) \cap D(B), \; Af \in D(B), \; Bf \in D(A). \tag{5.56}$$

Dann ist ([66, S. 474])

$$\sigma(f/A)\, \sigma(f/B) \geqq \tfrac{1}{2} |\langle (BA - AB) f, f\rangle|. \tag{5.57}$$

Ist nun $(BA - AB) f = \varrho f$ (ϱ komplexe Zahl), so folgt

$$\sigma(f/A)\, \sigma(f/B) \geqq \tfrac{1}{2} |\bar{\varrho} \langle f, f\rangle| = \tfrac{1}{2} |\varrho|. \tag{5.58}$$

(5.58) mit $\varrho \neq 0$ zieht nach sich, daß ein f [welches (5.56) genügt] nur existieren kann, wenn $\sigma(f/A)$ und $\sigma(f/B)$ nicht verschwinden. f kann dann nicht Eigenelement von A oder B sein, bzw. im f entsprechenden Zustand des quantenmechanischen Systems kann weder A noch B scharf gemessen werden.
Die praktische Bedeutung liegt darin, daß für einen Zustand f, für den die beobachtbare Größe A eine Messung mit kleiner Streuung $\sigma(f/A)$ erlaubt, die Streuung $\sigma(f/B)$ die Relation (5.58) erfüllen muß. Für den Fall des Oszillators (A, B seien die der Impuls- bzw. Ortskoordinate zugeordneten Operatoren)

$$Bf = xf, \qquad D(B) = \{f \mid f \in L^2(\mathbf{R}),\, xf \in L^2(\mathbf{R})\}, \tag{5.59}$$

$$Af = \frac{\hbar}{\mathrm{i}} \frac{\mathrm{d}f}{\mathrm{d}x}, \qquad D(A) = W^{1,2}(\mathbf{R})) \tag{5.60}$$

ist dann für $f \in \mathring{C}^\infty(\mathbf{R})$

$$(BA - AB) f = \frac{\hbar}{\mathrm{i}} x \frac{\mathrm{d}f}{\mathrm{d}x} - \frac{\hbar}{\mathrm{i}} \frac{\mathrm{d}}{\mathrm{d}x}(xf) = -\frac{\hbar}{\mathrm{i}} f \tag{5.61}$$

in die rechte Seite von (5.57) einzusetzen, so daß sich

$$\sigma(f/A)\,\sigma(f/B) \geqq \tfrac{1}{2}\hbar, \tag{5.62}$$

also die bekannte **Unschärferelation** ergibt.
Die Relation $BA - AB = \varrho I$ (s. (5.58)) für eine feste komplexe Zahl $\varrho \neq 0$ heißt Heisenbergsche Vertauschungsrelation. Für **beschränkte** lineare Operatoren gilt: Sind T, U beschränkte lineare Operatoren, die einen Hilbertraum H in sich abbilden, so kann es keine Konstante $\varrho \neq 0$ geben, so daß $TUx - UTx = \varrho Ix$ für alle $x \in H$ gilt (s. [26], S. 94). Also werden z.B. in der Quantenphysik wirklich allgemeinere als lineare **beschränkte** Operatoren benötigt.

5.1.6. Fortsetzung elliptischer Differentialoperatoren

T sei ein partieller linearer selbstadjungierter Differentialausdruck 2. Ordnung, der in einem beschränkten Gebiet Ω mit stückweise glattem Rand $\partial\Omega$ elliptisch ist:

$$Tu \equiv -\sum_{i,k} \frac{\partial}{\partial x_i}\left(a_{ik}(x)\frac{\partial}{\partial x_j}u\right) + cu, \qquad c = c(x_1, \ldots, x_n) \geqq 0, \tag{5.63}$$

mit $a_{ik} \in C^1_{\mathbb{R}}(\bar\Omega)$, $c \in C^0_{\mathbb{R}}(\bar\Omega)$, $\sum a_{ik}(x_1, \ldots, x_n)\lambda_i\lambda_k \geqq \mu \sum_{i=1}^n \lambda_i^2$, $(a_{ik}) = A$ (symmetrisch, $\mu > 0$).
Als μ kann das Infimum μ^* der Eigenwerte der quadratischen Form $\lambda^{\mathrm{T}}A(x)\,\lambda\,\forall x$ dienen, falls $\mu^* > 0$ ist. Als Randbedingung sei $u(x) = 0\;(x \in \partial\Omega)$ gestellt. Damit ist

$$D(T) = \{u \mid u \in C^2_{\mathbb{R}}(\bar\Omega),\ u = 0 \quad \text{für} \quad x \in \partial\Omega\} \tag{5.64}$$

dicht in $L^2_{\mathbb{R}}(\Omega)$. T ist dann symmetrisch, wie aus der *Greenschen Formel*[1])

$$\int_\Omega (vTu - uTv)\,\mathrm{d}x = -\int_{\partial\Omega}\left(v\frac{\partial}{\partial N}u - u\frac{\partial}{\partial N}v\right)\mathrm{d}f, \tag{5.65}$$

folgt, wobei $\frac{\partial}{\partial N}$ die Konormalenableitung

$$\frac{\partial}{\partial N} = \sum \alpha_i \frac{\partial}{\partial x_i}, \qquad \alpha_i = \sum_k a_{ki}\cos(n, x_k), \tag{5.66}$$

und n die Außennormale bezüglich $\partial\Omega$ ist. T ist aber auch halbbeschränkt in $L^2_{\mathbb{R}}(\Omega)$, denn es ist (partielle Integration)

$$\langle Tu \mid u\rangle = \int_\Omega\left(-\sum_{i,k}\frac{\partial}{\partial x_i}\left(a_{ik}\frac{\partial}{\partial x_k}u\right)u + cuu\right)\mathrm{d}x \tag{5.67}$$

$$\underset{\text{part. Int.}}{=} \int_\Omega\left(\sum_{i,k} a_{ik}\frac{\partial u}{\partial x_k}u_{x_i} + cuu\right)\mathrm{d}x + 0, \tag{5.68}$$

und wegen der Elliptizität $\lambda^{\mathrm{T}}A\lambda \geqq \mu\|\lambda\|^2$ folgt

$$\langle Tu \mid u\rangle \geqq \mu\int_\Omega \sum |u_{x_i}|^2\,\mathrm{d}x + \int_\Omega c(x_1, \ldots, x_n)\,u^2\,\mathrm{d}x \tag{5.69}$$

und hieraus wegen der Ungleichung von Friedrichs und $c \geqq 0$ die Halbbeschränktheit.

---

[1]) s. Bd. 5 und 8.

Die **Ungleichung von Friedrichs** lautet ([66], [48])

$$\int_\Omega u^2(x)\,dx \leqq \text{const} \int_\Omega \sum u_{x_i}^2(x)\,dx. \tag{5.70}$$

Die Bildung der Fortsetzung nach Friedrichs gestattet leicht, Aussagen über das Eigenwertproblem zum 1. Randwertproblem zu machen: Es lautet

$$Tu - \lambda u = 0 \quad \text{im Gebiet } \Omega \text{ mit } \partial\Omega = S, \qquad u(S) = 0. \tag{5.71}$$

Zu T sei $\bar{T}$ die Friedrichssche Fortsetzung ($\bar{T}$ ist ein Operator mit reinem Punktspektrum, der Raum H_T ist gleich $\mathring{W}_{\mathbb{R}}^{1,2}$). $\bar{T}$ hat eine lineare selbstadjungierte vollstetige Inverse G. Wendet man G auf die mit $\bar{T}$ gebildete Eigenwertgleichung an, so erhält man

$$u - \lambda G u = 0, \qquad u(S) = 0. \tag{5.72}$$

Dieses EWP ist vollständig zu übersehen, da G *vollstetig* ist. Die Eigenwerte (λ_j^{-1}) von (5.72) häufen sich also höchstens bei 0, sind reell, haben endliche Vielfachheit, Eigenfunktionen zu verschiedenen Eigenwerten stehen orthogonal zueinander, und es gilt der Fredholmsche Alternativsatz (s. 3.3.2. und 3.3.1.3.).

Es ist interessant, daß das System der Eigenfunktionen **vollständig** ist, denn G besitzt eine Inverse: $G\varphi = 0 \Rightarrow \varphi = 0$. Deshalb gilt, daß wirklich unendlich viele Eigenfunktionen da sind, da der Grundraum $L_{\mathbb{R}}^2$ unendlichdimensional ist. Ein zugehöriges vollständiges ONS kann man zur Lösung der Gleichung

$$\bar{T}u - \lambda u = g \tag{5.73}$$

bei gegebenem $g \in L_{\mathbb{R}}^2(\Omega)$ anwenden:

Es sei λ nicht Eigenwert und $\{\lambda_j\}$ das System der Eigenwerte, $\{\varphi_j\}$ das System der Eigenfunktionen als ONS. Für die gesuchte Lösung u von $\bar{T}u - \lambda u = g$ machen wir folgenden Ansatz:

$$u = \sum_{j=1}^{\infty} \langle \varphi_j, u \rangle \varphi_j. \tag{5.74}$$

Da G ein beschränkter linearer Operator ist, folgt

$$Gu = \sum \langle \varphi_j, u \rangle G\varphi_j = \sum \langle \varphi_j, u \rangle \lambda_j^{-1} \varphi_j. \tag{5.75}$$

Da die inhomogene Operatorgleichung erfüllt sein soll, ergibt Einsetzen in die mittels G umgeformte Gleichung $u - \lambda Gu = Gg$:

$$\sum_j \langle \varphi_j, u \rangle \varphi_j - \lambda \sum_j \varphi_j \frac{1}{\lambda_j} \langle \varphi_j, u \rangle = Gg,$$

und nach Skalarmultiplikation mit φ_i, $i = 1, 2, \ldots$, erhält man

$$\sum_j \langle \varphi_i, \varphi_j \rangle \langle \varphi_j, u \rangle - \lambda \sum_j \langle \varphi_j, u \rangle \frac{1}{\lambda_j} \langle \varphi_i, \varphi_j \rangle = \langle \varphi_i, Gg \rangle.$$

Die Orthonormalität des Systems $\{\varphi_i\}$ *ergibt*

$$\langle \varphi_i, u \rangle (1 - \lambda\lambda_i^{-1}) = \langle \varphi_i, G_g \rangle \quad (i = 1, 2, \ldots);$$

durch Koeffizientenvergleich mit dem Ansatz folgt

$$u = \sum_i \frac{\langle \varphi_i, Gg \rangle}{1 - \lambda\lambda_i^{-1}} \varphi_i \quad (\lambda \neq \lambda_i!),$$

und wegen der Symmetrie von G und $G\varphi_i = \lambda_i^{-1} \varphi_i$ erhält man schließlich

$$u = \sum_i \frac{\langle \varphi_i, g \rangle}{\lambda_i - \lambda} \varphi_i. \tag{5.76}$$

Im Falle, daß $\lambda = \lambda^*$ Eigenwert ist, muß laut Theorie (Fredholmscher Alternativsatz, Satz 3.15) mit der rechten Seite Gg der umgerechneten Eigenwertgleichung gelten (damit eine Lösung existiert)

$$\langle Gg, \varphi^* \rangle = 0 \text{ für alle } \varphi^* \quad \text{mit} \quad \varphi^* - \lambda G \varphi^* = 0 . \tag{5.77}$$

Dies heißt:

$$0 = \langle Gg, \varphi^* \rangle = \langle g, G\varphi^* \rangle = \left\langle g, \frac{1}{\lambda^*} \varphi^* \right\rangle = \frac{1}{\lambda^*} \langle g, \varphi^* \rangle , \tag{5.78}$$

also $g \perp \varphi^*$. Das ist die Lösbarkeitsbedingung für elliptische Differentialgleichungen bei Vorhandensein von Eigenwerten bei der homogenen 1. Randwertaufgabe.

Das Spektrum von $\bar{T}$ (erst recht das von T) ist ein reines Punktspektrum, da das Lösen von $\bar{T}u - \lambda u = g$ mit dem Lösen von $u - \lambda Gu = Gg$ gleichwertig war. Nun gehört in der Gleichung $\mu u - Gu = 0$ zwar $\mu = 0$ als Häufungspunkt der Eigenwerte zum Spektrum, ist aber nicht Eigenwert, da $Gu = 0$ nach sich zieht $u = 0$. Da für $\bar{T}$ die μ^{-1} die Eigenwerte sind, hat $\bar{T}$ reines Punktspektrum.

Ist also λ nicht Eigenwert λ_i, so ist $\bar{T}u - \lambda u = g$ für jedes g lösbar. Folglich ist für $\lambda \neq \lambda_i$ die **Resolvente** $R_\lambda = (\bar{T} - \lambda I)^{-1}$ überall erklärt. Sie ist auch beschränkt:

Die Lösung von $\bar{T}u - \lambda u = g$ für λ (nicht Eigenwert) lautete:

$$u = \sum_{k=1}^{\infty} \frac{\langle \varphi_k, g \rangle}{\lambda_k - \lambda} \varphi_k = R_\lambda g , \tag{5.76'}$$

weil $R_\lambda = (\bar{T} - \lambda I)^{-1}$. Da $\{\varphi_k\}$ vollständig ist, gilt für g,

$$g = \sum_{k=1}^{\infty} \langle \varphi_k, g \rangle \varphi_k ,$$

die Vollständigkeitsrelation [= Parsevalsche Gleichung, s. (2.66)]:

$$\|g\|^2 = \sum_{k=1}^{\infty} |\langle \varphi_k, g \rangle|^2 .$$

In der Lösungsdarstellung (5.76) ergibt Normbildung

$$\|u\|^2 \leqq \sum_{k=1}^{\infty} \frac{|\langle \varphi_k, g \rangle|^2}{(\lambda_k - \lambda)^2} \underbrace{\|\varphi_k\|^2}_{=1} . \tag{5.79}$$

Nun sei $\min\limits_{\lambda_i} |\lambda - \lambda_i| = d$ (λ fest, λ nicht Eigenwert). Dann ergeben die beiden letzten Resultate

$$\|R_\lambda g\|^2 = \|u\|^2 \leqq \sum_{k=1}^{\infty} \frac{|\langle \varphi_k, g \rangle|^2}{d^2} = \frac{1}{d^2} \|g\|^2 \quad (g \in L^2_{\mathbb{R}}(\Omega)) ,$$

also

$$\|R_\lambda\| \leqq d^{-1} . \tag{5.80}$$

Folglich gehören alle λ zur Resolventenmenge, nur die Eigenwerte nicht. (Das gilt auch für komplexe λ, $g \in L^2(\Omega)$, s. [45].) Eigenwertprobleme für elliptische Differentialoperatoren treten z. B. bei Eigenschwingungen einer eingespannten Membran auf [61/2].

5.2. Spektralzerlegung selbstadjungierter Operatoren in Hilberträumen

5.2.1. Vollstetige Operatoren

In separablen Hilberträumen $\boldsymbol{H}$ gilt für vollstetige, vom Nulloperator verschiedene, symmetrische Operatoren $T: \boldsymbol{H} \to \boldsymbol{H}$ der Entwicklungssatz (s. auch Sätze 2.39 und 3.22): Ist $\lambda = 0$ nicht Eigenwert, so ist das zu den Eigenwerten $\lambda_j \neq 0$ $(j = 1, 2, \ldots)$ gehörige Orthonormalsystem von Eigenfunktionen $\{\varphi_j\}$ vollständig. Für jedes $u \in \boldsymbol{H}$ gilt

$$u = \sum_{j=1}^{\infty} \langle \varphi_j, u \rangle \varphi_j, \qquad Tu = \sum_{j=1}^{\infty} \lambda_j \langle \varphi_j, u \rangle \varphi_j. \tag{5.81}$$

Wir formen die Reihendarstellung von u um, um eine Gestalt zu erhalten, die auch allgemeine (d. h. T nur selbstadjungiert, $\boldsymbol{H}$ beliebiger Hilbertraum) Gültigkeit hat. Dazu führen wir folgende Operatoren E_λ ein, wobei λ ein reeller Parameter sei:

$$E_\lambda u = \sum_{\lambda_j \leq \lambda} \langle \varphi_j, u \rangle \varphi_j \quad (u \in \boldsymbol{H}). \tag{5.81'}$$

Offenbar ist E_λ für $\lambda < -\|T\|$ der Nulloperator, denn der Spektralradius von T ist $\|T\|$. Ebenso erkennt man $E_\lambda = I$, falls $\lambda > \|T\|$ ist, denn wegen der Vollständigkeit ist für $\lambda > \|T\|$

$$E_\lambda u = \sum_{j=1}^{\infty} \langle \varphi_j, u \rangle \varphi_j = Iu = u.$$

Deshalb heißt die Schar der Operatoren E_λ eine **Zerlegung der Einheit**. Diese Operatoren E_λ haben bemerkenswerte Eigenschaften:

a) Sie sind (für jedes λ) linear, symmetrisch, idempotent, d. h., $E_\lambda(E_\lambda u) = E_\lambda u$ für jedes $u \in \boldsymbol{H}$, und es ist $E_\lambda(E_\mu(u)) = E_{\mathrm{Min}(\lambda, \mu)}(u)$. E_λ ist Projektionsoperator von $\boldsymbol{H}$ in $R(E_\lambda)$; es gilt überdies $\|E_\lambda\| = 1$, ferner ist E_λ positiv (denn $\langle E_\lambda u, u \rangle = \|E_\lambda u\|^2 \geqq 0$).

b) Die Funktion $\varrho(\lambda) = \langle E_\lambda u, u \rangle$ für jedes (beliebige) $u \in \boldsymbol{H}$, und $-\infty < \lambda < +\infty$ ist eine Treppenfunktion mit (höchstens) abzählbar unendlich vielen Sprungstellen:

$$\begin{aligned}\varrho(\lambda) = \langle E_\lambda u, u \rangle &= \left\langle \sum_{\lambda_j \leq \lambda} \langle \varphi_j, u \rangle \varphi_j, \sum_{k=1}^{\infty} \langle \varphi_k, u \rangle \varphi_k \right\rangle \\ &= \sum_{\lambda_j \leq \lambda} |\langle \varphi_j, u \rangle|^2,\end{aligned} \tag{5.82}$$

und für $\mu \geqq \lambda$ ist

$$\varrho(\mu) - \varrho(\lambda) = \sum_{\lambda < \lambda_j \leq \mu} |\langle \varphi_j, u \rangle|^2 \geqq 0; \tag{5.83}$$

es ist also $\varrho(\lambda)$ eine monoton wachsende Funktion (und ϱ ist rechtsseitig stetig: $\lim\limits_{\lambda \to \lambda_0 + 0} \varrho(\lambda) = \varrho(\lambda_0)$).

Für stetige Funktionen $f(\lambda)$ existiert somit das Stieltjes-Integral [14/2] mit der Belegungsfunktion $\varrho(\lambda)$:

$$\int_a^b f(\lambda)\, \mathrm{d}\varrho(\lambda). \tag{5.84}$$

Es gilt nun der umgeformte Entwicklungssatz [s. (5.81)]:

S.5.3 **Satz 5.3:** *Für jedes* $u \in \boldsymbol{H}$ (0 *ist nicht Eigenwert von T, sonst s. Satz* 5.4) *ist*

$$\langle Tu, u\rangle = \int_{-\|T\|-0}^{\|T\|} \lambda \, \mathrm{d}\varrho(\lambda) = \int_{-\|T\|-0}^{\|T\|} \lambda \, \mathrm{d}\langle E_\lambda u, u\rangle . \tag{5.85}$$

Man schreibt kurz (und diese Kurzschreibweise läßt sich ebenso durch einen Zerlegungsprozeß wie bei einem Stieltjes-Integral erklären [16]):

$$T = \int_{-\|T\|-0}^{\|T\|} \lambda \, \mathrm{d}E_\lambda ; \qquad Tu = \int_{-\|T\|-0}^{\|T\|} \lambda \, \mathrm{d}(E_\lambda u) . \tag{5.86}$$

Da im Stieltjes-Integral in (5.84) nur die *Sprungstellen* von ϱ einen Anteil zum Integral liefern (weil ϱ eine Treppenfunktion nach (5.82) ist), wir T in (5.86) genau durch seine Eigenwerte, also sein Punktspektrum ($\sigma(T) = \sigma_P(T) \cup \{0\}$, s. Satz 3.13) bestimmt. Der Satz heißt daher auch der **Spektralsatz**, die Darstellung (5.85) bzw. (5.86) die **Spektralzerlegung** von T und die Schar $\{E_\lambda\}$ die **Spektralschar** von T.

5.2.2. Selbstadjungierte Operatoren in Hilberträumen

Analog gilt für selbstadjungierte nicht notwendig beschränkte (s. Def. 3.17 und Abschnitt 5.1.1.) Operatoren T:

S.5.4 **Satz 5.4 (Allgemeiner Spektralsatz in Hilberträumen[1]):** *Ist T ein selbstadjungierter Operator mit* $D(T) \subseteqq \boldsymbol{H}$, $R(T) \subseteqq \boldsymbol{H}$, *so gibt es eine eindeutig durch T festgelegte Spektralschar* $\{E_\lambda\}$ *mit den Eigenschaften*

a) *wie im vollstetigen Fall.*

b) $\varrho(\lambda) = \langle E_\lambda u, u\rangle$ *ist für jedes* $u \in \boldsymbol{H}$ *monoton wachsend, rechtsseitig stetig, und es ist* $\lim_{\lambda \to -\infty} \varrho(\lambda) = 0$, $\lim_{\lambda \to +\infty} \varrho(\lambda) = \|u\|^2$ *(ϱ wird i. allg. nicht mehr Treppenfunktion sein). Ferner ist für jedes reelle* μ: $E_{\mu+0}u = \lim_{\lambda \to \mu+0} E_\lambda u = E_\mu u$ *für jedes* $u \in \boldsymbol{H}$ *und* $\lim_{\lambda \to -\infty} \|E_\lambda u\| = 0$, $\lim_{\lambda \to +\infty} \|E_\lambda u\| = \|u\|$ *für jedes* $u \in \boldsymbol{H}$.

c) *Für alle* $u \in D(T)$ *gilt die Spektraldarstellung*

$$\langle Tu, u\rangle = \int_{-\infty}^{+\infty} \lambda \, \mathrm{d}\langle E_\lambda u, u\rangle \tag{5.87}$$

oder auch analog abgekürzt wie in (5.86) *geschrieben.*

Interessanterweise kann auch der Definitionsbereich $D(T)$ durch das Stieltjes-Integral mit $\varrho(\lambda)$ charakterisiert werden; es ist nämlich

$$u \in D(T) \Leftrightarrow \int_{-\infty}^{+\infty} \lambda^2 \, \mathrm{d}\varrho(\lambda) < \infty , \tag{5.88}$$

und es ist $E_\lambda u \in D(T)$ für jedes $u \in \boldsymbol{H}$ und jedes λ sowie

$$\langle Tu, v\rangle = \int_{-\infty}^{+\infty} \lambda \, \mathrm{d}\langle E_\lambda u, v\rangle \quad (u \in D(T), v \in \boldsymbol{H}) . \tag{5.89}$$

---

[1]) Ein Beweis wurde zuerst von J. v. Neumann gegeben, s. a. [1].

Die Kenntnis der Spektralschar $\{E_\lambda\}$ eines selbstadjungierten Operators T gestattet, die früher vorgenommenen Anwendungen der Funktionalanalysis in der Quantenmechanik zu verallgemeinern, denn wir hatten uns in Kap. 4 stets auf Operatoren mit reinem Punktspektrum bezogen. Ganz ähnlich wie bei beschränkten Operatoren lassen sich über die Spektralschar $\{E_\lambda\}$ jetzt die Begriffe Spektrum von T, Resolventenmenge usw. erklären (s. [26], [1]; s. auch bei (5.110)).

5.2.3. Anwendungen auf die Quantenmechanik

A sei ein selbstadjungierter Operator, der eine beobachtbare Größe a der Quantenmechanik beschreibt. Befindet sich nun das quantenmechanische System im Zustand a, so ist der quantenmechanische Mittelwert bezüglich der beobachtbaren Größe a durch $\langle Au, u\rangle$ definiert. Es ist daher

$$\langle Au, u\rangle = \int_{-\infty}^{+\infty} \lambda \, \mathrm{d}\langle \mathrm{E}_\lambda u, u\rangle, \tag{5.90}$$

wenn $\{E_\lambda\}$ die zugehörige Spektralschar ist; es muß folglich, $\varrho(\lambda)$ als Verteilungsfunktion einer Zufallsgröße a betrachtet, sein:

$$P(A; [\alpha, \beta]; u) = \langle (E_\beta - E_\alpha)\, u, u\rangle, \tag{5.91}$$

wenn links die Wahrscheinlichkeit dafür steht, daß die Messung der dem Operator A zugrunde liegende physikalische Größe a im Zustand u zwischen α und β liegt. Die Sprungpunkte von E_λ (d.h. $\underline{\lambda}$ mit $\lim\limits_{\lambda \to \underline{\lambda} - 0} E_\lambda u \neq E_{\underline{\lambda}} u$) sind gerade Werte von a, denen stationäre Zustände (normierte Eigenvektoren von A) entsprechen, denen also eine Wahrscheinlichkeit $\langle (E_{\underline{\lambda}} - E_{\underline{\lambda}-0})\, u, u\rangle > 0$ zukommt.

Als Beispiel studieren wir den Operator A, der der Ortskoordinate t zugeordnet wird: Ist der Definitionsbereich $D(A) = \{u \in L^2(\mathbf{R}) \mid tu(t) \in L^2(\mathbf{R})\}$, so ist A selbstadjungiert, jedoch nicht beschränkt [s. (5.35)]. A hat keine Eigenwerte, denn wäre für fast alle t

$$(A - \lambda I)\, u(t) = (t - \lambda)\, u(t) = 0, \tag{5.92}$$

so folgt (λ fest, reell) $u = o \in L^2(\mathbf{R})$. Trotzdem muß der Spektralsatz gelten. Wir erraten die zugehörige Spektralschar:

$$E_\lambda u = \chi(-\infty, \lambda)\, u, \tag{5.93}$$

wobei $\chi(-\infty, \lambda)$ die charakteristische Funktion (s. Text vor Def. 1.12) für das Intervall $(-\infty, \lambda)$ ist. Tatsächlich ist auch

$$\begin{aligned}
\int_{-\infty}^{+\infty} \lambda \, \mathrm{d}\langle E_\lambda u, u\rangle &= \int_{-\infty}^{+\infty} \lambda \, \mathrm{d}\left(\int_{-\infty}^{+\infty} \chi(-\infty, \lambda)\, \bar{u}(\xi)\, u(\xi)\, \mathrm{d}\xi \right) \\
&= \int_{-\infty}^{+\infty} \lambda \, \mathrm{d}\left(\int_{-\infty}^{\lambda} |u(\xi)|^2 \, \mathrm{d}\xi \right) \\
&= \int_{-\infty}^{+\infty} \lambda |u(\lambda)|^2 \, \mathrm{d}\lambda \\
&= \int_{-\infty}^{+\infty} t |u(t)|^2 \, \mathrm{d}t \\
&= \langle tu, u\rangle = \langle Au, u\rangle .
\end{aligned} \tag{5.94}$$

$\varrho(\lambda)$ ist somit in diesem Beispiel von der Gestalt

$$\varrho(\lambda) = \int_{-\infty}^{\lambda} |u(\xi)|^2 \, d\xi$$

und offenbar monoton wachsend. Es kann keine Eigenwerte geben, denn

$$\begin{aligned} &\lim_{\delta \to +0} \|(E_\lambda - E_{\lambda-\delta})\, u\|^2 \\ &= \lim_{\delta \to +0} \|[\chi(-\infty,\lambda) - \chi(-\infty, \lambda - \delta)]\, u\|^2 \\ &= \lim_{\delta \to +0} \|\chi(\lambda - \delta, \lambda)\, u\|^2 = \lim_{\delta \to +0} \int_{\lambda-\delta}^{\lambda} |u(\xi)|^2 \, d\xi = 0, \end{aligned} \tag{5.95}$$

weil das Lebesgue-Integral stetig von der Länge des Integrationsintervalls abhängt. Auch (5.88) läßt sich explizieren, denn wegen

$$\begin{aligned} D(A) &= \left\{ u \,\middle|\, \int_{-\infty}^{+\infty} \lambda^2 \, d\|E_\lambda u\|^2 < \infty \right\} \\ &= \left\{ u \,\middle|\, \int_{-\infty}^{+\infty} \lambda^2 \, d \int_{-\infty}^{\lambda} |u(\xi)|^2 \, d\xi < \infty \right\} \\ &= \left\{ u \,\middle|\, \int_{-\infty}^{+\infty} \lambda^2 |u(\lambda)|^2 \, d\lambda < \infty \right\} \end{aligned}$$

erhält man gerade $tu(t) \in L^2$ wie in (5.34).

Quantenmechanisch gedeutet heißt (5.95), daß der beobachtbaren Größe A kein *stationärer* Zustand zukommt. Eine Wahrscheinlichkeit ist aber wie in (5.91) für jedes (abgeschlossene)[1]) *Intervall* (und einen Zustand $u \in D(A)$) angebbar:

$$\begin{aligned} P(A; [\alpha,\beta], u) &= \langle (E_\beta - E_\alpha)\, u, u \rangle \\ &= \int_{-\infty}^{+\infty} \chi[\alpha,\beta]\, |u(\xi)|^2 \, d\xi \\ &= \int_{\alpha}^{\beta} |u(\xi)|^2 \, d\xi. \end{aligned} \tag{5.96}$$

Man erkennt so auch $0 \leqq P \leqq 1$, da u als Zustand stets mit $\|u\| = 1$ anzusehen war.

Als quantenmechanische Streuung der beobachtbaren Größe im Zustand u ergibt sich wegen (φ stückweise stetige Funktion)

$$\left\| \int_{-\infty}^{+\infty} \varphi(\lambda)\, d(E_\lambda u) \right\|^2 = \int_{-\infty}^{+\infty} |\varphi(\lambda)|^2 \, d\, \|E_\lambda u\|^2 :$$

$$\begin{aligned} \sigma^2(u/A) &= \|(A - \langle Au, u\rangle I)\, u\|^2 = \left\| \int_{-\infty}^{+\infty} (\lambda - \langle Au, u\rangle)\, d(E_\lambda u) \right\|^2 \\ &= \int_{-\infty}^{+\infty} |\lambda - \langle Au, u\rangle|^2 \, d\, \|E_\lambda u\|^2. \end{aligned} \tag{5.97}$$

Man erkennt weiter leicht, daß im Falle $A = \bar{\mathfrak{H}}$ von 1.2.3. aus (5.96) wieder die Interpreta-

[1]) Unwesentlich, da ϱ stetig ist für den Operator A.

tion der $|c_j|^2$ wie im Text nach (1.94) folgt. Denn man setzt die Spektralschar aus (5.81) ein und erhält mit $\alpha = \lambda_{\underline{j}}$ (Eigenwert) wie in (5.82)

$$P(\mathfrak{H}; [\lambda_{\underline{j}-0}, \lambda_{\underline{j}}], u) = -\langle (E_{\underline{j}-0} - E_{\underline{j}})\, u, u \rangle = |\langle u, \varphi_{\underline{j}} \rangle|^2 = |c_{\underline{j}}|^2. \tag{5.98}$$

Schließlich kommen wir nochmals zur zeitabhängigen Schrödinger-Gleichung. Jetzt könnte im Beweis des Existenz- und Unitätssatzes auf die dort gemachte Einschränkung eines reinen Punktspektrums verzichtet werden, wenn mit der Spektraldarstellung eines Operators wie in (5.87) gerechnet wird.

Dem Operator e^{-itA} entspricht dann mit $\{E_\lambda\}$ als Spektralschar von A

$$e^{itA} y = \int_{-\infty}^{+\infty} e^{it\lambda}\, d(E_\lambda y). \tag{5.99}$$

5.2.4. Eigendifferentiale

Wenn man die Spektralschar zu einem Operator kennt, so ist also die quantenmechanische Interpretation vollständig durchführbar. Das Auffinden der Spektralschar ist aber in jedem Fall ein schwieriges Problem. Wir haben auch nur für den vollstetigen Fall allgemein und für den Ortsoperator die Spektralschar angegeben (5.81′), (5.93). Als weiteres Hilfsmittel zur Analyse von Operatoren dienen die sog. *Eigenpakete*, die auch *Wellenpakete* oder *Eigendifferentiale* genannt werden. Sie stehen in enger Beziehung zur Spektralschar. Wir betrachten wieder einen selbstadjungierten (eventuell sogar nur symmetrischen) Operator A mit $D(A) \subseteq \boldsymbol{H}$, $R(A) \subseteq \boldsymbol{H}$. Wir fassen eine feste Stelle $\lambda_0 \in \mathbf{R}$ ins Auge. Gibt es ein vom Parameter $\lambda \in \mathbf{R}$ normstetig abhängiges Element $\Phi_\lambda \in D(A)$, welches für $\lambda = \lambda_0$ mit dem Nullelement zusammenfällt und dessen Bild unter A sich durch Stieltjes-Integration über die reelle Achse von λ_0 (Bezugspunkt) bis λ darstellen läßt:

$$A\Phi_\lambda = \int_{\lambda_0}^{\lambda} \mu\, d\Phi_\mu, \tag{5.100}$$

so heißt $\Phi_\lambda(-\infty < \lambda < +\infty)$ ein **Eigenpaket**. Für einen Eigenvektor φ zum Eigenwert λ von A würde $A\varphi = \lambda\varphi$ gelten; (5.100) bedeutet, daß $A\Phi_\lambda$ mit *allen* Φ_μ (von λ_0 bis λ) darstellbar ist.

Das Rechnen mit Stieltjes-Integralen gestattet, (5.100) umzuformen:

$$A\Phi_\lambda = \lambda\Phi_\lambda - \int_{\lambda_0}^{\lambda} \Phi_\mu\, d\mu, \tag{5.101}$$

und diese Gleichung zeigt, daß Φ_λ nicht Eigenvektor ist für festes λ. Man kann aber (5.101) auch in Differentialform schreiben, denn

$$\int_{\lambda_0}^{\lambda} \mu\, d(\Phi_\mu - \Phi_{\mu_0}) = (\lambda\Phi_\lambda - \lambda\Phi_{\lambda_0}) - \int_{\lambda_0}^{\lambda} \Phi_\mu\, d\mu, \tag{5.102}$$

und formal in 1. Näherung (das Integral rechts verschwindet von höherer als 1. Ordnung) ist

$$A(d\Phi_\lambda) = \lambda(d\Phi_\lambda), \tag{5.103}$$

woraus der Name **Eigendifferential** abgeleitet ist.

Der Zusammenhang zur Spektralschar $\{E_\lambda\}$ von A, wenn A selbstadjungiert ist, ist in folgender Weise herstellbar [26]: Man löst die Sprungstellen aus $\{E_\lambda\}$ heraus (denn Φ_λ ist normstetig, $\{E_\lambda\}$ hat Sprungstellen). Dies geschieht in folgender Weise: Da $\varrho(\lambda) = \langle E_\lambda u, u \rangle$ rechtsseitig stetig und monoton wachsend ist, läßt es sich als Summe einer Treppenfunktion $\tau(\lambda)$ und einer stetigen monotonen Funktion $\sigma(\lambda)$ darstellen [23]. Entsprechend sei

$$E_\lambda = T_\lambda + S_\lambda \tag{5.104}$$

mit

$$T_\lambda = \sum_{\lambda_j \leq \lambda} (E_{\lambda_j} - E_{\lambda_j - 0}), \tag{5.105}$$

$$S_\lambda = E_\lambda - \sum_{\lambda_j \leqq \lambda} (E_{\lambda_j} - E_{\lambda_j - 0}) = E_\lambda - T_\lambda, \tag{5.106}$$

wobei die λ_j die Eigenwerte von A sind. Dann gilt [16]

S.5.5 **Satz 5.5:** *Ist A selbstadjungierter Operator mit $D(A) \subseteqq \boldsymbol{H}$ und $u \in \boldsymbol{H}$ ein beliebiges Element, so ist*

$$\Phi_\lambda = (S_\lambda - S_{\lambda_0})\, u \tag{5.107}$$

ein Eigenpaket von A in $D(A)$ bezüglich λ_0. Ist Φ_λ ein Eigenpaket von A bezüglich λ_0, so kann es in jedem Intervall $-\infty < \alpha \leqq \lambda \leqq \beta < \infty$ mit $\alpha \leqq \lambda_0 \leqq \beta$ durch

$$\Phi_\lambda = (S_\lambda - S_{\lambda_0})(\Phi_\beta - \Phi_\alpha) \tag{5.108}$$

dargestellt werden.

Eigenpakete kann man im allgemeinen einfacher finden als die Spektralscharen. Ist z. B. A ein symmetrischer Differentialoperator mit leerem Punktspektrum[1]) und $\varphi(x,\lambda) \not\equiv 0$ eine Lösungsschar von $Au = \lambda u$ mit $-\infty < \lambda < +\infty$, so muß $\|\varphi\|_{L_2} = \infty$ für jedes λ sein, denn sonst wäre φ Eigenfunktion für festes λ. Dann kann man versuchen, Eigenpakete in der Form

$$\Phi_\lambda = \int_{\lambda_0}^{\lambda} \varphi(x,\mu)\, d\mu \tag{5.109}$$

oder auch in Form eines Stieltjes-Integrals zu finden.

Beispiel 5.4: Der schon bei (5.92) behandelte Multiplikationsoperator A hat leeres Punktspektrum, und jedes reelle λ gehört zum Stetigkeitsspektrum.

Die Spektralschar war nach (5.93)

$$\{E_\lambda\} = \{\chi(-\infty,\lambda)\}, \quad \lambda \in \mathbf{R} \tag{5.110}$$

wobei auch rechts Operatoren stehen.

Wir bestimmen ein Eigenpaket zu $\lambda_0 = 0$. Gemäß (5.104) ist $E_\lambda = S_\lambda$, gemäß (5.107) ist

$$\begin{aligned}\Phi_\lambda &= (S_\lambda - S_{\lambda_0})\, u = [\chi(-\infty,\lambda) - \chi(-\infty,0)]\, u \\ &= +(\operatorname{sgn}\lambda)\,\chi(\lambda,0)\, u,\end{aligned} \tag{5.111}$$

also

$$\Phi_\lambda = \left\langle \begin{matrix} +(\operatorname{sgn}\lambda)\, u \text{ für } x \text{ zwischen 0 und } \lambda \\ 0 \text{ für die sonstigen } x. \end{matrix} \right\} - \infty < \lambda < \infty. \tag{5.112}$$

Wir wenden zur Kontrolle A auf Φ_λ an; Φ_λ liegt offenbar in $D(A)$. Es sei $\lambda > 0$. Dann ist bei festem x

$$\begin{aligned}\int_{\lambda_0}^{\lambda} \mu\, d\Phi_\mu = \lambda\Phi_\lambda - \int_0^\lambda \Phi_\mu\, d\mu &= +\lambda\chi(\lambda,0)\, u - \int_0^\lambda \chi(\mu,0)\, u\, d\mu \\ &= +\lambda\chi(\lambda,0)\, u - \left(\int_x^\lambda d\mu\right)\chi(\lambda,0)\, u \\ &= +\lambda\chi(\lambda,0)\, u - (\lambda - x)\,\chi(\lambda,0)\, u \\ &= x\chi(\lambda,0)\, u \\ &= A\Phi_\lambda.\end{aligned} \tag{5.113}$$

---

[1]) Zum Beispiel $A\psi = i\hbar^{-1}\dfrac{d}{dx}\psi$, dann ist $A\psi = \lambda\psi$ durch $\psi(x,\lambda) = e^{-i\hbar\lambda x}$ lösbar für jedes λ, aber $\|\psi\|_{L^2(\mathbf{R})} = +\infty$. Durch einen Integrationsprozeß ähnlich (5.109) werden dann „Wellenpakete" in der Quantenmechanik aufgebaut. (siehe z. B. [17, Aufg. Nr. 2]).

5.3. Lösungsverfahren für Operatorgleichungen und Extremalaufgaben

Mit Hilfe der Funktionalanalysis lassen sich Verfahren zur Lösung von Operatorgleichungen und von Extremalaufgaben (s. [22]) unter sehr allgemeingültigen Voraussetzungen beweisen (s. [73], [25], [38], [64], [59], [6]). Wir greifen das Ritz-Verfahren und das Newton-Verfahren heraus.

5.3.1. Ritz-Verfahren

In 5.1.2. wurde gezeigt, daß Operatorgleichungen $Au = f$ unter den Voraussetzungen

$$A: D(A) \to \boldsymbol{H},\ D(A) \text{ dicht in } \boldsymbol{H}, f \in \boldsymbol{H}, A \text{ linear, symmetrisch, halbbeschränkt,} \tag{5.114}$$

eine eindeutige Lösung u_f haben (Lemma 5.3). u_f war Lösung der Variationsaufgabe

$$F(v) = \|v\|_{H_A}^2 - 2\langle v, f\rangle_H \to \min!,\quad v \in \boldsymbol{H}_A, \tag{5.115}$$

wobei $\boldsymbol{H}_A$ der energetische Raum und $\|\cdot\|_{H_A}$ die Norm des Hilbertraumes $\boldsymbol{H}_A$ waren [s. (5.17)]. u_f ergab sich mittels des Satzes von Riesz [s. (5.22), (5.23)] als das Element $u_f \in \boldsymbol{H}_A$, welches die Variationsgleichung (5.23)

$$\langle v, f\rangle_H = \langle v, u\rangle_{H_A},\quad v \in \boldsymbol{H}_A, \tag{5.116}$$

löst. Der Sachverhalt (5.115), (5.116) bildet einen Spezialfall der folgenden allgemeinen Formulierung, für die wir dann das **Ritz-Verfahren** (s. auch [22]) formulieren. Mit dessen Hilfe kann u_f numerisch bestimmt werden.

Wir betrachten einen Hilbertraum V (anstelle $\boldsymbol{H}_A$). Auf dem Produktraum $V \times V$ sei das bilineare Funktional $a(\cdot,\cdot)$ definiert[1]). Als ein Beispiel erkennt man $a(u, v) = \langle u, v\rangle_{H_A}$, wenn $V = \boldsymbol{H}_A$ gesetzt wird, wobei $\langle\cdot,\cdot\rangle_{H_A}$ das Skalarprodukt im Raum $\boldsymbol{H}_A$ ist. Weiter sei b ein lineares beschränktes Funktional auf V. Das Variationsproblem

$$J(u) = a(u, u) - 2b(u) \to \min!,\quad u \in V \tag{5.117}$$

mit der zugehörigen Variationsgleichung

$$a(u, v) = b(v),\quad v \in V \tag{5.118}$$

hat dann gerade die obige Aufgabe (5.115/116) als Spezialfall.

Satz 5.6: Ist die Bilinearform a **S.5.6**

a) symmetrisch: $a(u, v) = a(v, u),\ u, v \in V,$ (5.119)

b) beschränkt: $|a(u, v)| \leqq k\|u\|_V\|v\|_V,\ u, v \in V,$ (5.120)

c) stark positiv: $|a(u, u)| \geqq \gamma^2 \|u\|_V^2,$ wobei $\gamma^2 > 0,\ u \in V,$ (5.121)

so existiert eine Lösung $\hat{u}$ von (5.117) und ist eindeutig bestimmt. Ist $\{\varphi_j\}_{j=1,2,\dots}$ ein vollständiges ONS[1]) in V, so erhält man eine Folge von Näherungslösungen $u_1, u_2, \dots$, die gegen $\hat{u}$ in der Norm von V konvergiert, indem man für $k = 1, 2, \dots$ das folgende lineare Gleichungssystem (**Ritz-System**) für $c_{1k}, c_{2k}, \dots, c_{kk}$ löst:

$$\sum_{i=1}^{k} a(\varphi_i, \varphi_j)\, c_{ik} = b(\varphi_j),\quad j = 1, 2, \dots, k. \tag{5.122}$$

Beweis: Die eindeutige Existenz von $\hat{u}$ folgt, indem in V die Energie-Norm $\|u\|_E = \sqrt{a(u, u)}$ betrach-

---

[1]) a heißt auch *Bilinearform*, d. h., $a(\cdot, v)$ ist linear in der ersten Variablen bei $v \in V$ fest, *und* $a(u, \cdot)$ ist linear in der zweiten Variablen bei festem $u \in V$.

[1]) oder eine *Basis* in V, eine solche kann man auch durch *finite Elemente* erzeugen (vgl. [72, II, S. 47], [64]); V sei ein separabler Hilbertraum.

tet wird. Sie ist wegen (5.120), (5.121) äquivalent zur Norm in V. Nach dem Satz von Riesz existiert ein $\bar{b}$ in V mit $b(v) = \langle \bar{b}, v \rangle_E$ für alle $v \in V$, wobei $\langle \cdot, \cdot \rangle_E$ das zur Energie-Norm gehörige Skalarprodukt $a(u, v) = \langle u, v \rangle_E$ ist. Dann ist [nach derselben Rechnung wie bei (5.24)] die Aufgabe (5.117) äquivalent zur Lösung von

$$\|\bar{b} - u\|_E^2 \rightarrow \min!, \quad u \in V, \tag{5.123}$$

also ist $u = \bar{b}$ die eindeutige Lösung.

Zu (5.122): Das Lösungsverfahren verläuft so: man minimiert J nicht auf dem Gesamtraum V, sondern im k-ten Schritt auf der Menge der Linearkombinationen V_k der ersten k Elemente $\varphi_1, \dots, \varphi_k$. Setzt man daher im k-ten Schritt $u = \sum_i^k c_{ik} \varphi_i$ in J ein, so erhält man eine Extremwertaufgabe für die reellen Variablen $c_{1k}, \dots, c_{kk}$. Setzt man die ersten Ableitungen nach diesen Variablen gleich null, so erhält man (5.122). Man hätte natürlich den Ansatz für u im k-ten Schritt auch gleich in (5.118) einsetzen können, denn (5.118) ist nichts anderes als $\frac{1}{2}(J'(u), v) = 0$, $v \in V$, wobei J' die Gâteaux-Ableitung von J ist.

(5.122) hat eine eindeutige Lösung, denn die Koeffizientenmatrix ist symmetrisch [wegen (5.119)], und das homogene System hat nur die triviale Lösung. Gäbe es eine andere, etwa $c_{1k} = d_1, \dots, c_{kk} = d_k$, und nicht alle $d_j = 0$, so folgte durch Multiplikation von $\sum a(\varphi_i, \varphi_j)\, d_i = 0$ mit d_j und Addition über j: $a(\sum d_i \varphi_i, \sum d_j \varphi_j) = 0$; wegen (5.120/121) also $\sum d_i \varphi_i = 0$. Wegen der linearen Unabhängigkeit der φ_i müssen daher im Widerspruch zur Voraussetzung alle d_i verschwinden.

Es sei u_k die Lösung von (5.122). Dann ist offenbar

$$J(u_1) \geqq J(u_2) \geqq \dots \geqq J(u_k) \geqq \dots \geqq J(\mathring{u}). \tag{5.124}$$

Es ist aber die Folge $\{J(u_k)\}$ sogar eine **Minimalfolge**, denn es gilt

$$\lim_{k \to \infty} J(u_k) = J(\mathring{u}). \tag{5.125}$$

Hieraus folgt in V: $\{u_k\} \rightarrow \mathring{u}$. Denn weil $\mathring{u}$ Minimalstelle von (5.117) ist, muß die 1. Ableitung nach t von

$$J(\mathring{u} + tv) = J(\mathring{u}) + t(a(\mathring{u}, v) - b(v)) + t^2 a(v, v) \tag{5.126}$$

verschwinden (d. i. gerade (5.118) für $u = \mathring{u}$). Für $t = 1$, $w = \mathring{u} + v$, und unter Nutzung von (5.121) folgt daher

$$J(w) - J(\mathring{u}) = a(\mathring{u} - w / \mathring{u} - w) \geqq \gamma^2 \|\mathring{u} - w\|^2 \tag{5.127}$$

für alle $w \in V$. Mit $w = u_k$ ergibt sich wegen (5.125) somit

$$\lim_{k \to \infty} J(u_k) - J(\mathring{u}) = 0 = \lim_{k \to \infty} \|\mathring{u} - u_k\|^2. \tag{5.128}$$

Es ist noch (5.125) zu beweisen. Dazu bilden wir sukzessive aus dem ONS $\{\varphi_j\}$ ein neues ONS in der Energie-Norm: $\{\psi_j\}$. Denken wir uns $\mathring{u}$ in eine Fourierreihe $\sum \alpha_i \psi_i$ nach den ψ_j entwickelt, so gilt einerseits

$$0 = \lim_{k \to \infty} \left\| \sum_{i=1}^k \alpha_i \psi_i - \mathring{u} \right\|_E^2 = \lim_{k \to \infty} a\left(\mathring{u} - \sum_{i=1}^k \alpha_i \psi_i, \mathring{u} - \sum_{i=1}^k \alpha_i \psi_i \right), \tag{5.129}$$

d. h., wegen (5.127)

$$\lim_{k \to \infty} \left(J\left(\sum_{i=1}^k \alpha_i \psi_i \right) - J(\mathring{u}) \right) = 0. \tag{5.130}$$

Andererseits ist $J(u_k)$ der Minimalwert von J auf V_k, und da die k-te Partialsumme von $\mathring{u}$ ein Element aus V_k ist, folgt

$$J\left(\sum_{i=1}^k \alpha_i \psi_i \right) - J(\mathring{u}) \geqq J(u_k) - J(\mathring{u}) \geqq 0, \quad k = 1, 2, \dots \tag{5.131}$$

Daher ergibt (5.130), daß $\{u_k\}$ eine Minimalfolge ist. ■

Für Erweiterungen und die Verfahren von *Trefftz* und *Galerkin* s. [8], [64], [43], [65], [22].
Für das Beispiel 5.2, $H_A = V$, $a(u, v) = \langle u, v\rangle_{H_A}$, kann man das folgende ONS nehmen:

$$\varphi_k(t) = \frac{\sqrt{2}}{k\pi} \sin k\pi t, \quad k = 1, 2, \ldots. \tag{5.132}$$

5.3.2. Newton-Verfahren

5.3.2.1. Grundlagen

Zur Gewinnung einer genaueren Näherungslösung einer Operatorgleichung

$$T(x) = 0, \tag{5.133}$$

wobei T: $E_1 \to E_2$ eine nichtlineare Abbildung eines Banachraumes E_1 in den Banachraum E_2 bezeichnet, geht man häufig von einer Stelle $x_0 \in E_1$ aus, von der man vermutet oder weiß, daß sie in „hinreichender Nähe" einer exakten Lösung $x^* \in E$ mit $T(x^*) = 0$ liegt. Es ist dann sehr naheliegend, die zu lösende nichtlineare Operatorgleichung $T(x) = 0$ in einer gewissen Umgebung von x_0 durch eine den bekannten Lösungsverfahren zugängliche *lineare* Operatorgleichung zu ersetzen. Der bestmögliche lokale lineare Ersatzoperator wird durch den Begriff der Ableitung (des Differentials) geliefert, s. Def. 4.9.

Dazu machen wir mit Kenntnis einer Näherungslösung x_0 für die gesuchte Lösung x^* den Ansatz

$$x^* = x_0 + h \tag{5.134}$$

und ersetzen die Gleichung

$$Tx = 0$$

durch die äquivalente Gleichung

$$T(x_0 + h) = 0. \tag{5.135}$$

Ist der Operator T differenzierbar, so ersetzen wir (5.135) gemäß (4.52):

$$T(x_0 + h) = Tx_0 + T'(x_0)(h) + r(x_0; h) \tag{5.136}$$

durch die den Einfluß von $r(x_0; h)$ vernachlässigende Gleichung

$$Tx_0 + T'(x_0)(h) = 0.$$

Besitzt der lineare Operator $S = T'(x_0)$ eine Inverse $S^{-1} = [T'(x_0)]^{-1}$ (d. h. einen stetigen linearen Umkehroperator), so erhalten wir für die „Korrekturgröße" h die Formel

$$h = -[T'(x_0)]^{-1}(Tx_0)$$

und als neue Näherungslösung den Wert

$$\tilde{x} = x_0 + h = x_0 - [T'(x_0)]^{-1}(Tx_0). \tag{5.137}$$

Die Formel (5.137) bildet den Ausgangspunkt für das Newton-Verfahren, das in der fortlaufenden wiederholten Anwendung dieser Formel besteht.

Folglich wird (rekursiv) eine Folge von Punkten $x_n \in E_1$ $(n = 1, 2, \ldots)$ nach der Rekursionsvorschrift

$$x_{n+1} = x_n - [T'(x_n)]^{-1}(Tx_n) \quad (n = 0, 1, 2, \ldots) \tag{5.138}$$

gebildet.

Definition 5.2: Es seien E_1, E_2 Banachräume und $B \subseteq E_1$ eine offene Teilmenge von E_1. Ist T: $B \to E_2$ eine in jedem Punkt von B Fréchet-differenzierbare Abbildung und ist $x_0 \in B$, so heißt die Vorschrift (5.138) das **Newton-Verfahren für T mit dem Startwert** x_0. **D.5.2**

Bemerkung 5.3: In der Definition (5.138) ist nichts darüber ausgesagt, ob die Vorschrift (5.138) tatsächlich zu einer Folge $\{x_n\}$ von Elementen aus B führt und ob, selbst wenn letzteres der Fall ist, die Folge $\{x_n\}$ tatsächlich gegen eine Lösung x^* der Gleichung $Tx = 0$ konvergiert. Hinreichende Bedingungen für die Existenz und die Konvergenz der durch die Vorschrift (5.138) erklärten Folge $\{x_n\}$ gegen eine Lösung der Gleichung $Tx = 0$ wurden von dem sowjetischen Mathematiker L. W. Kantorowitsch, einem Pionier der angewandten Funktionalanalysis, angegeben (s. [32], S. 562 bis 604). Es zeigt sich, daß die Folge $\{x_n\}$ bereits unter geringen Voraussetzungen sehr rasch gegen eine Lösung $x^* \in E$ konvergiert.

Bemerkung 5.4: Ist $E_1 = R$, die Menge der reellen Zahlen mit der Norm $\|x\| = |x|$ $(x \in R)$ und $E_2 = E_1$, so liefert die Vorschrift (5.138) das klassische (gewöhnliche) Newton-Verfahren der Form

$$x_{n+1} = x_n - \frac{T(x_n)}{T'(x_n)} \quad (n = 0, 1, 2, \ldots).$$

Bemerkung 5.5: Ein kompliziertes Problem der angewandten Numerischen Analysis ist die Beschaffung eines geeigneten Startwertes $x_0 \in B$. Die hierbei benutzten Methoden reichen von Optimierungsverfahren über heuristische Überlegungen bis zur Anwendung stochastischer Suchverfahren.

Bemerkung 5.6: Setzt man unter den Voraussetzungen der Definition 5.2 $x_{n+1} - x_n = h_n$ $(n = 0, 1, 2, \ldots)$, so ist die Formel (5.138), die Vorschrift des Newton-Verfahrens, äquivalent zur linearen Operatorgleichung

$$T'(x_n)(h_n) = -Tx_n \tag{5.139}$$

für die n-te Korrekturgröße h_n. Bei jedem Schritt des Newton-Verfahrens ist demnach eine lineare Operatorgleichung zu lösen (dies kann praktisch wiederum nur näherungsweise erfolgen). Es wird somit die Lösung eines nichtlinearen Problems durch die Lösung abzählbar unendlich vieler linearer Probleme ersetzt.

5.3.2.2. Beispiel

Beispiel 5.5: (s. auch Band 4, 8. Auflage) Es sei $K(s, t, u)$ eine für $0 \leqq s \leqq 1$; $0 \leqq t \leqq 1$; $-\infty < u < +\infty$ definierte stetige Funktion, die eine auf ihrem Definitionsbereich stetige partielle Ableitung nach der dritten Variablen $\frac{\partial K}{\partial u}$ besitzt. Im Banachraum $E_1 = E_2 = C[0, 1]$ der auf dem Intervall $[0, 1]$ stetigen reellen Funktionen mit der üblichen Supremumsnorm $\|x\| = \sup\limits_{0 \leqq t \leqq 1} |x(t)|$ $(x \in E_1)$ betrachten wir den Urysohn-Operator T, der durch die Gleichung

$$(Tx)(s) = \int_0^1 K(s, t, x(t))\, dt \quad (0 \leqq s \leqq 1) \quad (x \in C[0, 1]) \tag{5.140}$$

definiert ist. Die Abbildung T ist dann für jedes $x \in C[0, 1]$ Fréchet-differenzierbar, und es gilt die Gleichung

$$T'(x)(h)(s) = \int_0^1 \frac{\partial K}{\partial u}(s, t, x(t))\, h(t)\, dt \quad (0 \leqq s \leqq 1) \tag{5.141}$$

für jedes $x \in C[0, 1]$ und jedes $h \in C[0, 1]$.

Die Vorschrift des Newton-Verfahrens zur Lösung der nichtlinearen Integralgleichung

$$\int_0^1 K(s, t, x(t))\, dt = 0 \quad (0 \leqq s \leqq 1) \tag{5.142}$$

lautet hier, geschrieben für die Bestimmung der n-ten Korrekturgröße $h_n = x_{n+1} - x_n$,

$$\int_0^1 \frac{\partial K}{\partial u}(s, t, x_n(t))\, h_n(t)\, dt = -\int_0^1 K(s, t, x_n(t))\, dt, \quad (0 \leqq s \leqq 1), \quad (n = 0, 1, 2, \ldots). \tag{5.143}$$

Diese Gleichungen (5.143) stellen eine Folge linearer Integralgleichungen (erster Art) für die gesuchten Korrekturen $h_n \in C[0, 1]$ dar. Sie können mittels Näherungsverfahren (z. B. durch Ersatz der Integrale durch endliche Summen: s. [16]) näherungsweise gelöst werden.

Literatur

[1] *Achieser, N. I.; Glasmann, I. M.:* Theorie der linearen Operatoren im Hilbertraum. (Übers. a. d. Russ) 6. Auflage. Berlin: Akademie-Verlag 1975.

[2] *Adams, R. A.:* Sobolev spaces. New York, San Francisco, London: Academic Press 1975.

[3] *Aubin, J.-P.; Ekeland, I.:* Applied Nonlinear Analysis. New York: J. Wiley & Sons 1984.

[4] *Вагриновский, К. А.; Берланд, И. Я.:* Математические вопросы построения системы модели. Новосибирск: Наука 1976.

[5] *Baumgärtel, H.:* Endlichdimensionale analytische Störungstheorie. Berlin: Akademie-Verlag 1972.

[6] *Blanchard, P.; Brüning, E.:* Direkte Methoden der Variationsrechnung. Wien – New York: Springer-Verlag 1982.

[7] *Brehmer; S.:* Hilbert-Räume und Spektralmaße. Berlin: Akademie-Verlag 1979.

[8] *Bronstein, I. N.; Semendjajew, K. A.:* Taschenbuch der Mathematik. 6. Auflage. Hrsg. G. Grosche u. V. Ziegler. Ergänzende Kapitel. Leipzig: BSB B. G. Teubner Verlagsgesellschaft 1990.

[9] *Choquet-Bruhat, Y.; Dewitt-Morette, C.; Dillard-Bleick, M.:* Analysis, Manifolds and Physics. Amsterdam, New York, Oxford: North-Holland-Publ. Co. 1977.

[10] *Collatz, L.:* Funktionalanalysis und Numerische Mathematik. Berlin, Göttingen, Heidelberg: Springer-Verlag 1964.

[11] *Dautray, R., Lions, J. L.:* Mathematical Analysis and Numerical Methods for Science and Technology, Vol. 2. Berlin: Springer-Verlag 1988.

[12] *Deimling, K.:* Nonlinear Functional Analysis. Berlin: Springer-Verlag 1985.

[13] *Dieudonné, J.:* Grundzüge der modernen Analysis. Band 1. (Übers. a. d. Franz.) Berlin: VEB Deutscher Verlag der Wissenschaften 1971.

[14] *Dunford, N.; Schwartz, J. T.:* Linear Operators I. New York: Interscience Publishers 1958.

[15] *Ekeland, I.:* On the variational principle. J. Math. Anal. Appl. 47 (1974) 324–353.

[16] *Fenyö, S.; Stolle, H. W.:* Theorie und Praxis der linearen Integralgleichungen, Bd. 1–4. Berlin: VEB Deutscher Verlag der Wissenschaften 1982–1984.

[17] *Flügge, S.:* Rechenmethoden der Quantentheorie. Berlin, Heidelberg, New York: Springer-Verlag 1965.

[18] *Focke, J.:* Distributionen und Heaviside-Kalkül. Wiss. Zschr. d. KMU, Nat. wiss. Reihe, 11 (1962) 1, S. 627–639.

[19] *Friedman, A.:* Mathematics in Industrial Problems. The IMA Volumes in Mathematics and Its Applications, Vol. 16. New York – Berlin – Heidelberg: Springer-Verlag 1988.

[20] *Fučik, S.; Nečas, J.; Souček, V.:* Einführung in die Variationsrechnung. Teubner-Texte zur Mathematik. (Übers. a. d. Tschech.) Leipzig: BSB B. G. Teubner Verlagsgesellschaft 1977.

[21] *Gelfand, I. M.; Schilow, G. E.:* Verallgemeinerte Funktionen (Distributionen) Bände I–III (Übers. a. d. Russ.). Berlin: VEB Deutscher Verlag der Wissenschaften; I (2. Aufl.), II (2. Aufl.), III (1. Aufl.) 1967, 1969 bzw. 1964.

[22] *Göpfert, A. et al.:* Optimierung und optimale Steuerung. Lexikon der Optimierung. Berlin: Akademie-Verlag 1986.

[23] *Günther, P.; Beyer, K.; Gottwald, S.; Wünsch, V.:* Grundkurs Analysis, Bände 2, 4. Leipzig: BSB B. G. Teubner Verlagsgesellschaft 1974.

[24] *Халмош, П. Р.:* Конечномерные векторные пространства. (Перев. из англи.) Москва: Физматгиз 1963.

[25] *Hackbusch, W.:* Integralgleichungen. Theorie und Numerik. Stuttgart: B. G. Teubner 1989.

[26] *Hellwig, G.:* Differentialoperatoren der mathematischen Physik. Berlin, Göttingen, Heidelberg: Springer-Verlag 1964.

[27] VII. Internationale Konferenz über Nichtlineare Schwingungen 8.–13. September 1975 in Berlin. Bände I, 1; I, 2. Abh. d. Akad. d. Wiss. d. DDR N3, N4 Berlin: Akademie-Verlag 1977.

[28] *Ioffe, A. D.; Tichomirow, V. M.:* Theorie der Extremwertaufgaben (Übers. a. d. Russ.). Berlin: VEB Deutscher Verlag der Wissenschaften 1979.

[29] *Istrătescu, V. J.:* Fixed Point Theory. An Introduction. Dortrecht: D. Reidel Publishing Co. 1981.

[30] *Järvinen, R. D.:* Mathematics history and mathematicians: The case of functional analysis. Glo-

bal Analysis – Analysis on Manifolds. Teubner-Texte zur Mathematik, Band 57. Leipzig: BSB B. G. Teubner Verlagsgesellschaft 1983, S. 164–179.

[31] *Jörgens, K.:* Lineare Integraloperatoren, Stuttgart: B. G. Teubner 1970.

[32] *Kantorowitsch, L. W.; Akilow, G. P.:* Funktionalanalysis in normierten Räumen. (Übers. a. d. Russ.) Berlin: Akademie-Verlag 1964.

[33] *Kecs, W.; Teodorescu, P. P.:* Introducere in teoria distributiilor cu aplicatii in tehnică. Bucuresti: Editura Tehnică 1975.

[34] *Kluge, R.:* Nichtlineare Variationsungleichungen und Extremalaufgaben. Berlin: VEB Deutscher Verlag der Wissenschaften 1979.

[35] *Kluge, R.:* Theory of nonlinear operators, constructive aspects. Abh. d. Akad. d. Wiss. d. DDR, N1, Berlin, Akademie-Verlag (1977) S. 125–163.

[36] *Kolmogorow, A. N.; Fomin, S.:* Reelle Funktionen und Funktionsanalysis. (Übers. a. d. Russ.) Berlin: VEB Deutscher Verlag der Wissenschaften 1975.

[37] *Kranc, G. M.; Sarachik, P. E.:* An application of functional analysis to the optimal control problem. Transactions of the ASME, Journal of Basic Engineering (Series D) 85 (1963) S. 143–150.

[38] *Красносельский, М. А., и др.:* Приближенное решение операторных уравнений. Москва: Наука 1969.

[39] *Крянев, А. В.; Шихов, С. Б.:* Вопросы математической теории реакторов: Нелинейный анализ. Москва: Энергоатомиздат 1983.

[40] *Крейн, С. Г., и. др.:* Функциональный анализ. СМБ Москва: Наука 1972.

[41] *Kufner, A.; John, O.; Fučik, S.:* Function spaces. Prague: Academica 1977.

[42] *Kufner, A.; Sändig, A.-M.:* Some applications of weighted Sobolew spaces. Teubner-Texte zur Mathematik Nr. 100. Leipzig: BSB B. G. Teubner Verlagsgesellschaft 1987.

[43] *Langenbach, A.:* Vorlesungen zur höheren Analysis. Berlin: VEB Deutscher Verlag der Wissenschaften 1984.

[44] *Лионс, Ж.-Л.:* Оптимальное управление системами, описываемыми уравнениями с частными производными. (Перев. из франц.) Москва: Изд. Мир 1972.

[45] *Ljusternik, L. A.; Sobolew, W. I.:* Elemente der Funktionalanalysis. (Übers. a. d. Russ.) 5. Auflage. Berlin: Akademie Verlag 1975.

[46] *Макаров, В. Л.; Рубинов, А. М.:* Математическая теория экономической динамики и равновесия. Москва: Наука 1973.

[47] *v. Mangoldt, H.; Knopp, K.:* Einführung in die Höhere Mathematik, IV. Band von F. Lösch. Stuttgart: S. Hirzel Verlag 1973.

[48] *Michlin, S. G.:* Partielle Differentialgleichungen in der mathematischen Physik. (Übers. a. d. Russ.). Berlin: Akademie-Verlag 1978.

[49] *Mizukami, K.:* Applications of functional analysis to optimal control problems. Control theory and topics in functional analysis. Vol. II, S. 39–73. Wien: International Atomic Agency 1976.

[50] *v. Neumann; J.:* Mathematische Grundlagen der Quantenmechanik. Berlin: Springer-Verlag 1931.

[51] *Preuß, W.; Bleyer, A.; Preuß, H.:* Distributionen und ihre Anwendung in Naturwissenschaft und Technik. Leipzig: VEB Fachbuchverlag 1984.

[52] *Рид, М.; Саймон, Б.:* Методы современной математической физики I, II, III, IV. (Перев. из англ.). Москва: Изд. Мир 1977, 1982.

[53] *Riedrich, T.:* Vorlesungen über nichtlineare Operatorengleichungen. Teubner-Texte zur Mathematik. Leipzig: BSB B. G. Teubner Verlagsgesellschaft 1976.

[54] *Riesz, F.; Sz.-Nagy, B.:* Vorlesungen über Funktionalanalysis. (Übers. a. d. Ung.) 3. Auflage. Berlin: VEB Deutscher Verlag der Wissenschaften 1973.

[55] *Rolewicz, S.:* Funktionalanalysis und Steuerungstheorie. (Übers. a. d. Poln.) Berlin, Heidelberg, New York: Springer-Verlag 1976.

[56] *Sattinger, D. H.:* Bifurcation and symmetry breaking in applied mathematics. Bull. Amer. Math. Soc. 3 (1980) 2, 779–819.

[57] *Шихов, С. Б.:* Вопросы математической теорий реакторов. Москва: Атомиздат 1973.

[58] *Шилов, Г. Е.:* Математический анализ, специальный курс. Москва: физматгиз 1976.

[59] *Schirotzek, W.:* Differenzierbare Extremalprobleme. Eine Einführung. Leipzig: BSB B. G. Teubner Verlagsgesellschaft 1989.

[60] *Schmeidler; W.:* Integralgleichungen mit Anwendungen in Physik und Technik, Bd. I, Lineare Integralgleichungen. Leipzig: Geest u. Portig 1955.

[61] *Smirnow, W. I.:* Lehrgang der höheren Mathematik, Teile II, IV, V. (Übers. a. d. Russ.) 6. Auflage. Berlin: VEB Deutscher Verlag der Wissenschaften 1973.

[62] *Smoller, J.; Wassermann, A.:* Symmetry-Breaking for Positive Solutions of Semilinear Elliptic Equations. Arch. Rat. Anal. **95** (1986) 3, 217–225.

[63] *Соболев, С. Л.:* Некоторые применения функционального анализа в математической физике. Москва: Наука 1953.

[64] *Strang, G.; Fix, G. J.:* An analysis of the finite element method. Englewood Cliffs: Prentice-Hall 1973.

[65] *Треногин, В. А.:* Функциональный анализ. Москва: Физматгиз 1980.

[66] *Triebel, H.:* Höhere Analysis. Berlin: VEB Deutscher Verlag der Wissenschaften 1972.

[67] Wörterbuch der Kybernetik, 4. Auflage, Hrsg. G. Klaus, H. Liebscher. Berlin: Dietz-Verlag 1976.

[68] *Wladimirow, W. S.:* Gleichungen der mathematischen Physik. (Übers. a. d. Russ.) Berlin: VEB Deutscher Verlag der Wissenschaften 1971.

[69] *Владимиров, В. С.:* Обобщённые функции в математической физике. Москва: Изд. Наука 1976.

[70] *Wloka, J.:* Partielle Differentialgleichungen. Leipzig: BSB B. G. Teubner Verlagsgesellschaft 1982.

[71] *Wulich, B. S.:* Einführung in die Funktionalanalysis, Teil 2. Leipzig: B. G. Teubner Verlag 1962.

[72] *Zeidler, E.:* Vorlesungen über nichtlineare Funktionalanalysis, Bände I–III. Teubner-Texte zur Mathematik. Leipzig: BSB B. G. Teubner Verlagsgesellschaft 1976/78.

[73] *Zeidler, E.:* Nonlinear functional analysis and its applications. Bände 1, 3, 4. New York: Springer Verlag 1986, 1989, 1988.

[74] *Zhang, S. S.:* Caristi's fixed point theorem and Ekeland's variational principle. Appl. Math. Mech. **10** (1989) 2, 119–121.

[75] *Schilling, K.:* Simpliziale Algorithmen zur Berechnung von Fixpunkten mengenwertiger Operatoren. Trier: WVT Wissenschaftlicher Verlag 1986.

[76] *Choquet-Bruhat, Y.; Dewitt-Morette, C.:* Analysis, Manifolds and Physics. Part II: 92 Applications. Amsterdam, Oxford, New York, Tokyo: North-Holland-Publ. Co. 1989.

[77] *Figueiredo, de, D. G.:* Lectures on the Ekeland Variational Principle with Applications and Detours. Berlin, Heidelberg, New York, Tokyo: Springer 1989.

[78] *Heuser, H.:* Funktionalanalysis, 2. Aufl. Stuttgart: B. G. Teubner 1986.

Register

Mathematik für Ingenieure, Naturwissenschaftler, Ökonomen und Landwirte

Vorbereitungsband	*Schäfer/Georgi:* Vorbereitung auf das Hochschulstudium
Band 1	*Sieber/Sebastian/Zeidler:* Grundlagen der Mathematik, Abbildungen, Funktionen, Folgen
Band 2	*Pforr/Schirotzek:* Differential- und Integralrechnung für Funktionen mit einer Variablen
Band 3	*Schell:* Unendliche Reihen
Band 4	*Harbarth/Riedrich/Schirotzek:* Differentialrechnung für Funktionen mit mehreren Variablen
Band 5	*Körber/Pforr:* Integralrechnung für Funktionen mit mehreren Variablen
Band 6	*Schöne:* Differentialgeometrie
Band 7/1	*Wenzel:* Gewöhnliche Differentialgleichungen 1
Band 7/2	*Wenzel:* Gewöhnliche Differentialgleichungen 2
Band 8	*Meinhold/Wagner:* Partielle Differentialgleichungen
Band 9	*Greuel/Kadner:* Komplexe Funktionen und konforme Abbildungen
Band 10	*Stopp:* Operatorenrechnung
Band 11	*Schultz-Piszachich:* Tensoralgebra und -analysis
Band 12	*Sieber/Sebastian:* Spezielle Funktionen
Band 13	*Manteuffel/Seiffart/Vetters:* Lineare Algebra
Band 14	*Seiffart/Manteuffel:* Lineare Optimierung
Band 15	*Elster:* Nichtlineare Optimierung
Band 16	*Bieß/Erfurth/Zeidler:* Optimale Prozesse und Systeme
Band 17	*Beyer/Hackel/Pieper/Tiedge:* Wahrscheinlichkeitsrechnung und mathematische Statistik
Band 18	*Oelschlägel/Matthäus:* Numerische Methoden
Band 19/1	*Beyer/Girlich/Zschiesche:* Stochastische Prozesse und Modelle
Band 19/2	*Bandemer/Bellmann:* Statistische Versuchsplanung
Band 20	*Piehler/Zschiesche:* Simulationsmethoden
Band 21/1	*Manteuffel/Stumpe:* Spieltheorie
Band 21/2	*Bieß:* Graphentheorie
Band 22	*Göpfert/Riedrich:* Funktionalanalysis
Band 23	*Belger/Ehrenberg:* Theorie und Anwendung der Symmetriegruppen
Band Ü 1	*Wenzel/Heinrich:* Übungsaufgaben zur Analysis 1
Band Ü 2	*Wenzel/Heinrich:* Übungsaufgaben zur Analysis 2
Band Ü 3	*Pforr/Oehlschlaegel/Seltmann:* Übungsaufgaben zur linearen Algebra und linearen Optimierung
Band Ü 4	*Gillert/Nollau:* Übungsaufgaben zur Wahrscheinlichkeitsrechnung und mathematischen Statistik